建设工程安全生产管理
监理工作实务

贵州省建设监理协会　主编

中国建筑工业出版社

图书在版编目（CIP）数据

建设工程安全生产管理监理工作实务/贵州省建设监理协会
主编. —北京：中国建筑工业出版社，2020.8 (2023.4重印)
ISBN 978-7-112-25303-6

Ⅰ.①建…　Ⅱ.①贵…　Ⅲ.①建筑工程-安全生产-生产管
理-监理工作　Ⅳ.①TU714

中国版本图书馆 CIP 数据核字（2020）第 120088 号

　　　　本书强调了工程监理单位的建设工程安全生产管理的法定职责，针对项目
监理机构的审查审核、现场巡查和安全生产隐患及安全事故处理等方面，结合
当前监理工作中存在的问题和薄弱环节，围绕监理工作内容、程序、要求等进
行分析和阐述，旨在提升项目监理机构和工程监理人员履行建设工程安全生产
管理法定职责的能力和服务水平。本书内容贴近当前现场项目监理机构和监理
人员的实际工作需要，具有针对性、实用性和可操作性，不仅可作为工程监理
人员安全生产教育的培训教材，也可供建设工程相关从业人员参考。

　　　　全书共分五章，内容包括：建设工程安全生产管理概述、项目安全生产管
理的监理工作、项目监理机构的审查审核工作、施工现场安全生产的监督检查
工作、安全事故隐患的督促整改和安全事故处理。

责任编辑：杨　杰　边　琨　范业庶
责任校对：芦欣甜

建设工程安全生产管理监理工作实务
贵州省建设监理协会　主编

*

中国建筑工业出版社出版、发行（北京海淀三里河路9号）
各地新华书店、建筑书店经销
北京科地亚盟排版公司制版
北京同文印刷有限责任公司印刷

*

开本：787×1092毫米　1/16　印张：16½　字数：410千字
2020年11月第一版　　2023年4月第三次印刷
定价：**58.00**元
ISBN 978-7-112-25303-6
（36047）

安全生产重如山
监理重任扛在肩
履职尽责严要求
扬心不忘了地宽

王早生题

二〇二〇年六月二十七日

本书编委会

主　　编：杨国华

副主编：汤　斌

参　　编：王伟星　李富江　孟繁宁　钟　晖

序

　　我国改革开放以来，经济快速发展，工程建设项目逐年增加，城镇面貌日新月异。随着国民经济发展和社会生产力水平的提高，工程建设项目大跨度、超高层建筑物及新材料、新工艺不断涌现，安全生产事故随着科技水平和管理水平的提高也由过去的频发分散状态向多发集中状态方向发展。安全生产事故的发生，必然会给人民生命财产带来无法挽回的损失，这就使建设工程的管理者和参与者更加重视对安全生产的管理。《建设工程安全生产管理条例》的实施，明确了监理人肩负的安全生产管理的法定职责。作为政府对工程管理职能的一种补充，监理人做了大量工作，取得一定成效。

　　但由于安全生产监理职能定位不清晰，工作内容不明确，监理安全生产管理职责的发挥与社会和政府的期盼还有一定差距。监理人员要履行好安全生产管理的法定职责，必须要熟悉法律、法规、工程建设强制性标准以及安全生产管理的监理工作内容、方法、程序等，并应具有较强的安全生产管理能力和协调能力。只有这样，才能更好地把握工程施工过程中关键部位，重点环节的安全风险，督促施工单位将安全风险控制在可控范围内。

　　中国建设监理协会专家委员会主任委员、贵州省建设监理协会会长杨国华根据监理行业发展需要，组织有关专家、学者，依据国家建设工程相关法律法规、国家标准及行业标准，结合监理安全生产管理的监理工作履职需求，编写了《建设工程安全生产管理监理工作实务》一书。该书较深入地探索了监理在安全生产管理方面应做的工作，提出监理单位应认真做好各项施工技术方案审核，巡视检查风险隐患，对发现的问题及时处置的工作方式，并详细阐述了项目安全生产管理的监理工作、项目监理机构审查审核内容、施工现场安全生产的监督检查工作等。此书对于广大监理工作者依法履行安全生产监理职责将会起到较好的指导作用，对工程建设中预防安全风险，发现安全隐患，控制安全风险，避免安全生产责任事故的发生将会起到积极作用。

王学军

2020年7月

前　言

　　近年来，随着我国国民经济和社会的不断发展，工程建设的规模和水平得到了极大地提升，各种先进的施工工艺不断涌现，施工难度和危险性也随之增大，工程建设领域安全生产形势依然严峻，施工现场安全生产事故多发，严重危害了人们的生命和财产安全。

　　发展是第一要务，安全是第一保障，发展绝不能以牺牲人的生命为代价。安全生产事关人民福祉，事关经济社会发展大局。工程建设的参建人员都应该提高认识，筑牢防线，坚持以人为本，千方百计提高建设工程的安全生产管理水平。

　　工程监理单位和监理人员承担着建设工程安全生产管理的法定职责和法律责任，对保证建设工程安全生产不可或缺。建设工程安全生产管理的监理工作是一项专业性强、综合素质要求高的工作，需要具有丰富的专业知识和实践经验的技术人员来完成。针对当前房屋建筑工程安全生产管理的监理工作中存在的问题和薄弱环节，贵州省建设监理协会组织行业专家、相关学者，根据相关政策法规，结合多年从事工程监理人员安全生产教育培训的经验编写了本书。

　　本书注重现行法律、法规及相关部门规章以及标准、规程等依据，内容突出实用性，围绕安全生产管理的监理工作内容、程序、要求等重点进行分析和阐述，力图提升项目监理机构和监理人员履行建设工程安全生产管理法定职责的能力和服务水平，具有较强的针对性、操作性和实用性。本书可作为监理人员安全生产教育培训的教材及现场监理人员的工具书，也可供工程技术人员及工程类大专院校学生参考。

　　本书共分五章。第一章由协会专家委员会委员、副教授孟繁宁编写；第二章及第四章第三、四、五节由协会会长、中国建设监理协会专家委员会主任委员、国家注册监理工程师杨国华编写；第三章第一至第八节、第十一节、第四章第一、二节和第五章第一、二节由协会秘书长、副教授、一级注册结构工程师汤斌编写；第三章第九节、第四章第六、七节和第五章第三、四、五节由国家注册监理工程师、工程技术应用研究员、协会专家委员会副主任李富江编写；第三章第十节和第四章第八节由国家注册监理工程师、正高级工程师、协会专家委员会副主任王伟星编写；第四章第九、十节由教授、协会专家委员会主任、中国建设监理协会专家委员会委员、国家注册监理工程师钟晖编写。全书由杨国华负责统稿。

　　本书的编写得到贵州省住房和城乡建设厅、贵州省建设工程质量安全监督总站及中国建设监理协会有关领导的高度重视及大力支持，中国建设监理协会王早生会长和王学军副会长兼秘书长百忙中为本书题词及作序。同时本书的编写也得到了参编人员所在单位贵州三维工程建设监理咨询有限公司、贵州建工监理咨询有限公司、贵州众益建设监理咨询有限公司的大力支持，在此一并表示衷心感谢！

　　限于编者的水平有限，书中疏漏和错误之处在所难免，敬请各位读者批评指正。

二〇二〇年七月

目　　录

第一章　建设工程安全生产管理概述

随着我国国民经济快速发展，城镇化进程快速推进，促使建筑业迅猛发展，各项基础设施和人们的住房条件有了很大改善，建筑工程质量有了明显提高。但与之不相适应的是施工过程中安全事故时有发生，对人们的生命和财产安全造成了危害，引起社会各界的广泛关注和强烈反响，迫切需要加强参建各方的施工安全生产管理工作。因此，在《中华人民共和国建筑法》（以下简称《建筑法》）颁布后的较短时间内，相继颁发了《中华人民共和国安全生产法》（以下简称《安全生产法》）《建设工程安全生产管理条例》等法律法规。

《建设工程安全生产管理条例》明确了监理单位的建设工程安全生产管理的法定职责，要求"建设单位、勘察单位、设计单位、施工单位、工程监理单位及其他与建设工程安全生产有关的单位，必须遵守安全生产法律、法规的规定，保证建设工程安全生产，依法承担建设工程安全生产管理责任。"《建设工程监理规范》GB/T 50319 要求"项目监理机构应根据法律法规、工程建设强制性标准，履行建设工程安全生产管理的监理职责。"工程监理单位要落实各项有关安全生产管理的监理职责，应当熟悉建设工程安全生产方面的相关知识，本章将对涉及安全生产的基本概念、安全生产的法律法规、建设各方的安全责任、安全管理制度等进行简单介绍。

第一节　安全生产管理基本概念

一、安全生产管理概述

（一）安全与危险

安全是指没有危险，不出事故，未造成人身伤亡、资产损失等的状态。即在生产系统中免遭不可承受危险的伤害，在生产过程中不发生人员伤亡、职业病或环境危害的事件，不因人、机、环境相互作用而导致系统失效、人员伤害或其他损失。

安全包括人身安全和财产安全。生产过程中的安全，即安全生产，指的是"不发生工伤事故、职业病、设备或财产损失"。

危险是指生产系统中存在导致发生不期望后果的可能性超过了人们的承受程度。因此，危险是人们对事物的具体认识，应指明具体对象，如危险环境、危险条件、危险状态、危险物质、危险人员、危险因素等。

危险程度（简称危险度），是评价安全生产管理中或生产系统中事故发生的可能性与严重性的量度。

（二）安全生产与安全生产管理

安全生产是指在生产经营活动中，为防止发生人身伤亡和财产损失等生产事故，保障人身健康与生命安全，保证财产不受损失，消除或控制危险有害因素，确保生产经营活动顺利进行，促进社会经济发展、社会稳定和进步所采取的一系列措施和行为的总称。

安全生产旨在保护劳动者在生产过程中的安全，也是企业管理必须遵循的一项原则，要求最大限度地减少劳动者的工伤和职业病，保障劳动者在生产过程中的生命安全和身体健康。

《安全生产法》明确"安全生产工作应当以人为本，坚持安全发展，强化和落实生产经营单位的主体责任，建立生产经营单位负责、职工参与、政府监管、行业自律和社会监督的机制。建设工程安全生产管理必须坚持'安全第一、预防为主、综合治理'的方针，强化和落实生产经营单位的主体责任，建立生产经营单位负责、职工参与、政府监管、行业自律和社会监督的机制。"

安全生产管理是指管理者在生产过程中，有效地运用资源，发挥人们的智慧，通过人们的努力，对安全生产工作进行决策、计划、组织、指挥、协调和控制等一系列活动，以实现生产过程中人与机器设备、物料、环境的和谐，达到安全生产的目标。

安全生产的目标是减少和控制危害，减少和控制事故，尽量避免生产过程中安全事故造成人身伤害、财产损失、环境污染以及其他损失。

（三）建设工程安全生产管理

建设工程安全生产管理是指对工程建设活动过程中的安全生产工作进行的管理，包括建设行政主管部门对建设活动中的安全生产工作的监督管理和参与建设活动的各方主体对建设活动中的安全生产工作的企业管理等。

国务院负责安全生产监督管理的部门，依照《安全生产法》的规定，对建设工程安全生产工作实施综合监督管理。建设行政主管部门按照国务院规定的职责分工，负责有关专业建设工程安全生产的监督管理，其监督管理主要体现在结合行业特点制定相关的规章制度和标准并实施行政监管上，旨在形成统一管理与分级管理，综合管理与专门管理相结合的管理体制。政府建设工程安全生产监督管理具有强制性、权威性、综合性的特点。

施工企业安全生产管理是施工企业安全生产工作策划、组织、指挥、协调、控制和改进的一系列活动，目的是保证在生产经营活动中的人身安全、财产安全、生产顺利，保持社会稳定。施工现场安全应由建筑施工企业负责，建筑施工企业的主要负责人对本企业的安全生产全面负责。施工企业应当设立安全生产管理机构，制定安全生产规章制度，配备专职安全生产管理人员。施工企业必须遵守有关安全生产的法律法规，加强安全生产管理，建立健全安全生产责任制和安全生产规章制度，改善安全生产条件，推进安全生产标准化建设，提高安全生产水平，确保生产安全。

工程监理单位是工程建设五方责任主体之一。《建设工程安全生产管理条例》对工程监理单位的安全生产管理法定职责做了明确规定，"工程监理单位和监理工程师应当按照法律、法规和工程建设强制性标准实施监理，并对建设工程安全生产承担监理责任"。

工程监理单位的安全责任是由监理单位和项目监理机构承担，监理单位的法定代表人应对本企业监理工程项目的安全生产监理工作全面负责。监理单位要履行建设工程安全生产的监理责任，应当建立健全安全生产管理的监理工作责任制、管理制度和安全生产教育培训等制度，并要督促项目监理机构建立必要的安全生产管理制度，全面落实安全生产管理的监理工作责任。

项目总监理工程师对所监理工程项目的安全生产管理的监理工作负责，并根据工程项目特点，明确监理人员的安全生产管理的监理工作职责。

二、事故与事故隐患

（一）事故

事故是指发生于预期之外的造成人身伤害或财产或经济损失的事件。安全生产事故是指在生产过程中，造成人员死亡、伤害、职业病、财产损失或其他损失的意外事件。事故是意外事件，是人们不希望发生的，同时该事件产生了违背人们意愿的后果，若事故的后果是人员死亡、受伤或身体损害就称为人员伤亡事故。

工程上最常用的事故分类方式有：按工伤事故产生的原因分类，按照人员伤亡事故严重程度分类，按损失程度分类，按造成事故的责任分类等几种。

（二）事故隐患

事故隐患是指生产系统中可导致事故发生的人的不安全行为、物的不安全状态和管理上的缺陷。

建设工程施工阶段的安全事故隐患，是施工过程中可能造成伤害事故发生的人的不安全行为、物的不安全状态和管理上的缺陷。

在生产过程中，为了预防事故的发生，制定了生产过程中物的状态、人的行为和环境条件的标准、规程、规章及规定等，如果生产过程中物的状态、人的行为和环境条件不能满足这些标准、规程、规章及规定等，就可能导致事故发生，就是事故隐患。

事故隐患分类很复杂，综合事故性质、行业及事故原因，可将事故隐患归纳为21类，即火灾、爆炸、中毒和窒息、水害、坍塌、滑坡、泄漏、腐蚀、触电、坠落、机械伤害、煤与瓦斯突出、公路设施伤害、公路车辆伤害、铁路设施伤害、铁路车辆伤害、水上运输伤害、港口码头伤害、空中运输伤害、航空港伤害和其他类隐患等。

三、危险源、重大危险源及其辨识

（一）危险源

危险源通常是指环境中可能意外释放某种造成伤害和损失的能量的物品和场所，及可能造成某种伤害和损失的其他客观存在。危险源是形成安全隐患和造成安全事故发生的客观原因。

（二）重大危险源

重大危险源是风险等级高、导致安全事故发生的概率大、或事故发生后果严重的危险源。安全生产管理应始终关注和严格控制重大危险源。《安全生产法》第一百一十二条表述为"重大危险源，是指长期或临时地生产、搬运、使用或储存危险物品，且危险物品的数量超过临界量的单元（包括场所和设施）。"《安全生产法》侧重于危险物品的生产、搬运、使用和储藏。建设工程中的重大危险源的主要形式，是可能意外释放某种造成伤害和损失的能量的物品和场所。

（三）危险源的辨识

安全生产管理的重要工作就是危险源的控制。危险源的辨识是控制的基础。常用的危险源特别是重大危险源辨识方法包括：经验分析法、材料性质和生产条件分析法和作业条件危险性评价法。

施工现场的危险源主要是通过经验分析方法进行辨识，经验分析法包括对照分析法和类比分析法。

对照分析法。是指对照有关法律法规、标准、检查表或依靠分析人员的观察能力，借助于经验和判断能力对评价对象的危险因素进行分析的方法。对照分析法的缺点是容易受到分析人员的经验和知识等方面的限制，通常可采用安全检查表的方法加以弥补。

类比分析法。是指利用相同或类似工程或作业条件的经验和劳动安全卫生的统计资料来类推、分析评价对象的危险因素，总结以往的生产经验，对原来发生过的事故或未遂事故的原因进行分析，找出危险因素。

四、危险性较大的分部分项工程

从建筑施工现场事故类型分布情况来看，占事故发生总数85％以上的是"五大伤害"事故，即高处坠落、触电、施工坍塌、物体打击、机械伤害。这五类事故最容易造成群死群伤，事故造成的财产损失巨大。施工现场其他事故类型还有爆炸、火灾、中毒、窒息等。安全事故发生的原因从根本上说就是对施工过程中的危险源失去了有效控制。根据安全生产事故的教训，重点强化对施工过程中的重大危险源的控制，是加强安全生产管理、防范事故发生的重要举措。

施工过程中存在风险较高的重大危险源、容易导致人员群死群伤或者造成重大经济损失的分部分项工程，称为危险性较大的分部分项工程（简称危大工程）。为进一步加强和规范房屋建筑和市政基础设施工程中危险性较大的分部分项工程安全管理，住房城乡建设部颁布《危险性较大的分部分项工程安全管理规定》（住建部2018年第37号令），住房城乡建设部办公厅发布《关于实施〈危险性较大的分部分项工程安全管理规定〉有关问题的通知》（建办质〔2018〕31号），明确规定了危大工程和超过一定规模危大工程的范围。

（一）危险性较大的分部分项工程范围包括：

1. 基坑工程

（1）开挖深度超过3m（含3m）的基坑（槽）的土方开挖、支护、降水工程。

（2）开挖深度虽未超过3m，但地质条件、周围环境和地下管线复杂，或影响毗邻建、构筑物安全的基坑（槽）的土方开挖、支护、降水工程。

2. 模板工程及支撑体系

（1）各类工具式模板工程：包括滑模、爬模、飞模、隧道模等工程。

（2）混凝土模板支撑工程：搭设高度5m及以上，或搭设跨度10m及以上，或施工总荷载（荷载效应基本组合的设计值，以下简称设计值）10kN/m² 及以上，或集中线荷载（设计值）15kN/m 及以上，或高度大于支撑水平投影宽度且相对独立无联系构件的混凝土模板支撑工程。

（3）承重支撑体系：用于钢结构安装等满堂支撑体系。

3. 起重吊装及起重机械安装拆卸工程

（1）采用非常规起重设备、方法，且单件起吊重量在 10kN 及以上的起重吊装工程。

（2）采用起重机械进行安装的工程。

（3）起重机械安装和拆卸工程。

4. 脚手架工程

（1）搭设高度 24m 及以上的落地式钢管脚手架工程（包括采光井、电梯井脚手架）。

（2）附着式升降脚手架工程。

（3）悬挑式脚手架工程。

（4）高处作业吊篮。

（5）卸料平台、操作平台工程。

（6）异型脚手架工程。

5. 拆除工程

可能影响行人、交通、电力设施、通信设施或其他建、构筑物安全的拆除工程。

6. 暗挖工程

采用矿山法、盾构法、顶管法施工的隧道、洞室工程。

7. 其他

（1）建筑幕墙安装工程。

（2）钢结构、网架和索膜结构安装工程。

（3）人工挖孔桩工程。

（4）水下作业工程。

（5）装配式建筑混凝土预制构件安装工程。

（6）采用新技术、新工艺、新材料、新设备可能影响工程施工安全，尚无国家、行业及地方技术标准的分部分项工程。

（二）超过一定规模的危险性较大的分部分项工程范围包括：

1. 深基坑工程

开挖深度超过 5m（含 5m）的基坑（槽）的土方开挖、支护、降水工程。

2. 模板工程及支撑体系

（1）各类工具式模板工程：包括滑模、爬模、飞模、隧道模等工程。

（2）混凝土模板支撑工程：搭设高度 8m 及以上，或搭设跨度 18m 及以上，或施工总荷载（设计值）15kN/m² 及以上，或集中线荷载（设计值）20kN/m 及以上。

（3）承重支撑体系：用于钢结构安装等满堂支撑体系，承受单点集中荷载 7kN 及以上。

3. 起重吊装及起重机械安装拆卸工程

（1）采用非常规起重设备、方法，且单件起吊重量在 100kN 及以上的起重吊装工程。

（2）起重量 300kN 及以上，或搭设总高度 200m 及以上，或搭设基础标高在 200m 及以上的起重机械安装和拆卸工程。

4. 脚手架工程

（1）搭设高度 50m 及以上的落地式钢管脚手架工程。

（2）提升高度在150m及以上的附着式升降脚手架工程或附着式升降操作平台工程；

（3）分段架体搭设高度20m及以上的悬挑式脚手架工程。

5. 拆除工程

（1）码头、桥梁、高架、烟囱、水塔或拆除中容易引起有毒有害气（液）体或粉尘扩散、易燃易爆事故发生的特殊建、构筑物的拆除工程。

（2）文物保护建筑、优秀历史建筑或历史文化风貌区影响范围内的拆除工程。

6. 暗挖工程

采用矿山法、盾构法、顶管法施工的隧道、洞室工程。

7. 其他

（1）施工高度50m及以上的建筑幕墙安装工程。

（2）跨度36m及以上的钢结构安装工程，或跨度60m及以上的网架和索膜结构安装工程。

（3）开挖深度16m及以上的人工挖孔桩工程。

（4）水下作业工程。

（5）重量1000kN及以上的大型结构整体顶升、平移、转体等施工工艺。

（6）采用新技术、新工艺、新材料、新设备可能影响工程施工安全，尚无国家、行业及地方技术标准的分部分项工程。

第二节　建设工程安全生产管理原则及管理制度

工程项目参与建设的各方主体应熟悉并遵守我国现行的安全生产方针和基本原则，熟悉并遵守施工过程中安全生产必须坚持遵守的六项原则及建设工程安全生产管理制度。各方主体应根据《中华人民共和国建筑法》《建设工程安全生管理条例》等法律、法规规定的安全生产管理职责，制定适合自身企业特色的安全管理制度。

一、现行的安全生产方针和基本原则

（一）现行的安全生产方针

我国安全生产方针经历了一个从"安全第一""安全第一、预防为主"到"安全第一、预防为主、综合治理"的发展过程，安全生产方针强调在生产过程中要做好预防工作，尽可能将安全事故消灭在萌芽状态。

"安全第一"是方针的原则和目标，是从保护和发展生产力的角度，确立生产与安全的关系，肯定了安全在建设工程生产活动中的重要地位。

"安全第一"是要求所有参与工程建设的人员，包括管理者和操作人员以及对工程建设活动进行监督管理的人员都必须树立的观念，要重视安全。当安全与生产发生矛盾时，必须先解决安全问题，在保证安全的前提下从事生产活动，使生产正常进行，促进经济的健康发展，保持社会稳定。

"预防为主"是方针的手段和途径，是指在工程建设活动中，根据建设工程的特点，对不同的生产要素采取相应的管理措施，有效地控制不安全因素的发展和扩大，把可能发生的事故消灭在萌芽状态，以保证生产活动中人的健康与安全。

"综合治理"是指适应要我国安全生产形势的要求，遵循安全生产规律，正视安全生产工作的长期性、艰巨性和复杂性，抓住安全生产工作中的主要矛盾和关键环节，综合运用经济、法律、行政等手段，人管、法治、技防多管齐下，并充分发挥社会、职工、舆论的监督作用，有效解决安全生产领域的问题。

"安全第一、预防为主、综合治理"的安全生产方针是一个有机统一的整体。安全第一是预防为主、综合治理的统帅和灵魂，没有安全第一的思想，预防为主就失去了思想支撑，综合治理就失去了整治依据。预防为主是实现安全第一的根本途径。

安全与生产的关系是辩证统一的关系，是一个整体。生产必须安全，安全促进生产，不能将二者对立起来。在施工过程中，应积极消除生产中的不安全因素，为作业人员创造安全的生产环境和条件，防止伤亡事故的发生。同时，安全工作必须紧紧围绕生产活动进行，不仅要保障作业人员的生命安全，还要促进生产的发展。

（二）安全生产的基本原则

1. "管生产必须管安全"的原则

"管生产必须管安全"的原则，是指建设工程项目各级领导和全体员工在生产过程中必须坚持在抓生产的同时抓好安全工作，体现了安全和生产的统一。生产和安全是一个有机的整体，两者不能对立，应将安全与生产协调起来。

2. "安全一票否决权"的原则

"安全一票否决权"的原则，是指安全生产工作是衡量建设工程项目管理的一项基本内容，要求在对建设工程项目各项指标考核、评优创先活动中，首先必须考虑安全指标的完成情况。安全指标没有实现，其他指标顺利完成，仍无法实现建设工程项目的最优化，安全具有一票否决的作用。

3. 职业安全卫生"三同时"的原则

职业安全卫生"三同时"的原则，是指职业安全卫生技术措施及设施应与主体工程同时设计、同时施工、同时投产使用，以确保建设工程项目投产后符合职业安全卫生要求。目的是所有基本建设和技术改造建设工程项目，必须符合国家职业安全卫生方面的法律、法规和标准。

4. 事故处理"四不放过"的原则

安全事故处理"四不放过"原则，即在处理安全事故时，必须坚持事故原因没有分析清楚不放过，事故责任者和群众没有受到教育不放过，没有整改预防措施不放过，事故责任者和责任领导没有处理不放过。

二、安全生产管理的"六个坚持"

1. 坚持管生产同时管安全

安全管理是生产管理的重要组成部分，两者联系密切，存在共同管理的基础。生产必须确保安全，而安全对生产发挥促进与保证作用，从安全生产管理的目标上，安全与生产表现出高度一致和统一。生产过程中的安全管理是指针对生产的特点对生产因素采取管理措施，有效控制不安全因素的发展与扩大，把可能发生的事故消灭在萌芽状态，以保证生产活动中人的安全与健康。

建立安全生产责任制并落实各级人员的管理责任，体现了管生产同时管安全的原则。

2. 坚持目标管理

安全管理的内容是对生产过程中的人、物、环境等因素的管理，有效地控制人的不安全行为和物的不安全状态，消除或避免事故，达到保护劳动者健康与安全的目的。

3. 坚持预防为主

坚持预防为主，是指在安排与布置生产内容时，对施工过程中可能出现的危险因素采取措施予以消除。在施工过程中应经常检查、及时发现不安全因素，并采取措施，明确责任，尽快予以消除。

4. 坚持动态管理

安全生产活动中必须坚持全员参与、齐抓共管，即全员、全过程、全方位、全天候的动态管理。生产活动中的安全管理不仅仅是安全管理第一责任人和安全机构的事，而是一切与生产有关的所有人共同的事，生产组织者在安全管理中的作用十分重要，生产人员全员参与也十分必要。

5. 坚持全过程控制

生产活动中安全管理的目的是防止或消除事故伤害，保护劳动者的安全与健康。发生安全事故是由于人的不安全行为运动轨迹与物的不安全状态运动轨迹的交叉。在生产活动中应对生产因素人和物的状态的控制作为安全管理的重点，应坚持在生产的全过程中，对人的不安全行为和物的不安全状态进行控制。

6. 坚持持续改进

安全管理是在变化着的生产活动中的管理，即是不断变化的动态管理，以适应变化的生产活动，消除新的危险因素。持续改进是要不断摸索新规律，总结管理和控制的方法与经验，持续改进并指导变化后的管理，不断提高安全管理水平。

三、建设工程安全生产管理制度

建设行政主管部门实施建设工程安全生产管理制度，主要包括：

1. 政府安全监督检查制度

县级以上人民政府负有建设工程安全生产监督管理职责的部门，在各自职责范围内履行安全监督检查职责时，有权纠正施工中违反安全生产要求的行为，责令立即排除检查中发现的安全事故隐患，对重大隐患可以责令暂时停止施工。建设行政主管部门或者其他有关部门可以将施工现场的安全监督检查委托给建设工程安全监督机构具体实施。

2. 施工单位资质管理制度

《建筑法》明确了施工单位资质管理制度。《建设工程安全生产管理条例》要求施工单位应当具备国家规定的注册资本、专业技术人员、技术装备和安全生产等条件，依法取得相应等级的资质证书，并在其资质等级许可的范围内承揽工程。国家对施工单位实行资质管理，为建设工程安全生产设立了市场准入的关口。

3. 安全生产许可证制度

根据《安全生产许可证条例》和《建筑施工企业安全生产许可证管理规定》（建设部令第 128 号）规定，国家对建筑施工企业实行安全生产许可制度。建筑施工企业未取得安全生产许可证的，不得从事建筑施工活动。国务院建设主管部门负责中央管理的建筑企业安全生产许可证的颁发和管理。省、自治区、直辖市人民政府建设主管部门负责本行政区域内前述规定以外的建筑施工企业安全生产许可证的颁发和管理，并接受国务院建设主管部门的指导和监督。

4. 施工许可证制度

《建筑法》明确了建筑工程实行施工许可证制度。《建筑工程施工许可管理办法》规定，在中华人民共和国境内从事各类房屋建筑及其附属设施的建造、装饰装修和与其配套的线路、管道、设备的安装，以及城镇市政基础设施工程的施工，建设单位在开工前应当向工程所在地的县级以上地方人民政府住房城乡建设主管部门申请领取施工许可证。住房城乡建设主管部门对建设工程是否有安全施工措施进行审查把关。没有安全施工措施的，不得颁发施工许可证。

5. 建设工程和拆除工程备案制度

《建设工程安全生产管理条例》规定，建设单位应当自开工报告批准之日起 15 日内，将保证安全施工的措施报送建设工程所在地的县级以上地方人民政府建设行政主管部门或者其他有关部门备案。

为改善营商环境，减少政府审批备案环节，目前多地已将建设工程备案与申领施工许可证合并办理。

《建设工程安全生产管理条例》规定，建设单位应当在拆除工程施工 15 日前，将施工单位资质等级证明，拟拆除建筑物、构筑物及可能危及毗邻建筑的说明，拆除施工方案，以及堆放、清除废弃物的措施报送建设工程所在地的县级以上地方人民政府建设行政主管部门或其他有关部门备案。

6. 安全生产责任制

施工单位应当按照《安全生产法》的要求，建立健全安全生产责任制。应当明确各岗位的责任人员、责任范围和考核标准。施工单位应当建立相应的机制，加强对安全生产责任制落实情况的监督考核，保证安全生产责任制的落实。

《建设工程安全生产管理条例》规定：施工单位主要负责人依法对本单位的安全生产工作全面负责。施工单位应当建立健全安全生产责任制度和安全生产教育培训制度，制定安全生产规章制度和操作规程，保证本单位安全生产条件所需资金的投入，对所承担的建设工程进行定期和专项安全检查，并做好安全检查记录。

7. 三类人员考核任职制度

施工单位的主要负责人、项目负责人、专职安全生产管理人员，须经政府建设行政主管部门考核合格后方可任职，考核内容主要是安全生产知识和安全生产管理能力和管理者及其任职资格。

8. 特种作业人员持证上岗制度

垂直运输机械作业人员、起重机械安装拆卸工、爆破作业人员、起重信号工、登高架设作业人员等特种作业人员，必须按照国家有关规定经过专门的安全作业业务培训，并取得特种作业操作资格证书后，方可上岗作业。

9. 施工起重机械使用登记制度

施工单位应当自施工起重机械和整体提升脚手架、模板等自升式架设设施验收合格之日起 30 日内，向建设行政主管部门或者其他有关部门登记。登记标志应设置于或者附着于该设备的显著位置。

10. 危及施工安全的工艺、设备、材料淘汰制度

国家对严重危及施工安全的工艺、设备、材料实行淘汰制度。具体目录由国务院建设行政部门会同国务院其他有关部门制定并公布。

11. 安全生产事故报告制度

施工单位发生生产安全事故，要及时、如实向当地安全生产监督部门和建设行政管理部门报告。实行总承包的由总包单位负责上报。施工单位应按《生产安全事故报告和调查处理条例》（国务院令第 493 号）和《关于做好房屋建筑和市政基础设施工程质量事故报告和调查处理工作的通知》的规定进行报告。

12. 工伤保险和意外伤害保险制度

《建筑法》第四十八条规定："建筑施工企业应当依法为职工参加工伤保险缴纳工伤保险费。鼓励企业为从事危险作业的职工办理意外伤害保险，支付保险费。"《建设工程安全生产管理条例》第三十八条规定："施工单位应当为施工现场从事危险作业的人员办理意外伤害保险。意外伤害保险费由施工单位支付。实行施工总承包的，由总承包单位支付意外伤害保险费。意外伤害保险期限自建设工程开工之日起至竣工验收合格之日止。"

第三节　建设工程参建各方主体的安全责任

为了加强建设工程安全生产监督管理，保障人民群众生命和财产安全，根据《建设工程安全生产管理条例》第四条规定："建设单位、勘察单位、设计单位、施工单位、工程监理单位及其他与建设工程安全生产有关的单位，必须遵守安全生产法律、法规的规定，保证建设工程安全生产，依法承担建设工程安全生产责任。"本节对建设工程参建各方主体的安全责任从法律法规角度进行梳理，工程监理单位和监理人员应不仅要熟悉并履行自身的建设工程安全生产责任，同时也要熟悉施工单位、建设单位及其他参建单位的安全生产责任，才能更好开展安全生产管理的监理工作。

一、建设单位的安全责任

建设单位作为投资主体，在工程建设中居主导地位，对建设工程的安全生产负有不可推卸的重要责任，在国务院发布的《建设工程安全生产管理条例》（国务院令第 393 号）和住房城乡建设部《危险性较大的分部分项工程安全管理规定》（住房城乡建设部令第 37 号）中均作了明确规定。

（一）根据《建设工程安全生产管理条例》，建设单位应依法承担以下建设工程安全责任：

第六条　建设单位应当向施工单位提供施工现场及毗邻区域内供水、排水、供电、供

气、供热、通信、广播电视等地下管线资料，气象和水文观测资料，相邻建筑物和构筑物、地下工程的有关资料，并保证资料的真实、准确、完整。

建设单位因建设工程需要，向有关部门或者单位查询前款规定的资料时，有关部门或者单位应当及时提供。

第七条 建设单位不得对勘察、设计、施工、工程监理等单位提出不符合建设工程安全生产法律、法规和强制性标准规定的要求，不得压缩合同约定的工期。

第八条 建设单位在编制工程概算时，应当确定建设工程安全作业环境及安全施工措施所需费用。

第九条 建设单位不得明示或者暗示施工单位购买、租赁、使用不符合安全施工要求的安全防护用具、机械设备、施工机具及配件、消防设施和器材。

第十条 建设单位在申请领取施工许可证时，应当提供建设工程有关安全施工措施的资料。

依法批准开工报告的建设工程，建设单位应当自开工报告批准之日起15日内，将保证安全施工的措施报送建设工程所在地的县级以上地方人民政府建设行政主管部门或者其他有关部门备案。

第十一条 建设单位应当将拆除工程发包给具有相应资质等级的施工单位。建设单位应当在拆除工程施工15日前，将下列资料报送建设工程所在地的县级以上地方人民政府建设行政主管部门或者其他有关部门备案：

（一）施工单位资质等级证明；

（二）拟拆除建筑物、构筑物及可能危及毗邻建筑的说明；

（三）拆除施工组织方案；堆放、清除废弃物的措施。

实施爆破作业的，应当遵守国家有关民用爆炸物品管理的规定。

（二）根据《危险性较大的分部分项工程安全管理规定》（住房和城乡建设部令第37号），建设单位对房屋建筑和市政基础设施工程中危险性较大的分部分项工程应履行以下责任：

第五条 建设单位应当依法提供真实、准确、完整的工程地质、水文地质和工程周边环境等资料。

第七条 建设单位应当组织勘察、设计等单位在施工招标文件中列出危大工程清单，要求施工单位在投标时补充完善危大工程清单并明确相应的安全管理措施。

第八条 建设单位应当按照施工合同约定及时支付危大工程施工技术措施费以及相应的安全防护文明施工措施费，保障危大工程施工安全。

第九条 建设单位在申请办理安全监督手续时，应当提交危大工程清单及其安全管理措施等资料。

第二十条 对于按照规定需要进行第三方监测的危大工程，建设单位应当委托具有相应勘察资质的单位进行监测。监测单位应当按照监测方案开展监测，及时向建设单位报送监测成果，并对监测成果负责；发现异常时，及时向建设、设计、施工、监理单位报告，建设单位应当立即组织相关单位采取处置措施。

二、施工单位的安全责任

《安全生产法》明确规定了生产经营单位对生产经营过程的安全管理负主要责任。针对施工项目，施工单位就是生产经营单位，是施工安全生产管理的主体责任单位，应全面对施工项目现场的安全生产承担安全责任。

《中华人民共和国建筑法》和《建设工程安全生产管理条例》对施工单位的安全责任作了明确规定，工程监理单位及监理工程师应当熟悉并掌握施工单位应承担的项目施工现场的安全责任。

（一）《中华人民共和国建筑法》对建筑施工企业的安全责任作了以下规定：

第三十八条 建筑施工企业在编制施工组织设计时，应当根据建筑工程的特点制定相应的安全技术措施；对专业性较强的工程项目，应当编制专项安全施工组织设计，并采取安全技术措施。

第三十九条 建筑施工企业应当在施工现场采取维护安全、防范危险、预防火灾等措施；有条件的，应当对施工现场实行封闭管理。施工现场对毗邻的建筑物、构筑物和特殊作业环境可能造成损害的，建筑施工企业应当采取安全防护措施。

第四十一条 建筑施工企业应当遵守有关环境保护和安全生产的法律、法规的规定，采取控制和处理施工现场的各种粉尘、废气、废水、固体废物以及噪声、振动对环境的污染和危害的措施。

第四十四条 建筑施工企业必须依法加强对建筑安全生产的管理，执行安全生产责任制度，采取有效措施，防止伤亡和其他安全生产事故的发生。

建筑施工企业的法定代表人对本企业的安全生产负责。

第四十五条 施工现场安全由建筑施工企业负责。实行施工总承包的，由总承包单位负责。分包单位向总承包单位负责，服从总承包单位对施工现场的安全生产管理。

第四十六条 建筑施工企业应当建立健全劳动安全生产教育培训制度，加强对职工安全生产的教育培训；未经安全生产教育培训的人员，不得上岗作业。

第四十七条 建筑施工企业和作业人员在施工过程中，应当遵守有关安全生产的法律、法规和建筑行业安全规章、规程，不得违章指挥或者违章作业。作业人员有权对影响人生健康的作业程序和作业条件提出改进意见，有权获得安全生产所需的防护用品。作业人员对危及生命安全和人身健康的行为有权提出批评、检举和控告。

第四十八条 建筑施工企业应当依法为职工参加工伤保险缴纳工伤保险费。鼓励企业从事危险作业的职工办理意外伤害保险、支付保险费。

第五十条 房屋拆除应当由具备保证安全条件的建筑施工单位承担，由建筑施工单位负责人对安全负责。

第五十一条 施工中发生事故时，建筑施工企业应当采取紧急措施减少人员伤亡和事故损失，并按照国家有关规定及时向有关部门报告。

根据以上规定可以看出，《建筑法》要求建筑施工企业要对工程施工现场的安全管理全面负责。

（二）《建设工程安全生产管理条例》对施工单位的安全责任作了详细规定：

第二十条　施工单位从事建设工程的新建、扩建、改建和拆除等活动，应当具备国家规定的注册资本、专业技术人员、技术装备和安全生产等条件，依法取得相应等级的资质证书，并在其资质等级许可的范围内承揽工程。

第二十一条　施工单位主要负责人依法对本单位的安全生产工作全面负责。施工单位应当建立健全安全生产责任制度和安全生产教育培训制度，制定安全生产规章制度和操作规程，保证本单位安全生产条件所需资金的投入，对所承担的建设工程进行定期和专项安全检查，并做好安全检查记录。

施工单位的项目负责人应当由取得相应执业资格的人员担任，对建设工程项目的安全施工负责，落实安全生产责任制度、安全生产规章制度和操作规程，确保安全生产费用的有效使用，并根据工程的特点组织制定安全施工措施，消除安全事故隐患，及时、如实报告生产安全事故。

第二十二条　施工单位对列入建设工程概算的安全作业环境及安全施工措施所需费用，应当用于施工安全防护用具及设施的采购和更新、安全施工措施的落实、安全生产条件的改善，不得挪作他用。

第二十三条　施工单位应当设立安全生产管理机构，配备专职安全生产管理人员。

专职安全生产管理人员负责对安全生产进行现场监督检查。发现安全事故隐患，应当及时向项目负责人和安全生产管理机构报告；对违章指挥、违章操作的，应当立即制止。

专职安全生产管理人员的配备办法由国务院建设行政主管部门会同国务院其他有关部门制定。

第二十四条　建设工程实行施工总承包的，由总承包单位对施工现场的安全生产负总责。

总承包单位应当自行完成建设工程主体结构的施工。

总承包单位依法将建设工程分包给其他单位的，分包合同中应当明确各自的安全生产方面的权利、义务。总承包单位和分包单位对分包工程的安全生产承担连带责任。

分包单位应当服从总承包单位的安全生产管理，分包单位不服从管理导致生产安全事故的，由分包单位承担主要责任。

第二十五条　垂直运输机械作业人员、安装拆卸工、爆破作业人员、起重信号工、登高架设作业人员等特种作业人员，必须按照国家有关规定经过专门的安全作业培训，并取得特种作业操作资格证书后，方可上岗作业。

第二十六条　施工单位应当在施工组织设计中编制安全技术措施和施工现场临时用电方案，对下列达到一定规模的危险性较大的分部分项工程编制专项施工方案，并附具安全验算结果，经施工单位技术负责人、总监理工程师签字后实施，由专职安全生产管理人员进行现场监督：基坑支护与降水工程；土方开挖工程；模板工程；起重吊装工程；脚手架工程；拆除、爆破工程；国务院建设行政主管部门或者其他有关部门规定的其他危险性较大的工程。

对前款所列工程中涉及深基坑、地下暗挖工程、高大模板工程的专项施工方案，施工单位还应当组织专家进行论证、审查。

本条第一款规定的达到一定规模的危险性较大工程的标准，由国务院建设行政主管部门会同国务院其他有关部门制定。

第二十七条 建设工程施工前，施工单位负责项目管理的技术人员应当对有关安全施工的技术要求向施工作业班组、作业人员作出详细说明，并由双方签字确认。

第二十八条 施工单位应当在施工现场入口处、施工起重机械、临时用电设施、脚手架、出入通道口、楼梯口、电梯井口、孔洞口、桥梁口、隧道口、基坑边沿、爆破物及有害危险气体和液体存放处等危险部位，设置明显的安全警示标志。安全警示标志必须符合国家标准。

施工单位应当根据不同施工阶段和周围环境及季节、气候的变化，在施工现场采取相应的安全施工措施。施工现场暂时停止施工的，施工单位应当做好现场防护，所需费用由责任方承担，或者按照合同约定执行。

第二十九条 施工单位应当将施工现场的办公、生活区与作业区分开设置，并保持安全距离；办公、生活区的选址应当符合安全性要求。职工的膳食、饮水、休息场所等应当符合卫生标准。施工单位不得在尚未竣工的建筑物内设置员工集体宿舍。施工现场临时搭建的建筑物应当符合安全使用要求。施工现场使用的装配式活动房屋应当具有产品合格证。

第三十条 施工单位对因建设工程施工可能造成损害的毗邻建筑物、构筑物和地下管线等，应当采取专项防护措施。

施工单位应当遵守有关环境保护法律、法规的规定，在施工现场采取措施，防止或者减少粉尘、废气、废水、固体废物、噪声、振动和施工照明对人和环境的危害和污染。在城市市区内的建设工程，施工单位应当对施工现场实行封闭围挡。

第三十一条 施工单位应当在施工现场建立消防安全责任制度，确定消防安全责任人，制定用火、用电、使用易燃易爆材料等各项消防安全管理制度和操作规程，设置消防通道、消防水源，配备消防设施和灭火器材，并在施工现场入口处设置明显标志。

第三十二条 施工单位应当向作业人员提供安全防护用具和安全防护服装，并书面告知危险岗位的操作规程和违章操作的危害。

作业人员有权对施工现场的作业条件、作业程序和作业方式中存在的安全问题提出批评、检举和控告，有权拒绝违章指挥和强令冒险作业。

在施工中发生危及人身安全的紧急情况时，作业人员有权立即停止作业或者在采取必要的应急措施后撤离危险区域。

第三十三条 作业人员应当遵守安全施工的强制性标准、规章制度和操作规程，正确使用安全防护用具、机械设备等。

第三十四条 施工单位采购、租赁的安全防护用具、机械设备、施工机具及配件，应当具有生产（制造）许可证、产品合格证，并在进入施工现场前进行查验。

施工现场的安全防护用具、机械设备、施工机具及配件必须由专人管理，定期进行检查、维修和保养，建立相应的资料档案，并按照国家有关规定及时报废。

第三十五条 施工单位在使用施工起重机械和整体提升脚手架、模板等自升式架设设施前，应当组织有关单位进行验收，也可以委托具有相应资质的检验检测机构进行验收；使用承租的机械设备和施工机具及配件的，由施工总承包单位、分包单位、出租单位和安装单位共同进行验收。验收合格的方可使用。

《特种设备安全监察条例》规定的施工起重机械，在验收前应当经有相应资质的检验检测机构监督检验合格。

施工单位应当自施工起重机械和整体提升脚手架、模板等自升式架设设施验收合格之日起 30 日内，向建设行政主管部门或者其他有关部门登记。登记标志应当置于或者附着于该设备的显著位置。

第三十六条　施工单位的主要负责人、项目负责人、专职安全生产管理人员应当经建设行政主管部门或者其他有关部门考核合格后方可任职。

施工单位应当对管理人员和作业人员每年至少进行一次安全生产教育培训，其教育培训情况记入个人工作档案。安全生产教育培训考核不合格的人员，不得上岗。

第三十七条　作业人员进入新的岗位或者新的施工现场前，应当接受安全生产教育培训。未经教育培训或者教育培训考核不合格的人员，不得上岗作业。

施工单位在采用新技术、新工艺、新设备、新材料时，应当对作业人员进行相应的安全生产教育培训。

第三十八条　施工单位应当为施工现场从事危险作业的人员办理意外伤害保险。意外伤害保险费由施工单位支付。实行施工总承包的，由总承包单位支付意外伤害保险费。意外伤害保险期限自建设工程开工之日起至竣工验收合格止。

（三）《危险性较大的分部分项工程安全管理规定》（住房和城乡建设部令第 37 号）进一步明确了施工单位对施工项目危险性较大分部分项工程的安全责任：

第十条　施工单位应当在危大工程施工前组织工程技术人员编制专项施工方案。

实行施工总承包的，专项施工方案应当由施工总承包单位组织编制。危大工程实行分包的，专项施工方案可以由相关专业分包单位组织编制。

第十一条　专项施工方案应当由施工单位技术负责人审核签字、加盖单位公章，并由总监理工程师审查签字、加盖执业印章后方可实施。

危大工程实行分包并由分包单位编制专项施工方案的，专项施工方案应当由总承包单位技术负责人及分包单位技术负责人共同审核签字并加盖单位公章。

第十二条　对于超过一定规模的危大工程，施工单位应当组织召开专家论证会对专项施工方案进行论证。实行施工总承包的，由施工总承包单位组织召开专家论证会。专家论证前专项施工方案应当通过施工单位审核和总监理工程师审查。

第十三条　专项施工方案经论证需修改后通过的，施工单位应当根据论证报告修改完善后，重新履行本规定第十一条的程序。

专项施工方案经论证不通过的，施工单位修改后应当按照本规定的要求重新组织专家论证。

第十四条　施工单位应当在施工现场显著位置公告危大工程名称、施工时间和具体责任人员，并在危险区域设置安全警示标志。

第十五条　专项施工方案实施前，编制人员或者项目技术负责人应当向施工现场管理人员进行方案交底。施工现场管理人员应当向作业人员进行安全技术交底，并由双方和项目专职安全生产管理人员共同签字确认。

第十六条　施工单位应当严格按照专项施工方案组织施工，不得擅自修改专项施工方案。

第十七条　施工单位应当对危大工程施工作业人员进行登记，项目负责人应当在施工现场履职。

项目专职安全生产管理人员应当对专项施工方案实施情况进行现场监督，对未按照专项施工方案施工的，应当要求立即整改，并及时报告项目负责人，项目负责人应当及时组织限期整改。

施工单位应当按照规定对危大工程进行施工监测和安全巡视，发现危及人身安全的紧急情况，应当立即组织作业人员撤离危险区域。

第二十一条　对于按照规定需要验收的危大工程，施工单位、监理单位应当组织相关人员进行验收。验收合格的，经施工单位项目技术负责人及总监理工程师签字确认后，方可进入下一道工序。

危大工程验收合格后，施工单位应当在施工现场明显位置设置验收标识牌，公示验收时间及责任人员。

第二十二条　危大工程发生险情或者事故时，施工单位应当立即采取应急处置措施，并报告工程所在地住房城乡建设主管部门。建设、勘察、设计、监理等单位应当配合施工单位开展应急抢险工作。

第二十三条　危大工程应急抢险结束后，建设单位应当组织勘察、设计、施工、监理等单位制定工程恢复方案，并对应急抢险工作进行后评估。

第二十四条　施工、监理单位应当建立危大工程安全管理档案。施工单位应当将专项施工方案及审核、专家论证、交底、现场检查、验收及整改等相关资料纳入档案管理。

三、工程监理单位的安全责任

工程监理单位是施工项目参建的五方责任主体之一，《建筑法》第四章"建筑工程监理"中明确规定"国家推行建筑工程监理制度"，并对工程监理单位的责任作了规定。《建筑法》中未规定监理单位的安全责任，《安全生产法》中也没有涉及监理单位应承担安全责任的条款。当前，监理安全责任的最高法规是国务院发布《建设工程安全生产管理条例》（国务院令第 393 号），监理单位在施工项目上履行安全生产法定责任时应以此为依据。此外，为指导和督促工程监理单位落实安全生产监理责任，做好建设工程安全生产的监理工作，切实加强建设工程安全生产管理，住房城乡建设部颁发了《关于落实建设工程安全生产监理责任的若干意见》（建市〔2006〕248 号）、《危险性较大的分部分项工程安全管理规定》（住房和城乡建设部令第 37 号）等系列文件，系列文件是对《建设工程安全生产管理条例》的补充和细化。工程监理单位和监理人员在建设工程安全生产的监理工作中，应当按照法律、法规和工程建设强制性标准实施，并对建设工程安全生产承担监理责任。

（一）《建设工程安全生产管理条例》对工程监理单位的安全责任作了如下规定：

第十四条　工程监理单位应当审查施工组织设计中的安全技术措施或者专项施工方案是否符合工程建设强制性标准。

工程监理单位在实施监理过程中，发现存在安全事故隐患的，应当要求施工单位整改；情况严重的，应当要求施工单位暂时停止施工，并及时报告建设单位。施工单位拒不整改或者不停止施工的，工程监理单位应当及时向有关主管部门报告。

工程监理单位和监理工程师应当按照法律、法规和工程建设强制性标准实施监理，并对建设工程安全生产承担监理责任。

（二）《关于落实建设工程安全生产监理责任的若干意见》（建市［2006］248号）详细阐述了建设工程安全生产的监理责任：

1. 监理单位应对施工组织设计中的安全技术措施或专项施工方案进行审查，未进行审查的，监理单位应承担《建设工程安全生产管理条例》第五十七条规定的法律责任。

施工组织设计中的安全技术措施或专项施工方案未经监理单位审查签字认可，施工单位擅自施工的，监理单位应及时下达工程暂停令，并将情况及时书面报告建设单位。监理单位未及时下达工程暂停令并报告的，应承担《建设工程安全生产管理条例》第五十七条规定的法律责任。

2. 监理单位在监理巡视检查过程中，发现存在安全事故隐患的，应按照有关规定及时下达书面指令要求施工单位进行整改或停止施工。监理单位发现安全事故隐患没有及时下达书面指令要求施工单位进行整改或停止施工的，应承担《建设工程安全生产管理条例》第五十七条规定的法律责任。

3. 施工单位拒绝按照监理单位的要求进行整改或者停止施工的，监理单位应及时将情况向当地建设主管部门或工程项目的行业主管部门报告。监理单位没有及时报告，应承担《条例》第五十七条规定的法律责任。

4. 监理单位未依照法律、法规和工程建设强制性标准实施监理的，应当承担《建设工程安全生产管理条例》第五十七条规定的法律责任。

监理单位履行了上述规定的职责，施工单位未执行监理指令继续施工或发生安全事故的，应依法追究监理单位以外的其他相关单位和人员的法律责任。

（三）《危险性较大的分部分项工程安全管理规定》（住房和城乡建设部令第37号）明确了监理单位对施工项目危险性较大分部分项工程的安全责任：

第十一条　专项施工方案应当由施工单位技术负责人审核签字、加盖单位公章，并由总监理工程师审查签字、加盖执业印章后方可实施。

第十二条　对于超过一定规模的危大工程，施工单位应当组织召开专家论证会对专项施工方案进行论证。实行施工总承包的，由施工总承包单位组织召开专家论证会。专家论证前专项施工方案应当通过施工单位审核和总监理工程师审查。

第十八条　监理单位应当结合危大工程专项施工方案编制监理实施细则，并对危大工程施工实施专项巡视检查。

第十九条　监理单位发现施工单位未按照专项施工方案施工的，应当要求其进行整改；情节严重的，应当要求其暂停施工，并及时报告建设单位。施工单位拒不整改或者不停止施工的，监理单位应当及时报告建设单位和工程所在地住房城乡建设主管部门。

第二十条　监测单位应当编制监测方案。监测方案由监测单位技术负责人审核签字并加盖单位公章，报送监理单位后方可实施。

第二十一条　对于按照规定需要验收的危大工程，施工单位、监理单位应当组织相关人员进行验收。验收合格的，经施工单位项目技术负责人及总监理工程师签字确认后，方可进入下一道工序。危大工程验收合格后，施工单位应当在施工现场明显位置设置验收标识牌，公示验收时间及责任人员。

第二十二条 危大工程发生险情或者事故时，施工单位应当立即采取应急处置措施，并报告工程所在地住房城乡建设主管部门。建设、勘察、设计、监理等单位应当配合施工单位开展应急抢险工作。

第二十三条 危大工程应急抢险结束后，建设单位应当组织勘察、设计、施工、监理等单位制定工程恢复方案，并对应急抢险工作进行后评估。

第二十四条 施工、监理单位应当建立危大工程安全管理档案。

施工单位应当将专项施工方案及审核、专家论证、交底、现场检查、验收及整改等相关资料纳入档案管理。

监理单位应当将监理实施细则、专项施工方案审查、专项巡视检查、验收及整改等相关资料纳入档案管理。

(四)《建筑工程项目总监理工程师质量安全责任六项规定（试行）》（建市〔2015〕35号）明确了项目总监理工程师是代表工程监理单位主持建筑工程项目的全面监理工作，并对其承担终身责任的人员。

（1）项目监理工作实行项目总监负责制。项目总监应当按规定取得注册执业资格；不得违反规定受聘于两个及以上单位从事执业活动。

（2）项目总监应当在岗履职。应当组织审查施工单位提交的施工组织设计中的安全技术措施或者专项施工方案，并监督施工单位按已批准的施工组织设计中的安全技术措施或者专项施工方案组织施工；应当组织审查施工单位报审的分包单位资格，督促施工单位落实劳务人员持证上岗制度；发现施工单位存在转包和违法分包的，应当及时向建设单位和有关主管部门报告。

（3）工程监理单位应当选派具备相应资格的监理人员进驻项目现场，项目总监应当组织项目监理人员采取旁站、巡视和平行检验等形式实施工程监理，按照规定对施工单位报审的建筑材料、建筑构配件和设备进行检查，不得将不合格的建筑材料、建筑构配件和设备按合格签字。

（4）项目总监发现施工单位未按照设计文件施工、违反工程建设强制性标准施工或者发生质量事故的，应当按照建设工程监理规范规定及时签发工程暂停令。

（5）在实施监理过程中，发现存在安全事故隐患的，项目总监应当要求施工单位整改；情况严重的，应当要求施工单位暂时停止施工，并及时报告建设单位；施工单位拒不整改或者不停止施工的，项目总监应当及时向有关主管部门报告，主管部门接到项目总监报告后，应当及时处理。

（6）项目总监应当审查施工单位的竣工申请，并参加建设单位组织的工程竣工验收，不得将不合格工程按照合格签认。

项目总监责任的落实不免除工程监理单位和其他监理人员按照法律法规和监理合同应当承担和履行的相应责任。

四、其他有关单位的安全责任

《建设工程安全管理条例》第三章中，还规定了勘察、设计及其他参与单位都应承担相应的安全责任。

（一）勘察、设计单位的安全责任

1.勘察单位的安全责任

（1）应当按照法律、法规和工程建设强制性标准进行勘察，提供的勘察文件应当真实、准确，满足建设工程安全生产的需要。

（2）在勘察作业时，应当严格执行操作规程，采取措施保证各类管线、设施和周边建筑物、构筑物的安全。

2.设计单位的安全责任

（1）按照法律、法规和工程建设强制性标准进行设计，应当考虑施工安全操作和防护的需要，对涉及施工安全的重点部位和环节在设计文件中注明，并对防范生产安全事故提出指导意见。

（2）对采用新结构、新材料、新工艺的建设工程和特殊结构的建设工程，设计单位应当在设计中提出保障施工作业人员安全和预防生产安全事故的措施建议。

（3）设计单位和注册建筑师等注册执业人员应当对其设计负责。

（二）其他参与单位的安全责任

1.提供机械设备和配件的单位的安全责任

提供机械设备和配件的单位应当按照安全施工的要求配备齐全有效的保险、限位等安全设施和装置。

2.出租单位的安全责任

出租机械设备和施工机具及配件的单位应当具有生产（制造）许可证、产品合格证；应当对出租的机械设备和施工机具及配件的安全性能进行检测，在签订租赁协议时，应当出具检测合格证明；禁止出租检测不合格的机械设备和施工机具及配件。

3.拆装单位的安全责任

拆装单位在施工现场安装、拆卸施工起重机械和整体提升脚手架、模板等自升式架设设施必须具有相应等级的资质。安装、拆卸施工起重机械和整体提升脚手架、模板等自升式架设设施，应当编制拆装方案，制定安全施工措施，并由专业技术人员现场监督。

施工起重机械和整体提升脚手架、模板等自升式架设设施安装完毕后，安装单位应当自检，出具自检合格证明，并向施工单位进行安全使用说明，办理签字验收手续。

4.检验检测单位的安全责任

检验检测机构对检测合格的施工起重机械和整体提升脚手架、模板等自升式架设设施，应当出具安全合格证明文件，并对检测结果负责。

第四节 安全生产管理的监理工作从业要求

《建设工程安全生产管理条例》规定了工程监理单位的安全责任，住房城乡建设部《关于落实建设工程安全生产监理责任的若干意见》（建市〔2006〕248号）明确了监理单位安全生产管理的监理工作主要内容、工作程序及安全生产的监理责任，对工程监理单位从事安全生产管理的监理工作提出了要求，监理单位及监理从业人员应依据相关规定做好工程项目安全生产管理的监理工作。

一、工程监理单位从事安全生产管理的监理工作要求

住房城乡建设部在《关于落实建设工程安全生产监理责任的若干意见》中，对工程监理单位提出了落实安全生产监理责任，做好建设工程安全生产的监理工作要求。监理单位应认真学习并贯彻执行《若干意见》的规定，建立健全企业自身安全生产管理体系，加强对施工现场监理人员的安全生产教育培训，落实安全生产责任制，做好施工现场安全生产的监理工作。

1. 工程监理单位要建立健全安全生产管理的监理责任制。监理单位法定代表人应对本企业监理工程项目安全生产管理的监理工作全面负责。总监理工程师要对工程项目安全生产管理的监理工作负责，并根据工程项目特点，明确监理人员的安全生产监理职责。

2. 要完善监理单位安全生产管理制度。在健全审查核验制度、检查验收制度和督促整改制度基础上，完善监理例会制度及资料归档制度。定期召开监理例会，针对薄弱环节，提出整改意见，并督促落实；要指定专人负责监理内业资料的整理、分类及立卷归档。

3. 要建立监理人员安全生产教育培训制度。监理单位的总监理工程师和从事安全生产管理的监理工作的人员（住建部建市〔2006〕248号文件称为安全监理人员）需经安全生产教育培训后方可上岗，其教育培训情况记入个人继续教育档案。

4. 监理单位要建立危险性较大分部分项工程安全管理档案。监理单位应当要求项目监理机构将监理实施细则、专项施工方案审查、专项巡视检查、验收及整改等相关资料纳入档案管理。

通过落实安全生产责任制，建立完善管理制度，促使监理单位做好安全生产管理的监理工作。

二、监理人员从事安全生产管理监理工作的要求

从事建设工程安全生产管理的监理工作的人员，应具有一定的工程技术、工程经济方面的专业知识，应具有较强的专业技术能力和丰富的工程建设实践经验，能对建设工程的建设过程起到监督管理作用，并能提出指导性意见。同时，监理人员还应熟悉国家和地方有关安全生产、劳动保护、环保、消防等法律法规，应具备一定的组织协调能力，能组织、协调参建各方共同完成工程建设任务。

（一）对总监理工程师和专业监理工程师的要求

总监理工程师和专业监理工程师从事安全生产管理的监理工作，除了应具备基本素质要求外，还应具备以下安全生产知识和安全生产管理能力。

1. 掌握并执行国家和本地区有关安全生产的方针政策、法律法规、部门规章、标准规范及有关文件。

2. 熟悉安全事故防范、应急救援措施，报告制度及调查处理方法。

3.熟悉施工单位的安全生产责任制、安全生产规章制度和操作规程内容。

4.掌握施工现场安全生产监督检查的内容和方法，能有效开展施工现场的安全检查，如实报告生产安全事故。

5.能有效审查施工组织设计中的安全技术措施、专项施工方案。

6.能监督检查施工单位建立和落实生产安全事故应急救援预案。

7.能督促施工单位安全生产费用的投入与使用。

8.具备施工现场安全生产管理经验以及对典型安全事故的分析处理能力。

9.需经安全生产教育培训后方可上岗。

（二）对监理员的要求

监理员从事现场安全生产管理的监理工作除了要熟悉监理业务外，还应具备安全生产知识和相应的能力。

（1）熟悉并执行国家有关安全生产的方针政策、法律法规、部门规章，本地区有关安全生产的法规、规章、标准及相关文件。

（2）了解重大事故防范、应急救援措施，报告制度，调查处理方法。

（3）能有效监督检查施工企业安全生产责任制和安全生产规章制度的实施。

（4）对施工现场安全生产进行监督检查，发现生产安全事故隐患及现场违章指挥、违章操作行为能及时向施工单位指出，并向专业监理工程师报告。

（5）需经安全生产教育培训后方可上岗。

第五节　建设工程安全生产监理的法律责任

工程监理单位应承担建设工程安全生产监理责任的法规依据是国务院发布的《建设工程安全生产管理条例》，监理单位在所监理工程施工过程中履行安全生产监理责任时应以此为准，应熟悉并掌握安全生产监理责任的相关法法律规定，同时，还应遵守《中华人民共和国建筑法》的相关规定。

一、建设工程安全生产监理的法律责任相关规定

（一）《中华人民共和国建筑法》（中华人民共和国主席令第 46 号）中工程监理单位应承担的相关法律责任

第三十四条　工程监理单位应当在其资质等级许可的监理范围内，承担工程监理业务。工程监理单位应当根据建设单位的委托，客观、公正地执行监理任务。

工程监理单位与被监理工程的承包单位以及建筑材料、建筑构配件和设备供应单位不得有隶属关系或者其他利害关系。

工程监理单位不得转让工程监理业务。

第三十五条　工程监理单位不按照委托监理合同的约定履行监理义务，对应当监督检查的项目不检查或者不按照规定检查，给建设单位造成损失的，应当承担赔偿责任。

工程监理单位与承包单位串通，为承包单位谋取非法利益，给建设单位造成损失的，

应当与承包单位承担连带赔偿责任。

第三十六条 建设工程安全生产管理必须坚持安全第一、预防为主的方针，建立健全安全生产的责任制度和群防群治制度。

(二)《建设工程安全生产管理条例》(国务院令第 393 号)规定了监理单位和监理人员应承担的建设工程安全生产的法律责任

第四条 建设单位、勘察单位、设计单位、施工单位、工程监理单位及其他与建设工程安全生产有关的单位，必须遵守安全生产法律、法规的规定，保证建设工程安全生产，依法承担建设工程安全生产责任。

第五十七条 违反本条例的规定，工程监理单位有下列行为之一的，责令限期改正；逾期未改正的，责令停业整顿，并处 10 万元以上 30 万元以下的罚款；情节严重的，降低资质等级，直至吊销资质证书；造成重大安全事故，构成犯罪的，对直接责任人员，依照刑法有关规定追究刑事责任；造成损失的，依法承担赔偿责任：

(一) 未对施工组织设计中的安全技术措施或者专项施工方案进行审查的；

(二) 发现安全事故隐患未及时要求施工单位整改或者暂时停止施工的；

(三) 施工单位拒不整改或者不停止施工，未及时向有关主管部门报告的；

(四) 未依照法律、法规和工程建设强制性标准实施监理的。

第五十八条 注册执业人员未执行法律、法规和工程建设强制性标准的，责令停止执业 3 个月以上 1 年以下；情节严重的，吊销执业资格证书，5 年内不予注册；造成重大安全事故的，终身不予注册；构成犯罪的，依照刑法有关规定追究刑事责任。

二、安全生产管理的监理法律责任的界定

(一) 监理单位与监理工程师共同承担安全生产管理的监理责任

《建设工程安全生产管理条例》明确规定："工程监理单位和监理工程师应当按照法律、法规和工程建设强制性标准实施监理，并对建设工程安全生产承担监理责任。"该条款将工程监理单位和监理工程师并列，说明现场安全生产管理的监理责任不仅由现场项目监理机构承担，监理单位也要承担监理责任。

监理单位要承担施工安全生产管理的监理责任，必须要建立健全安全生产监理责任体系。监理单位对项目监理机构的安全生产管理的监理工作要进行相应的监督检查及管理，并建立从监理单位到项目监理机构，从总监理工程师到监理人员的安全生产管理的监理责任制，形成完善的内部安全生产管理的监理工作体系。

(二) 安全生产管理监理法律责任的界定

《建设工程安全生产管理条例》第五十七条对监理单位在安全生产中的违法行为的法律责任做了相应规定。为指导监理单位履行好规定的职责，住房和城乡建设部发布的《关于落实建设工程安全生产监理责任的若干意见》中，要求监理单位该审查的一定要按规定进行审查，该检查的一定要检查；发现安全隐患一定要签发《监理通知单》要求施工单位整改；问题严重该停工的一定要下达《工程暂停令》要求施工单位停工整改；施工单位拒不整改或不停工整改，该报告的一定要向建设单位和建设主管部门报告。

监理单位未依照法律、法规和强制性标准履行安全生产监理的法定职责，应承担《条

例》第五十七条规定的法律责任。

住房城乡建设部《关于落实建设工程安全生产监理责任的若干意见》也明确了"监理单位履行了上述规定的职责，施工单位未执行监理指令继续施工或发生安全事故的，应该依法追究监理单位以外的其他相关单位人员的法律责任。"

依据《建设工程安全生产管理条例》中监理单位有关安全责任的规定，可以界定监理单位是否承担安全责任的行为。

1. 对施工组织设计中的安全技术措施或者专项施工方案的审查责任。

监理单位应审查施工组织设计中的安全技术措施或专项施工方案是否符合强制性标准要求。未进行审查的，监理单位应承担《建设工程安全生产管理条例》第五十七条规定的法律责任。项目总监理工程师应承担第五十八条规定的法律责任。

2. 对施工组织设计或专项施工方案未经审查，施工单位擅自开工监理单位不予制止的责任。

施工组织设计中的安全技术措施或专项施工方案未经监理单位审查签字认可，施工单位擅自施工的，监理单位应及时下达工程暂停令并及时书面报告建设单位。监理单位未及时下达工程暂停令并报告建设单位的，应承担《建设工程安全生产管理条例》第五十七条规定的法律责任。

3. 发现安全事故隐患未及时要求施工单位整改或者暂时停工的监理责任。

监理单位在巡视检查过程中，发现存在安全事故隐患的，应按照有关规定及时下达书面指令，要求施工单位整改或暂时停止施工。监理单位发现安全事故隐患未及时下达书面指令要求施工单位整改或暂时停止施工的，应承担《建设工程安全生产管理条例》第五十七条规定的法律责任。

4. 对施工单位不规范行为及时报告的监理责任。

施工单位拒绝按照监理单位的要求进行整改或者停止施工的，监理单位应及时将情况向当地有关主管部门报告，监理报告应按《建设工程监理规范》GB/T 50319 附表中A.0.4"监理报告"的要求填写。监理单位未及时向有关建设主管部门报告的，应承担《建设工程安全生产管理条例》第五十七条规定的法律责任。

5. 未依照法律、法规和工程建设强制性标准实施监理的监理责任。

监理单位未依照法律、法规和工程建设强制性标准实施监理的，应当承担《建设工程安全生产管理条例》第五十七条规定的法律责任。

6. 因工程质量不符合要求造成重大安全事故的监理责任。

《中华人民共和国刑法》规定："建设单位、设计单位、施工单位，工程监理单位违反国家规定，降低工程质量标准，造成重大安全事故的，对直接责任人员，处五年以下有期徒刑或者拘役；并处罚金；后果特别严重的，处五年以上十年以下有期徒刑，并处罚金。"

这里的监理责任，是指因监理单位有违反国家法律法规规定的行为，造成了降低工程质量，并因工程质量缺陷而造成重大安全事故，监理单位要承担相应的刑事责任。如建筑结构因混凝土强度不足发生主体结构坍塌，并造成了重大安全事故，在结构混凝土强度不足的质量缺陷形成过程中，若监理单位未履行法律法规规定的监理责任，则相关责任人员要承担相应刑事责任。

三、重视法律责任，坚持依法执业、履职履责，防范和规避风险

工程监理单位和监理工程师应依法执业，按照《建设工程安全生产管理条例》的规定履行安全生产管理的法定职责，防范和避免被追究法律责任。

（一）工程监理单位应加强自身建设

工程监理单位依据《建设工程安全生产管理条例》，开展建设工程安全生产管理的监理工作，应抓好以下自身建设工作：

1. 工程监理单位应定期、不定期地组织监理人员进行安全生产教育培训。学习掌握有关建设工程安全生产法律法规、施工安全技术标准、规范、规程等。充实安全生产监理工作的技术准备和人力准备。

2. 工程监理单位应根据《建设工程安全管理条例》及住房城乡建设部《关于落实建设工程安全生产监理责任的若干意见》的相关规定，建立健全安全生产监理责任制，编写企业内部实用的安全生产管理的监理工作手册，指导项目监理机构安全生产管理的监理工作。

3. 工程监理单位应制定现场监理人员在安全生产管理的监理工作的职业道德和工作纪律，对以下有故意情节的要给予重罚：

（1）未按有关规定对施工组织设计中的安全技术措施或者专项施工方案进行审查的；或将违反工程建设强制性标准的施工组织设计或专项施工方案签字认可的；

（2）对施工单位擅自变更施工组织设计中的安全技术措施或专项方案，现场监理人员知情不报或拖延不报告而贻误时机的；

（3）发现安全事故隐患未及时要求施工单位整改或者暂时停止施工的；或迁就建设单位意愿或迫于施工单位压力将严重安全事故隐患说成一般性安全问题，并将工程暂停指令改为整改指令的；

（4）施工单位拒不整改或者不停止施工，现场监理人员不及时向建设单位单位及主管部门报告的；

（5）对进场无安全生产许可证的施工企业，或无上岗证的作业人员知情不报或拖延报告而贻误时机的；

（6）违反法律、法规和工程建设强制性标准规定，越权指令施工单位违章作业等行为。

（二）在承揽监理业务及履行监理合同中，工程监理单位要善于防范风险

1. 工程监理单位应承担与其资质和能力相称的监理业务。对不属于资质范围的建设工程不承接，对不熟悉并缺乏实际经验或与能力不相称的建设工程，工程监理单位承接该业务要慎重。

2. 对资本金不足，压低工程造价，压减安全生产费用，以拖欠工程款项为手段运作的建设工程，工程监理单位承接该业务要特别慎重。在这种情况下，施工单位很难保证施工安全生产费用及安全设施的必要投入等。

3. 按照规定对建设单位选定的施工单位的资质及安全生产许可证进行审查，经审核若不符合相关规定时，工程监理单位应明确表明态度，切勿迁就。必要时，为避免扩大风

险，应及时中止合同，并追讨应得经济利益。

4. 工程监理单位应评估施工过程中发生的工程变更对施工安全的影响，要表明态度并签署意见。各方协商制定措施时，应有明确的观点并留下凭证。

5. 建设单位在施工过程中要求压缩合同约定的工期实行赶工时，工程监理单位应协助建设单位、施工单位完善相应施工安全措施。若其措施不能保证施工安全或建设单位不愿为"赶工"支付安全措施费时，工程监理单位应表明态度并留下凭证，必要时向主管部门报告。

6. 在履行合同过程中，若建设单位故意违法违规，工程监理单位应及时提醒、规劝，表明态度。情况严重时，应及时提出意见并收集留下凭证，必要时可中止合同以避免更大风险。

（三）在实施监理过程中，监理单位及现场监理人员应重视以下问题

1. 发现施工单位承揽工程后实施非法转包的，监理单位应及时表明态度，并应及时向建设单位及建设主管部门报告。

2. 当施工现场不具备开工条件或开工手续不全时，总监理工程师不得签署工程开工令。如果现场不具备开工条件或开工手续不全，总监理工程师同意开工或默许开工，本身就违反了相关法律法规的规定，一旦工程发生安全事故，监理单位及总监理工程师就要承担相应责任。

3. 及时审查施工组织设计中的安全技术措施或专项施工方案。施工单位提交安全技术措施或专项施工方案后，总监理工程师应及时组织专业监理工程师审核并签署意见，避免由于审核不及时造成工作被动。

4. 若施工单位未提交危险性较大分部分项工程专项施工方案，或专项方案未经项目监理机构审核同意擅自组织施工，监理单位应坚持原则，不得同意施工单位施工，总监理工程师应立即下达工程暂停令表明态度。

5. 现场施工起重机械、整体提升脚手架、模板等自升式架设设施，未经验收，监理单位及现场监理人员不得同意施工单位使用。

6. 发现现场存在安全隐患，或者施工单位有违规行为，监理单位应及时下达指令要求施工单位整改或暂停施工。施工单位拒不整改或不停止施工，监理单位应及时向建设主管部门报告。

7. 收集、整理好安全生产管理的监理工作的相关资料。安全生产管理的监理工作主要是通过相关资料体现，现场监理人员应及时收集、整理监理过程中的相关资料，包括专项施工方案的审查审核记录、现场安全巡视记录、监理通知单及回复单、工程暂停令、会议纪要、监理日志（安全）、相关图片及视频等安全资料。

第二章 项目安全生产管理的监理工作

监理单位在与建设单位签订了建设工程监理合同后，总监理工程师应组织项目监理机构人员，做好项目安全生产管理的监理工作策划。监理单位要依据法律、法规和建设工程监理合同的约定，结合建设工程项目的实际情况，组建项目安全生产管理的监理工作机构，制定安全生产管理的监理工作制度和实施程序，编制包括项目安全生产管理的监理工作的监理规划和监理实施细则等。

第一节 安全生产管理的监理工作机构设置

项目监理机构是指工程监理单位派驻施工现场负责履行建设工程监理合同的组织机构。项目监理机构的组织结构形式和规模，应根据建设工程监理合同约定的服务内容、服务期限，以及工程特点、规模、技术复杂程度、工程环境等因素确定。现场负责安全生产管理的监理工作机构应属于项目监理机构组成的一部分，不应独立于项目监理机构之外。

一、项目监理机构的组建

项目监理机构的监理人员应由总监理工程师、专业监理工程师和监理员组成，且专业配套、数量应满足建设工程监理合同的约定和监理工作需要，必要时可设总监理工程师代表。

工程监理单位在建设工程监理合同签订后，应及时将项目监理机构的组织形式、人员结构及对总监理工程师的任命文件书面通知建设单位。

（一）项目监理机构的人员结构

1. 人员资格结构

项目监理机构的监理人员应具备相应资格，应配备一定数量的注册人员，注册人员和非注册人员的比例应与监理工作相适应，其中总监理工程师和从事安全生产监理工作的监理人员须经过安全生产教育培训方可上岗。

2. 合理的专业结构

项目监理机构应具备与所承担的监理任务相适应的专业人员，且专业配套。人员组成应根据工程特点、规模、技术复杂程度，结合建设单位对工程监理的服务要求，按监理人员所学专业与工作能力合理配置。

安全生产管理的监理工作是一门专业性较强的工作，对于相对复杂、危险性较大分部分项工程较多的项目，宜将安全生产管理的监理工作作为项目监理机构单独的执行部门，并按监理人员的所学专业和能力进行分工，还应考虑项目监理机构总体的合理性与协调性。

3. 技术职称结构

应根据建设工程特点和监理工作需要，确定项目监理机构人员的技术职称结构。合理的技术职称结构应为高级、中级和初级职称人员的比例与监理工作要求相适应。

（二）项目监理机构监理人员数量的确定

项目监理机构人员数量的确定应考虑监理范围和内容、建设规模、工程复杂程度、监理人员的业务水平和人员职能分工等因素，并应符合监理合同约定。

在组建项目监理机构时，应根据项目安全生产管理的监理工作的技术风险程度、风险存在的概率以及工作量等因素，配置满足施工现场安全生产管理的监理工作需要的监理人员。

（三）从事安全生产管理的监理人员选择

1. 选择标准

选择从事安全生产管理的监理人员可从基本素质和专业技术能力两个方面选择。

基本素质包括业务素质、身体素质、职业道德等。总监理工程师和从事安全生产管理的监理人员要诚信守法、爱岗敬业，要有高尚的职业道德、团队协作精神等品德。

专业技术能力包括监理人员的专业知识结构和能力结构。总监理工程师及监理人员的专业知识结构主要表现在掌握与项目相关的专业技术知识，熟悉相关专业的安全技术、安全管理、法律法规等知识，并能在工程实践中不断学习、补充和完善自己的知识结构。

同时，监理人员还应具备一定的施工现场安全生产管理工作的实践经验，具备现场综合处理各种安全问题、协调人际关系的能力。

由于项目安全生产管理的监理工作涉及土建、机械、消防、电气等多种专业，项目监理机构在配备负责安全生产管理的监理人员时，应专业配套，分工明确。如：房屋建筑工程项目的土建专业监理工程师可负责基坑、模板、脚手架、高处作业等的安全生产管理的监理工作；电气专业监理工程师可负责施工现场临时用电的安全生产管理的监理工作；机械专业监理工程师可负责起重吊装和机械设备装拆等安全生产管理的监理工作等。因此，选择项目安全生产管理的监理人员尽可能是具有一定理论知识，既熟悉施工安全技术，又具有丰富的安全生产管理实践经验的复合型人员担任。

2. 总监理工程师的选择

总监理工程师是代表工程监理单位在项目上履行监理合同的责任人，是工程项目安全生产管理的监理工作主要负责人，总监理工程师的工作能力和业务水平决定了项目监理机构的工作成效。对总监理工程师的选择，首先应考虑其是否具有一定类似工程的工作经验，其次应注意其是否具有较扎实的专业基础知识。

（1）总监理工程师的任职条件

依据《建设工程监理规范》GB/T 50319 的规定，总监理工程师是由工程监理单位法定代表人书面任命，负责履行建设工程监理合同、主持项目监理机构工作的注册监理工程师。

（2）总监理工程师应具备的能力

组织决策能力。组织能力是总监理工程师的必备能力，是指总监理工程师能运用现代组织理论，建立分工合理、高效精干的项目监理机构，制定有效的监理工作程序、工作制度，并有较强的组织管理能力。决策能力是总监理工程师必备能力的关键，主要体现在总监理工程师在授权范围内迅速做出决策。

协调和控制能力。总监理工程师是项目监理工作的组织者和领导者，应具有较强的协调和控制能力，既要善于进行组织协调与沟通，协调处理好参建各方的关系，也要协调好项目监理机构内部关系，控制资源配置，对工程项目实施有效控制，才能使项目目标顺利实现。

业务技术能力。总监理工程师应具备较强的业务技术能力，应掌握项目监理过程中所涉及的专业技术相关知识，要善于学习，及时更新自己的知识结构，并具备处理在工程实施过程中出现的各种问题的能力。

（四）监理人员安全生产管理的监理工作职责

应按照《建设工程监理规范》GB/T 50319 的有关规定，确定项目总监理工程师、总监理工程师代表（如有）、专业监理工程师和监理员的安全生产管理的监理工作职责。

1. 总监理工程师应履行下列职责：

（1）确定项目监理机构中从事安全生产管理的监理工作的人员及其岗位职责；

（2）组织编制含有安全生产管理的监理工作内容的监理规划（或安全生产管理的监理工作方案），审批监理实施细则；

（3）根据工程进展及监理工作情况调配从事安全生产管理的监理工作的人员，检查监理人员工作；

（4）组织召开包括安全生产管理的监理工作内容的监理例会；

（5）组织审查分包单位资格，包括审查分包单位安全生产的条件，并提出审查意见；

（6）组织审查包括安全技术措施的施工组织设计、专项施工方案；

（7）审查工程开复工报审表，签发工程开工令、暂停令和复工令；

（8）组织检查施工单位现场安全生产管理体系的建立及运行情况；

（9）组织审核施工单位包括安全施工有关费用的付款申请，签发工程款支付证书，组织审核竣工结算；

（10）组织审查和处理工程变更。在审查和处理过程中关注与施工安全有关的问题。

（11）调解建设单位与施工单位的合同争议，处理工程索赔；

（12）组织或参与对按规定需要验收的危险性较大分部分项工程进行的验收；

（13）审查施工单位的竣工申请，组织工程竣工预验收，组织编写工程质量评估报告，参与工程竣工验收；

（14）参与或配合工程质量安全事故的调查和处理；

（15）组织编写并签发包括安全生产管理的监理工作的月报、专题报告和监理工作总结。

在安全生产管理的监理工作中，总监理工程师不得将下列工作委托给总监理工程师代表：

（1）组织编制包含安全生产管理的监理工作内容的监理规划（或安全生产管理监理工作方案），审批监理实施细则；

（2）根据工程进展及监理工作情况调配从事安全生产管理的监理工作的人员；

（3）组织审查施工组织设计中的安全技术措施、专项施工方案；

（4）签发工程开工令、暂停令和复工令；

（5）签发工程款（包括有关安全施工的费用）支付证书，组织审核竣工结算；

（6）调解建设单位与施工单位的合同争议，处理工程索赔；

（7）审查施工单位的竣工申请，组织工程竣工预验收，组织编写工程质量评估报告，参与工程竣工验收；

（8）参与或配合工程质量安全事故的调查和处理。

2. 专业监理工程师应履行下列职责：

（1）参与编制包含安全生产管理的监理工作内容的监理规划（或安全生产管理的监理工作方案），负责编制监理实施细则；

（2）审查施工单位提交的涉及本专业的报审文件，并向总监理工程师报告；

其中涉及安全生产的报审文件包括：施工组织设计中的安全技术措施、应急救援预案和安全防护措施费用使用计划；专项施工方案；开工报审资料中的施工单位安全生产管理体系建立情况、施工单位安全生产许可证、施工管理人员特别是项目经理和专职安全管理人员的资格和配备情况、特种作业人员配备情况和施工机械和设施的安全许可手续等；

（3）参与审查分包单位资格，包括安全生产许可证、专职管理人员和特种作业人员资格、施工单位对分包单位的安全管理制度等，并提出审查意见；

（4）指导、检查监理员工作，包括安全生产管理的监理工作；定期向总监理工程师报告本专业监理工作实施情况，包括履行安全生产管理的法定职责的情况；

（5）检查进场的工程材料、构配件、设备的质量，包括检查现场安全物资（材料、构配件、设备、安全防护用具等）的质量证明文件；

（6）验收检验批、隐蔽工程、分项工程，参与验收分部工程的验收，包括危险性较大的分部分项工程；参与施工单位组织的安全技术措施实施验收；

（7）检查施工现场各种安全标志和安全防护措施是否符合强制性标准要求，并检查安全生产费用的使用情况；督促施工单位进行安全自查工作，并对施工单位自查情况进行抽查；督促施工单位做好安全技术交底工作；监督施工单位按照施工组织设计中的安全技术措施和专项施工方案组织施工，对危险性较大分部分项工程实施专项巡视检查；处置发现的质量问题和安全事故隐患，及时签发监理通知单，要求施工单位限期整改；情况严重的，应要求施工单位停止施工，并向总监理工程师和建设单位报告；发生险情或者安全生产事故时，配合有关单位开展应急抢险工作；

（8）进行工程计量，包括基坑支护等安全防护工程；

（9）参与工程变更的审查和处理。在审查和处理过程中关注与施工安全有关的问题；

（10）组织编写记载安全生产管理的监理工作的监理日志，参与编写包括安全生产管理的监理工作的月报、专题报告和监理工作总结；

（11）收集、汇总、参与整理监理文件资料；包括有关安全生产管理的监理工作的文件资料；

（12）参与工程竣工预验收和竣工验收。

3. 监理员应履行下列职责：

（1）检查施工单位投入工程的人力、主要设备的使用及运行状况，包括检查施工单位项目经理和专职安全生产管理人员到岗情况，施工机械、安全设施等设备的使用及运行安全状况，做好检查记录；

（2）进行见证取样，对施工单位的涉及结构安全的试块、试件及工程材料现场取样、封样、送检工作进行监督；

（3）复核工程计量有关数据，包括有关安全生产的工程计量数据；

（4）检查工序施工结果，包括有关安全防护的工程及安全设施的施工结果；

（5）发现施工作业中的问题，包括现场人员违章指挥、违章操作及其他各类安全隐患，及时向施工单位指出并向专业监理工程师报告。

二、项目安全生产管理的监理工作机构组建程序

（一）确定项目安全生产管理的监理工作目标

项目安全生产管理的监理工作目标应根据建设工程监理合同的约定，确定监理工作总目标，并对安全生产管理的监理工作目标进行分解。

（二）确定安全生产管理的监理工作机构

确定项目监理机构中安全生产管理的监理工作机构，应综合考虑监理工作管理模式、工程特点与复杂程度、施工技术特点、工期要求，以及项目监理机构自身组织管理能力、人员数量等因素。

1. 制定岗位职责、工作制度及考核标准

总监理工程师应根据标准规范、工程特点和工作要求，制定项目安全生产管理的监理工作程序、工作制度、工作方法、考核标准，选用监理工作用表等。

负责安全生产管理的监理人员岗位职务及职责的确定要有明确的目的性，进行适当的授权，以承担相应的职责。应确定考核标准，对监理人员的工作进行定期考核，包括考核内容、考核标准及考核时间。

2. 选派安全生产管理的监理人员

根据监理工作任务选择合适的安全生产管理的监理人员，包括总监理工程师、总监理工程师代表（必要时）、专业监理工程师和负责安全生产管理的监理工作的监理员，应考虑监理人员的个人素质、所学专业、工作实践经验及人员总体结构的合理性。

项目总监理工程师应由工程监理单位法定代表人任命的注册监理工程师担任，并在项目监理实施过程中应保持稳定，必须调整时，应征得建设单位同意。项目监理机构其他人员进行调整时，应书面通知建设单位和施工单位。

若项目监理机构须设总监理工程师代表时，总监代表应由总监理工程师书面授权，并由具有工程类注册执业资格或具有中级及以上专业技术职称、3 年及以上工程实践经验并经监理业务培训的人员担任。

专业监理工程师应由具有工程类注册执业资格或具用中级及以上专业技术职称、2 年及以上工程实践经验并经监理业务培训的人员担任。

根据住房城乡建设部《关于落实建设工程安全生产监理责任的若干意见》（建市〔2006〕248 号）规定，监理单位的总监理工程师和安全生产管理的监理工作人员须经安全生产教育培训后方可持证上岗。

第二节　项目安全生产管理的监理工作目标及工作内容

监理单位应当根据《建设工程安全生产管理条例》的规定，按照工程建设强制性标准

及监理合同、《建设工程监理规范》（GB/T 50319）及相关行业监理规范的要求实施监理，编制包括安全生产管理的监理工作内容的监理规划和实施细则；审查、审核施工单位提交的相关文件资料；对所监理工程的施工安全生产进行监督检查，发现安全事故隐患及时进行处理；督促施工单位对现场安全生产进行自查，并对施工单位自查情况进行抽查等。

一、项目安全生产管理的监理工作目标

建设工程安全生产管理的监理工作目标，是指项目监理机构应根据施工单位的项目安全目标和现场施工环境（施工单位管理水平、经验、技术条件等）进行安全风险评估，履行现行法律、法规赋予监理单位安全生产管理的法定职责，监督施工单位实现项目预期达到的安全目标。

项目监理机构应加强组织建设，强化监理人员的安全意识，提高安全生产管理的监理工作能力和水平，通过项目监理机构的监督管理，促使施工单位的安全生产保证体系健全并有效运行，尽量避免或减少安全事故的发生。

二、项目安全生产管理的监理工作目标分解

在施工阶段，项目安全生产管理的监理工作目标可依据监理人员的专业进行分解，将项目安全生产管理的监理工作责任落实到人。当涉及其他专业时，还应增加相关专业的监理工程师，如设备监理工程师等。按监理人员的专业进行监理工作目标分解的形式如图 2-1 所示。

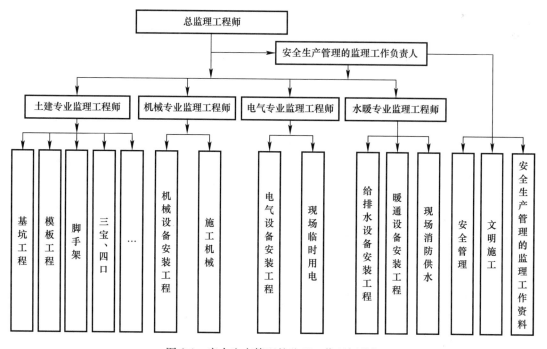

图 2-1　安全生产管理的监理工作目标分解

三、项目监理机构安全生产的监理目标管理工作

1. 内部目标管理：项目监理机构应加强组织建设，强化监理人员的安全意识，提高安全生产管理的监理工作能力和水平，确保不发生与监理责任有关的安全事故。

2. 外部目标管理：通过项目监理机构的监督管理，促使施工单位的安全生产保证体系健全并有效运行，尽量避免或减少安全事故的发生。

3. 目标管理工作：项目监理机构应根据施工单位的项目安全目标要求和现场施工环境条件（项目技术条件，施工单位管理水平、经验等）进行安全风险评估，配备安全生产管理的监理工作人员，制定项目安全生产管理的监理工作目标、内容、流程和措施等。

四、建设工程施工现场安全生产的三重控制

1. 施工单位自身的安全生产管理。施工单位作为建筑产品的生产经营单位，是从产品生产者的角度对施工现场的安全生产进行管理。《建筑法》第四十五条明确规定"施工现场安全由建筑施工企业负责"，施工单位应承担施工现场安全生产的主体责任，应建立健全项目安全生产保证体系，对施工现场的安全生产进行有效控制，以避免安全事故的发生。

2. 监理单位安全生产管理的监理工作。工程监理单位作为咨询服务单位，受建设单位的委托，是从业主的角度进行安全生产监督管理。监理单位应监督施工单位建立健全项目安全生产保证体系并有效运行，对所监理工程的施工安全生产进行监督检查，以确保项目安全目标的实现。

3. 政府的建设工程安全生产监督管理。各级政府安全监督部门依法履行建设工程施工安全生产监督管理职责，建立健全安全生产工作协调机制，及时协调解决安全生产监督管理中存在的重大问题。

五、影响工程施工安全生产的因素

影响建设工程施工安全生产的因素，主要是施工中人的不安全行为、物的不安全状态、作业环境的不安全因素和施工管理缺陷等，项目监理机构在安全生产管理的监理工作中，要重视对影响工程施工安全生产的因素进行管理。

（一）人的不安全行为因素

人员素质是影响工程施工安全的一个重要因素。人是工程项目建设的决策者、管理者、操作者，工程建设施工全过程都是通过人来完成的。人员的素质，即人的文化水平、技术水平、决策能力、组织管理能力、作业能力、控制能力、身体素质及职业道德等，都将直接或间接地对施工安全产生影响。

建筑行业实行企业资质管理、安全生产许可证管理和各类专业从业人员持证上岗制度是施工安全生产保证人员素质的重要管理措施。项目监理机构应审查施工单位的资质、安全生产许可证、项目经理、专职安全生产管理人员、特种作业人员的资格证书的合法有

效性。

（二）物的不安全状态因素

安全材料、防护用具等安全物资的质量是施工安全生产的基础，是工程安全建设的物质条件，包括施工机械、设备、安全材料、安全防护用品等安全物资等。施工机具、设备及其产品质量优劣、机具设备的类型是否符合工程施工特点，性能是否先进稳定，操作是否方便安全等，直接影响工程施工安全。

项目监理机构应督促施工单位对安全物资供应单位进行评价和选择，督促其对进场的安全物资进行检查验收管理。同时，应对施工单位进场的安全物资进行核查，对未经验收或验收不合格的安全物资应要求施工单位做好标识并清退出场。

（三）环境因素

施工环境因素包括工程技术环境，如工程地质、水文、气象等；工程作业环境，如施工环境作业面大小、防护设施、通风照明和通信条件等；工程管理环境，指工程实施的组织机构及管理制度等；工程周边环境，如工程毗邻的地下管线、建（构）筑物等。

施工环境条件对工程施工安全起重要作用，项目监理机构应督促施工单位加强对环境的管理和控制，改进作业条件，把握好安全技术及必要的措施是控制环境对施工安全影响的重要保证。

（四）施工管理因素

项目监理机构应督促施工单位加强施工安全管理，建立健全安全生产管理制度并严格执行。施工单位的安全生产管理制度包括安全生产责任制度、安全技术管理制度、安全教育培训制度、安全检查制度等。如在施工单位的安全技术管理制度中，安全技术措施或施工方案是否合理，施工工艺是否先进，施工操作规定是否正确都将对安全生产产生重大影响。

六、项目安全生产管理的监理主要工作内容

住房城乡建设部《关于落实建设工程安全生产监理责任的若干意见》（建市〔2006〕248 号）对建设工程安全生产管理的监理主要工作内容作了明确规定，要求监理单位应当按照法律、法规和工程建设强制性标准及监理合同实施监理，对所监理工程的施工安全生产进行监督检查。主要工作内容包括：

（一）施工准备阶段安全生产管理的监理主要工作内容

1. 监理单位应根据《建设工程安全生产管理条例》的规定，按照工程建设强制性标准《建设工程监理规范》GB/T 50319 和相关行业监理规范的要求，编制包括安全生产管理的监理工作内容的项目监理规划或单独编制项目安全生产管理的监理工作方案，明确安全生产管理的监理工作范围、内容、工作程序和制度措施，以及人员配备计划和职责等。

2. 对中型及以上项目和危险性较大的分部分项工程，项目监理机构应当编制监理实施细则。实施细则应当明确安全生产管理的监理工作方法、措施和控制要点，以及对施工单位安全技术措施的检查方案。

3. 审查施工单位编制的施工组织设计中的安全技术措施和危险性较大的分部分项工程安全专项施工方案是否符合工程建设强制性标准。审查的主要内容应当包括：

（1）施工单位编制的地下管线保护措施方案是否符合强制性标准要求；

（2）基坑支护与降水、土方开挖与边坡防护、模板、起重吊装、脚手架、拆除、爆破等分部分项工程的专项施工方案是否符合强制性标准要求；

（3）施工现场临时用电施工组织设计或者安全用电技术措施和电气防火措施是否符合强制性标准要求；

（4）冬期、雨期等季节性施工方案的制定是否符合强制性标准要求；

（5）施工总平面布置图是否符合安全生产要求，办公、宿舍、食堂、道路等临时设施设置以及排水、防火措施是否符合强制性标准要求。

4．检查施工单位在工程项目上的安全生产规章制度和安全管理机构的建立、健全及专职安全生产管理人员配备情况。督促施工单位检查各分包单位的安全生产规章制度建立情况。

5．审查施工单位资质和安全生产许可证是否合法有效。

6．审查项目经理和专职安全生产管理人员资格证是否具备合法资格，是否与投标文件相一致。

7．审核特种作业人员的特种作业操作资格证书是否合法有效。

8．审核施工单位应急救援预案和安全防护措施费用使用计划。

（二）施工阶段安全生产管理的监理主要工作内容

1．监督施工单位按照施工组织设计中的安全技术措施和专项施工方案组织施工，及时制止违规施工作业。

2．定期巡视检查施工过程中危险性较大分部分项工程作业情况。

3．核查施工现场施工起重机械、整体提升脚手架、模板等自升式架设设施和安全设施的验收手续。建筑施工起重机械设备装拆前，项目监理机构应检查装拆单位的企业资质、设备的出厂合格证及特种作业人员上岗证。

4．检查施工现场各种安全标志和安全防护措施是否符合强制性标准要求，并检查安全生产费用的使用情况。

5．督促施工单位进行安全自查工作，并对施工单位自查情况进行抽查，参加建设单位组织的安全生产专项检查。

第三节　项目安全生产管理的监理主要工作程序

工程监理单位在建设工程监理合同签订后，应组建项目监理机构进驻施工现场。进场后，项目总监理工程师应组织召开监理工作准备会，监理人员应尽快熟悉和分析工程相关资料，组织编制包括安全生产管理的监理工作内容的监理规划（或安全生产管理的监理工作方案）及监理实施细则，制定项目安全生产管理的监理主要工作程序等。

一、项目安全生产管理的监理基本工作程序

1．组建项目安全生产管理的监理工作机构

监理单位应根据建设工程的规模、性质、建设阶段及建设单位对安全生产管理的监理

工作要求等，任命项目总监理工程师对该项目安全生产管理的监理工作全面负责。总监理工程师必须调整时，应征得建设单位同意。

需要配置总监理工程师代表时，由总监理工程师签署书面授权委托书，明确总监理工程师代表及其安全生产管理的监理工作职责，并在约定时间内书面通知建设单位。

2. 召开安全生产管理的监理工作准备会

项目监理机构进场后，总监理工程师应及时组织召开安全生产管理的监理工作准备会，组织监理人员学习有关安全生产的法律法规、监理工作制度及建设单位对项目监理机构的工作要求等。

3. 编制包括安全生产管理的监理工作内容的监理规划

监理规划可在签订建设工程监理合同及收到工程设计文件后，由总监理工程师组织专业监理工程师编制，并应在召开第一次工地会议前报送建设单位。

监理规划在总监理工程师签字后由监理单位技术负责人审批。在实施监理过程中，实际情况或条件发生变化需要调整监理规划时，总监理工程师应及时组织专业监理工程师进行修改，并按原报审程序审核批准后报建设单位。

4. 编制危险性较大的分部分项工程的监理实施细则

对专业性较强、危险性较大的分部分项工程，项目监理机构应编制监理实施细则。监理实施细则可随工程进展，在相应工程施工前由专业监理工程师编制，并经总监理工程师审批后实施。在实施监理过程中，当工程发生变化导致原监理实施细则需要调整时，专业监理工程师可根据实际情况进行补充、修改。

5. 审查核验施工单位报送的有关技术文件及资料

（1）项目监理机构应审查施工单位报审的施工组织设计中的安全技术措施和专项施工方案。符合要求的，应由总监理工程师签认后报建设单位。

（2）项目监理机构应在危险性较大的分部分项工程施工前审查施工单位报送的专项施工方案。专项施工方案需要调整时，应要求施工单位修改后按程序重新提交项目监理机构审查。

对于超过一定规模的危险性较大的分部分项工程的专项施工方案，项目监理机构应审查方案及是否附具安全验算结果，并督促施工单位组织专家进行论证。

（3）项目监理机构应核查施工单位提交的建筑施工起重机械设备和安全设施等验收记录，并由负责安全生产管理的监理人员签收备案。

（4）项目监理机构应审核施工单位的资质、安全生产许可证、项目经理证、专职安全生产管理人员和特种作业人员的资格证书等是否符合有关规定。

6. 对施工现场安全生产情况进行巡视检查

（1）应巡视检查危险性较大分部分项工程专项施工方案实施情况。发现未按专项施工方案实施时，项目监理机构应及时签发《监理通知单》，要求施工单位按专项施工方案实施。

（2）在实施监理过程中，发现工程存在安全事故隐患时，项目监理机构应及时签发《监理通知单》，要求施工单位整改；情况严重的，总监理工程师应签发工程暂停令，并应及时报告建设单位。安全事故隐患消除后应检查整改结果，签署复查意见或复工令。施工单位拒不整改或不停止施工时，项目监理机构应及时向有关主管部门报送监理报告。

（3）情况紧急时，项目监理机构可通过电话、传真或电子邮件等方式向有关主管部门报告，但事后应及时将书面的《监理报告》送达有关主管部门，同时抄报建设单位和工程监理单位。《监理报告》应由总监理工程师签发，并加盖项目监理机构章，项目监理机构应妥善保存《监理报告》报送的有效证据。

7. 整理安全生产管理的监理工作资料

工程竣工后，项目监理机构应将有关安全生产管理的监理工作的技术文件、监理规划、监理实施细则、验收记录、监理日志（安全）、监理月报、监理例会纪要及相关书面文件资料等按规定立卷归档。

项目安全生产管理的监理基本工作程序详见图 2-2。

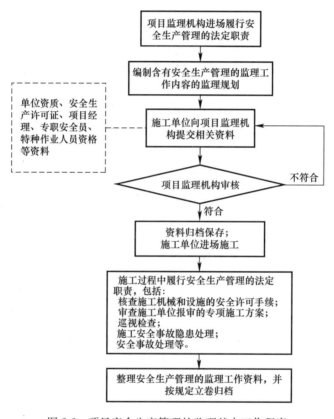

图 2-2　项目安全生产管理的监理基本工作程序

二、施工现场安全生产管理的监理主要工作程序

（一）工程开工审查程序

1. 工程开工前，总监理工程师应组织专业监理工程师审查施工单位报送的《工程开工报审表》及相关资料，项目监理机构应及时对相关资料及现场情况进行核查；具备条件时，由总监理工程师签署审查意见，报建设单位批准后，总监理工程师签发工程开工令。

2. 当项目不具备开工条件施工单位坚持自行施工的,项目监理机构应予以制止,并向建设单位及有关主管部门报告;建设单位坚持开工的,项目监理机构应以书面形式向建设单位表达意见,必要时向建设行政主管部门报告。

工程开工审查程序详图 2-3。

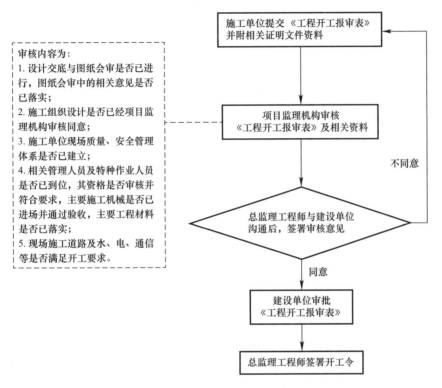

图 2-3　工程开工审查程序

(二) 施工单位现场安全生产管理机构审查程序

1. 项目监理机构应审查施工单位的现场安全生产管理机构和安全生产管理规章制度的建立和实施情况,并应审查施工单位安全生产许可证是否合法有效,审查项目经理、专职安全生产管理人员和特种作业人员是否具备合法资格。

施工单位现场安全生产管理机构审查程序详见图 2-4。

2. 分包工程开工前,项目监理机构应审核施工单位报送的经项目经理签字并加盖施工项目经理部印章的《分包单位资格报审表》及其附件,专业监理工程师提出审查意见后,应由总监理工程师审核签认。

分包单位资格报审程序详见图 2-5。

(三) 施工组织设计中安全技术措施的审查程序

1. 项目监理机构应要求施工单位在《建设工程施工合同》约定期限内报送施工组织设计。施工组织设计须经施工单位技术负责人审批签字,并加盖单位公章,填写《施工组织设计/(专项)施工方案报审表》报项目监理机构审查。

2. 项目监理机构应审查施工单位报审的施工组织设计中的安全技术措施,符合要求时,应由总监理工程师签认后报建设单位。

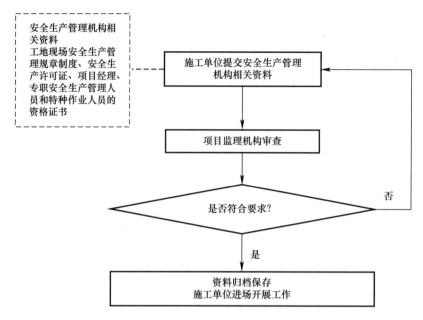

图 2-4　施工单位现场安全生产管理机构审查程序

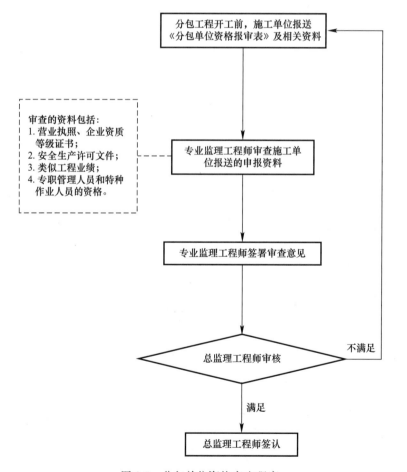

图 2-5　分包单位资格审查程序

3. 施工组织设计中的安全技术措施需要调整时，应由总监理工程师签署意见，要求施工单位修改后按程序重新报审，项目监理机构应按程序重新审查。

施工组织设计中安全技术措施的审查程序详图 2-6。

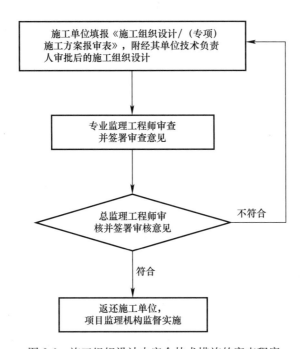

图 2-6　施工组织设计中安全技术措施的审查程序

（四）危险性较大的分部分项工程专项施工方案的审查程序

1. 项目监理机构应要求施工单位在危险性较大的分部分项工程施工前编制专项施工方案，专项施工方案应由施工单位技术负责人审核签字并加盖单位公章，填写《施工组织设计/（专项）施工方案报审表》报项目监理机构审查。

2. 危险性较大的分部分项工程实行分包并由分包单位编制专项施工方案的，专项施工方案应由总承包单位技术负责人及分包单位技术负责人共同审核签字并加盖单位公章。

3. 项目监理机构应审查施工单位报审的专项施工方案，符合要求的，应由总监理工程师签认后报建设单位。当专项施工方案需要修改时，由总监理工程师签署意见，要求施工单位修改后按程序重新报审，项目监理机构应按程序重新审查。

4. 对于超过一定规模，危险性较大的分部分项工程，应督促施工单位组织召开专家论证会对专项施工方案进行论证。专家论证前专项施工方案应当通过施工单位审核和总监理工程师审查。

项目监理机构应检查施工单位组织专家进行论证、审查的情况以及是否附具安全验算结果，并由总监理工程师签署审核意见后报建设单位审批。专家论证意见为不通过的，项目监理机构应要求施工单位重新编制专项施工方案，重新组织专家论证。

危险性较大的分部分项工程专项施工方案的审查程序详见图 2-7。

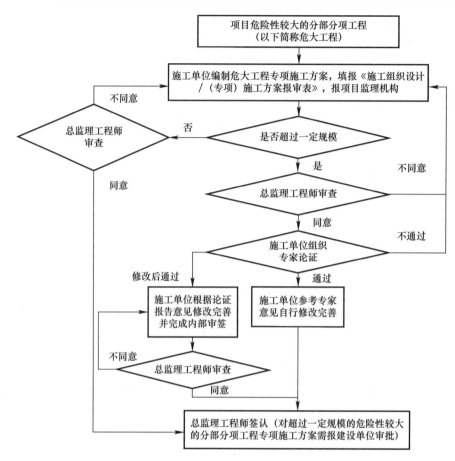

图 2-7　危险性较大的分部分项工程安全专项施工方案审查程序

（五）施工起重机械设备、整体提升脚手架、模板等设施的验收手续核查程序

1. 建筑施工起重机械设备安装前，项目监理机构应审核施工单位报送的《施工起重机械设备进场使用报验单》及产品合格证、设备制造许可证、制造监督检验证明、备案证明等文件。施工起重机械设备安装、拆卸前，应要求施工单位编制专项施工方案，经项目监理机构审查同意后方可实施。起重机械设备安装完成后，项目监理机构应对其验收手续进行核查。

2. 施工起重机械、整体提升脚手架、模板等自升式架设设施，在验收前应经具有相应资质的检验检测机构检验合格，并按使用登记要求进行登记，经项目监理机构核查安全许可验收手续符合要求后方可同意使用。

施工起重机械、整体提升脚手架、模板等架设设施和安全设施的验收手续核查程序详见图 2-8。

（六）施工特种作业人员核查程序

特种作业施工前，施工单位应将配备的特种作业人员列表报送项目监理机构核查，项目监理机构应核对特种作业人员上岗证书，并留存复印件备案。项目监理机构应对特种作业人员的持证上岗情况进行抽查，发现施工单位有无证上岗等情况应书面要求施工单位整改。

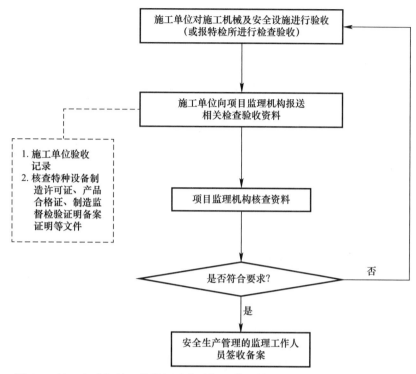

图 2-8　施工起重机械、整体提升脚手架、模板等架设施验收手续核查程序

（七）安全防护、文明施工措施项目费用审核程序

施工单位应在开工前向项目监理机构提交安全防护、文明施工措施项目清单及费用清单，并填报安全防护、文明施工措施费用使用计划。项目监理机构应根据施工合同约定审核施工单位提交的安全防护、文明施工措施费支付申请。

第四节　项目安全生产管理的监理工作方法

项目监理机构要落实项目安全生产管理的监理责任，监理工作重点是要对施工单位提交的专项施工方案及有关安全生产的技术文件及资料进行审查审核；要对施工现场的安全生产情况进行巡视检查，发现安全事故隐患时，要下达书面指令要求施工单位整改或者停工整改，必要时要向建设单位及有关主管部门报告。

一、项目安全生产管理的监理基本工作方法

（一）审查审核

审查审核是指项目监理机构在实施监理过程中，应依据相关法律法规、标准规范、设计文件、合同文件等，对施工单位报送的有关安全生产的技术文件和报审报验资料等进行审查，并在有关技术文件报审表上签署意见。

项目监理机构可从程序性审查、实质性审查和符合性审查着手进行审查。

程序性审查是对施工单位报送的有关安全生产的技术文件和报审报验资料的内部编审

程序、编审人员签字手续、资料的完整性等是否符合相关要求进行查验。

实质性审查是对施工单位报送的有关安全生产的技术文件和报审报验资料从内容、方法、措施等方面是否符合相关法律、法规、标准、设计文件、相关合同等进行查验。

符合性审查是指对安全技术措施和专项施工方案除了从程序性审查、实质性审查着手外，还应审查其是否符合工程建设强制性标准要求。

项目监理机构应审查审核以下有关安全生产的文件及资料：

1. 应审查施工单位现场安全生产管理规章制度的建立和实施情况，包括：安全生产管理责任制度、安全生产检查制度、安全生产教育培训制度、安全技术交底制度、施工机械设备管理制度、消防安全管理制度、应急响应制度和事故报告制度等。

2. 应审查施工单位报审的施工组织设计中的安全技术措施和危险性较大的分部分项工程专项施工方案。由专业监理工程师负责审查并签字，总监理工程师审核签认后报建设单位。审核未通过的，不得进行相关施工。

3. 审查施工单位资质和安全生产许可证是否合法有效。

4. 审查项目经理和专职安全生产管理人员是否具备合法资格，是否与投标文件相一致。审核特种作业人员的特种作业操作资格证书是否合法有效。

5. 审核施工单位应急救援预案和安全防护措施费用使用计划。

6. 核查施工单位提交的施工起重机械、整体提升脚手架、模板等自升式架设设施的安全许可验收手续，并由负责安全生产管理的监理人员签收备案。

7. 审查施工单位提交的其他有关安全生产技术措施、方案等文件及资料是否符合相关要求，并在有关技术文件报审表上签署意见。

（二）巡视检查

巡视是指项目监理机构对施工现场进行的定期或不定期的检查活动。项目监理机构应对施工现场安全生产管理情况进行定期或不定期的巡视检查，并做好巡视检查记录。应在安全生产管理的监理工作方案中明确巡视检查频率，落实巡视检查的监理人员，每天将巡视检查的情况在监理日志（安全）中进行记录。

监理巡视检查的主要内容：

1. 检查施工单位在项目上的安全生产规章制度和安全管理机构的建立、健全及专职安全生产管理人员配备情况。

2. 检查施工单位管理人员，特别是项目经理和安全生产管理人员是否到岗；特种作业人员是否持证上岗；作业人员的安全防护措施是否到位；是否进行了安全技术交底。

3. 项目监理机构应对施工过程中的危险性较大分部分项工程施工作业情况进行专项巡视检查，并做好专项巡视检查记录。

4. 检查施工机械设备进场使用是否验收，安全防护装置是否齐全、可靠。

5. 巡视检查施工单位是否按照施工组织设计中的安全技术措施和专项施工方案组织施工，有无违章指挥与违规施工作业情况。

6. 检查施工现场各种安全警示标志设置、安全防护措施、文明施工和环境保护措施是否符合有关标准和要求，并检查安全生产措施费用的使用情况等。

（三）监理指令

监理指令是指项目监理机构发现存在安全事故隐患时，应按其严重程度及时向施工单位签发《监理通知单》或《工程暂停令》，责令其消除安全事故隐患。

1. 在实施监理过程中，发现工程存在安全事故隐患时，项目监理机构应签发《监理通知单》，要求施工单位整改，并应复查整改结果，《监理通知单》应抄报建设单位。

2. 发现情况严重时，总监理工程师应签发《工程暂停令》，要求施工单位暂停部分或全部工程施工，责令其限期整改，并及时报告建设单位。项目监理机构应检查整改结果，安全事故隐患消除后，总监理工程师签发《工程复工令》后方可复工。

3. 施工单位不具备开工条件（如组织机构不完善，质量、安全管理体系未建立，人员、材料、机械设备未按计划进场，大型机械设备进场后手续不全或不符合要求，施工组织设计或专项施工方案未经审核批准等）擅自进入实际施工，总监理工程师应签发《工程暂停令》制止施工。

4. 发现施工单位未按照危险性较大分部分项工程的专项施工方案实施的，应签发《监理通知单》，要求施工单位按照专项施工方案实施。

5. 施工单位未编制危险性较大分部分项工程的专项施工方案，或专项施工方案未经监理审查审核同意，总监理工程师应及时签发《工程暂停令》。

6. 大型起重机械设备未经有资质的检验检测单位检验合格即投入使用的，总监理工程师应签发《工程暂停令》制止；经检验检测合格（有检测合格报告），但尚未办理备案登记手续、尚未领取使用合格证等，应书面要求施工单位尽快办理相关手续，并对其行为承担全部责任。

总监理工程师在签发《工程暂停令》之前，应事先征求建设单位意见，情况紧急时可先口头要求施工单位局部暂停施工，再以书面形式制止施工。

（四）监理报告

监理报告是指项目监理机构发现存在安全事故隐患，向施工单位签发了《监理通知单》或《工程暂停令》，施工单位拒不整改或不停止施工时，项目监理机构应及时报告建设单位，并向有关主管部门报送监理报告。监理报告应按《建设工程监理规范》GB/T 50319 附表 A.0.4 的要求填写。

1. 项目监理机构发现施工单位未按照危大工程专项施工方案施工，向施工单位签发了监理通知单或工程暂停令，施工单位拒不整改或者不停止施工的，应当及时报告建设单位，并向工程所在建设主管部门报送监理报告。

2. 项目监理机构每月应向建设单位、监理单位、工程所在地建设主管部门报送施工现场质量和安全生产管理的监理工作月报。

3. 对于危大工程的监理工作，包括专项施工方案的审查情况，施工过程中的专项巡查情况，应向主管部门报送监理专报。

4. 施工现场存在重大安全事故隐患或发生安全事故时，项目监理机构应以书面形式向工程所在地建设主管部门报送监理紧急报告。当情况紧急时，以电话形式报告的，应当有通话记录，并及时补充书面监理报告。

二、其他工作方式

（一）告知

监理人员在日常巡视检查中，发现施工现场有安全事故隐患时，若立即整改能够消除的，可向施工单位安全管理人员口头告知并督促其立即改正，并在当天的监理日志（安全）中进行记录。

（二）会议

1. 定期召开包括安全生产内容的监理例会，检查上次例会有关安全生产决议事项的落实情况，分析未落实事项的原因。明确下一阶段施工安全生产管理的监理工作内容，并针对现场安全生产存在的问题提出意见和要求。

2. 必要时，总监理工程师应组织召开安全专题会议，由总监理工程师或负责安全生产管理的监理工程师主持，施工单位的项目负责人、现场技术负责人、现场安全管理人员及相关单位人员参加。项目监理机构应做好会议记录，及时整理会议纪要。

3. 定期召开安全专题会议，主要议题是对上一阶段现场安全生产情况进行汇报总结，对现场存在的安全问题制定整改措施，对下一阶段现场安全生产管理的监理工作进行安排。

第五节　监理规划和监理实施细则的编制与审核

建设工程监理规划是项目监理机构全面开展监理工作的指导性文件。项目监理机构应根据法律法规、工程建设强制性标准，按照建设工程监理规范和相关行业监理规范的要求，并结合工程实际情况，编制包括安全生产管理的监理工作内容、方法和措施的监理规划（或编制安全生产管理的监理工作方案）。

一、监理规划（或安全生产管理的监理工作方案）的编制

（一）监理规划（或安全生产管理的监理工作方案）编制要求

1. 监理规划（或安全生产管理的监理工作方案）可在签订建设工程监理合同及收到工程设计文件后由总监理工程师组织编制，并应在召开第一次工地会议前报送建设单位。

2. 在编制监理规划（或安全生产管理的监理工作方案）前，总监理工程师应组织专业监理工程师收集并熟悉合同文件、设计文件和相关资料，应针对建设工程实际情况，依据相关法规、监理合同约定以及项目特点、施工现场实际情况进行编制。

3. 监理规划（或安全生产管理的监理工作方案）应由总监理工程师组织专业监理工程师及负责安全生产管理的监理人员共同编制，经总监理工程师签字并盖执业印章，工程监理单位技术负责人审批签字，并加盖监理单位公章后执行。

4. 在实施监理过程中，当监理规划（或安全生产管理的监理工作方案）所确定的程序、方法、措施等需要做重大调整时，总监理工程师应及时组织专业监理工程师进行修改，并按原报审程序审核批准后报建设单位。

5. 监理规划（或安全生产管理的监理工作方案）中，应有明确、具体、切合工程实际的工作内容、程序、方法和措施、监理工作制度，以及危险性较大的分部分项工程监理实施细则的编制计划。

（二）监理规划（或安全生产管理的监理工作方案）的主要内容

1. 安全生产管理的监理工作目标及目标风险分析

项目监理机构对所监理工程安全生产管理的监理工作目标，应根据施工单位的项目安全目标和施工现场环境（施工单位管理水平、经验、技术条件等）进行风险分析，对危险源进行安全风险评价，判定安全风险的程度，对施工单位报送的危险性较大分部分项工程清单进行审核，制定防范性对策，监督施工单位实现项目的安全目标。

2. 安全生产管理的监理工作内容

根据住房城乡建设部《关于落实建设工程安全生产监理责任的若干意见》（建市〔2006〕248 号）等有关文件规定，安全生产管理的监理工作内容包括施工准备阶段和施工实施过程中安全生产管理的监理工作内容。

施工准备阶段安全生产管理的监理工作主要内容包括审查施工单位编制的施工组织设计、专项施工方案及有关安全的规章制度、组织措施、人员资格等。

施工实施过程中，安全生产管理的监理工作主要内容包括督促施工单位按照施工组织设计中的安全技术措施和专项施工方案组织施工；检查施工单位安全生产责任制、安全检查制度的执行情况；检查施工单位安全生产管理机构的建立及专职安全管理人员配备、特种作业人员持证情况；核查现场施工起重机械和安全设施的验收手续；定期巡视检查危险性较大分部分项工程作业情况等。

3. 安全生产管理的监理工作依据

（1）有关建设工程安全生产、劳动保护、环境保护、消防等法律法规和标准；

（2）建设工程勘察设计文件；

（3）建设工程监理合同和其他工程合同文件；

（4）其他文件资料。

4. 安全生产管理的监理工作程序

安全生产管理的监理工作程序的表达方式可采用监理工作流程图。一般可针对不同的安全生产管理的监理工作内容分别制定相应安全生产管理的监理工作程序。可参见本章第三节内容。

5. 安全生产管理的监理工作方法及措施

（1）安全生产管理的监理工作方法，可参见本章第四节内容。

（2）安全生产管理的监理工作措施。

组织措施。建立健全项目监理机构，完善人员职责分工，制定有关安全生产管理的监理工作制度，落实安全生产管理的监理工作责任。

技术措施。督促施工单位建立并完善安全生产管理体系，严格事前、事中和事后的安全检查监督。

合同措施。督促施工单位按照专项施工方案组织施工。

6. 项目监理机构安全生产管理的监理工作人员配备

住房城乡建设部《关于落实建设工程安全生产监理责任的若干意见》规定："监理单位需建立监理人员安全生产教育培训制度，监理单位的总监理工程师和安全生产管理的监理工作人员需经安全生产教育培训后方可上岗。"为此，项目监理机构负责安全生产管理的监理人员配备，应根据安全生产管理的监理工作内容及施工进展情况，合理安排经过安全生产教育培训的监理人员上岗。

7. 安全生产管理的监理工作的人员岗位职责

项目监理机构的监理人员岗位职责，可参见本章第一节内容。

8. 危险性较大的分部分项工程监理实施细则编制计划

《危险性较大的分部分项工程安全管理规定》（住房城乡建设部令第 37 号）中，规定了"施工单位应当在危险性较大分部分项工程施工前编制专项施工方案"，"监理单位应当结合危大工程专项施工方案编制监理实施细则。"因此，项目监理机构编制监理实施细则，应在施工单位的专项施工方案经总监理工程师签字认可之后。在编制安全生产管理的监理工作方案时，应明确该项目危险性较大的分部分项工程监理实施细则的编制计划。

9. 安全生产管理的监理工作制度

项目监理机构可以结合项目特点、规模大小、施工现场实际情况制定安全生产管理的监理工作制度，包括：

（1）安全生产管理的监理工作责任制度；

（2）安全生产教育培训制度；

（3）危险性较大分部分项工程专项施工方案审查制度；

（4）日常安全检查、巡视检查制度；

（5）安全物资查验制度；

（6）工程安全事故隐患整改指令签发及复查制度；

（7）安全生产管理的监理工作考核制度；

（8）安全生产专题会议制度；

（9）监理报告制度；

（10）安全资料管理制度等。

10. 安全生产管理的监理工作资料管理

根据《危险性较大的分部分项工程安全管理规定》（住房城乡建设部令第 37 号）规定，项目监理部应安排经过安全生产教育培训的监理人员，负责本项目的安全生产管理的监理工作资料管理。应按有关规定建立危大工程安全管理档案，将监理实施细则、专项施工方案审查、专项巡视检查、验收及整改等相关资料纳入档案管理。

（三）监理规划（或安全生产管理的监理工作方案）的审核

监理规划（或安全生产管理的监理工作方案）编写完成后，需经工程监理单位技术负责人审核批准并加盖监理单位法人印章后报建设单位。审核内容主要包括以下几个方面：

1. 安全生产管理的监理工作目标、工作内容的审核；

2. 项目监理组织机构、人员配备，监理人员所学专业等是否满足监理工作；

3. 安全生产管理监理的工作方法和措施、工作制度等的审核。

二、监理实施细则的编制

监理实施细则是指导项目监理机构具体开展专项监理工作的操作性文件。项目监理机构应根据有关规定，结合工程特点、施工环境、施工工艺等编制监理实施细则，明确监理工作方法及措施，达到规范和指导监理工作的目的。

（一）监理实施细则编制要求

1. 对专业性较强、危险性较大的分部分项工程，项目监理机构应编制监理实施细则。监理实施细则应体现项目监理机构对于建设工程在专业技术方面的工作要点、工作流程、工作方法和措施，做到详细、具体和明确。

2. 项目监理机构应当在施工单位编制的危险性较大分部分项工程安全专项施工方案经总监理工程师签字认可后，在相应工程施工前由专业监理工程师编制完成。

3. 监理实施细则的内容应符合监理规划（或安全生产管理的监理工作方案）要求，并应结合危险性较大分部分项工程的特点，使其具有针对性、可行性。

4. 监理实施细则专业性强，编制深度要求高，应由相关专业监理工程师及负责安全生产管理的监理人员共同编制，经总监理工程师审批后实施。

5. 监理实施细则应符合有关安全生产的法律、法规及建设工程强制性标准的规定，应结合工程项目的专业特点，做到详细具体，具有可操作性。在监理工作实施过程中，应根据实际情况进行补充、修改和完善。

6. 监理实施细则应经总监理工程师审批签字，并加盖项目监理机构印章。

（二）监理实施细则编制依据

（1）已批准的监理规划（或安全生产管理的监理工作方案）。

（2）与专业工程相关的技术规范，设计文件和合同。

（3）已批准的施工组织设计、专项施工方案。

（三）监理实施细则主要内容

（1）专业工程特点。

（2）监理工作流程。

（3）监理工作要点。

（4）监理工作方法及措施。

第六节　施工安全技术措施及专项施工方案审查

施工单位编制的施工组织设计中的安全技术措施是保证施工过程安全生产的前提。专项施工方案是指施工单位在编制施工组织设计的基础上，针对危险性较大的分部分项工程单独编制的安全技术措施文件。《建设工程安全管理条例》明确要求"工程监理单位应当审查施工单位报审的施工组织设计中的安全技术措施或者专项施工方案是否符合工程建设强制性标准"。项目监理机构要在施工过程中做好安全生产管理的监理工作，首先要对施工单位的施工组织设计或专项施工方案予以认真审核。

一、施工组织设计中安全技术措施审查

1. 项目监理机构应审查施工单位报送的施工组织设计中的安全技术措施是否符合强制性标准要求。符合要求时，应由总监理工程师审核签认后报建设单位。

2. 施工组织设计需要修改时，项目监理机构应要求施工单位修改后重新报审，项目

监理机构应重新审查。

3.审查应包括以下基本内容：

(1)施工组织设计的编制、审核、批准、签署齐全有效，并符合有关规定。

(2)安全技术措施应具有可操作性并应符合工程建设强制性标准。

(3)危险性较大的分部分项工程清单及相应的专项施工方案编制计划。

(4)施工单位应急救援预案和安全防护措施费用使用计划。

(5)地下管线保护措施方案，冬、雨期等季节性施工方案是否符合强制性标准要求。

(6)施工现场临时用电施工组织设计或安全用电技术措施和电气防火措施是否符合强制性标准要求。

(7)施工总平面布置图是否符合安全生产的要求。

(8)总监理工程师认为应审查的其他内容。

二、危险性较大的分部分项工程专项施工方案审查

危险性较大的分部分项工程是指房屋建筑和市政基础设施工程在施工过程中，容易导致人员群死群伤或者造成重大经济损失的分部分项工程。施工单位应当在危险性较大的分部分项工程施工前编制专项施工方案，项目监理机构应对专项施工方案进行审查并签署意见。

(一)专项施工方案的编制内容

住建部办公厅关于实施《危险性较大的分部分项工程安全管理规定》有关问题的通知(建办质〔2018〕31号)，对危险性较大的分部分项工程专项施工方案的编制内容做了规定，专项施工方案编制应包括以下主要内容：

1.工程概况：工程概况和特点、施工平面布置、施工要求和技术保证条件；

2.编制依据：相关法律、法规、规范性文件、标准、规范及施工图设计文件、施工组织设计等；

3.施工计划：包括施工进度计划、材料与设备计划；

4.施工工艺技术：技术参数、工艺流程、施工方法、操作要求、检查要求等；

5.施工安全保证措施：组织保障措施、技术措施、监测监控措施等；

6.施工管理及作业人员配备和分工：施工管理人员、专职安全生产管理人员、特种作业人员、其他作业人员等；

7.验收要求：验收标准、验收程序、验收内容、验收人员等；

8.应急处置措施；

9.计算书及相关施工图纸。

(二)专项施工方案的编制审查要求

1.施工单位应当在危险性较大分部分项工程施工前组织工程技术人员编制专项施工方案。房屋建筑和市政基础设施工程实行施工总承包的，专项施工方案应当由施工总承包单位编制。其中，机械安装拆卸工程、深基坑工程、附着式升降脚手架等危险性较大分部分项工程实行分包的，专项施工方案可以由相关专业分包单位组织编制。

2.专项施工方案应当由施工单位技术负责人审核签字并加盖单位法人印章。危险性

较大分部分项工程实行分包并由分包单位编制专项施工方案的，专项施工方案应当由总承包单位技术负责人及分包单位技术负责人共同审核签字并加盖单位法人印章。

3. 对于超过一定规模的危险性较大分部分项工程，施工单位应当组织召开专家论证会对专项施工方案进行论证。实行施工总承包的，由施工总承包单位组织召开专家论证会。专家论证前专项施工方案应当通过施工单位审核和总监理工程师审查。

4. 专家论证会后，应当形成论证报告，对专项施工方案提出"通过"、"修改后通过"或者"不通过"的一致意见。专家对论证报告负责并签字确认。

5. 超过一定规模的危险性较大分部分项工程专项施工方案经专家论证后结论为"通过"的，施工单位可参考专家意见自行修改完善后实施；结论为"修改后通过"的，专家意见要明确具体修改内容，施工单位应当按照专家意见进行修改，并履行有关审核和审查手续后方可实施，修改情况应及时告知专家。专项施工方案经论证为"不通过"的，施工单位修改后应当重新组织专家进行论证。

（三）专项施工方案的报审程序

1. 施工单位应当在危险性较大分部分项工程施工前编制专项施工方案，并向项目监理机构报审。

2. 施工总承包单位的危险性较大分部分项工程专项施工方案须经企业技术负责人审核签字并加盖单位法人印章后，填写《施工组织设计/（专项）施工方案报审表》报送项目监理机构。

3. 专业分包单位的危险性较大分部分项工程专项施工方案除由分包单位技术负责人审核签字并盖分包单位法人印章外，还要由总承包单位的企业技术负责人审核签字并盖总承包单位法人印章后，填写《施工组织设计/（专项）施工方案报审表》报送项目监理机构。

4. 对于超过一定规模的危险性较大分部分项工程的专项施工方案，施工单位应当组织召开专家论证会进行论证审查，专家论证前专项施工方案应当通过施工单位审核和总监理工程师审查。施工单位应依据专家论证报告审查意见修改完善后，经企业技术负责人审核签字并盖总承包单位法人印章，并将专家论证报告作为专项施工方案的附件，填写《施工组织设计/（专项）施工方案报审表》报送项目监理机构。

5. 项目监理机构应在监理合同约定的时间内，由项目总监理工程师组织专业监理工程师对专项施工方案进行审查并签署意见。当需要修改时，应由总监理工程师签署意见要求施工单位修改后按有关程序重新报审。

6. 对超过一定规模的危险性较大分部分项工程的专项施工方案，应经建设单位审批并签署意见。

（四）专项施工方案审查的基本内容

项目监理机构对专项施工方案审查应包括以下基本内容：

1. 专项施工方案的编审程序应符合相关规定。

2. 安全技术措施应符合工程建设强制性标准。

3. 专项施工方案的内容及深度应满足指导施工的基本要求。

4. 对超过一定规模的危险性较大分部分项工程专项施工方案，应检查施工单位组织专家进行论证、审查情况，以及是否附具安全验算结果。经施工单位组织专家论证的，还应审查专家论证报告的签署是否齐全有效。

5. 专业监理工程师应对专项施工方案编制内容的完整性、针对性，设计计算及专业技术的正确性，施工工艺的合理性，安全质量保证措施的有效性等进行审查，并提出审查意见报总监理工程师审核。

6. 总监理工程师对专项施工方案及专业监理工程师的审查意见进行审核，并签署审核意见。

第七节　项目安全生产管理的监理协调工作

在项目施工过程中，由于参建单位各方的职责不同、权力不同、利益不同，参建各方往往站在自己的立场和角度看问题，可能在质量、进度、安全等方面的认识上产生分歧或矛盾，不利于项目建设目标实现。因此，项目监理机构需要做大量的沟通与协调工作，使参建各方对工程建设目标达成共识，促成工程建设目标的实现。

一、监理协调工作的内容

（一）项目监理机构内部的协调与沟通

项目监理机构应抓好内部人际关系的协调工作，合理安排各专业监理人员，明确监理人员的安全责任，调解好监理人员工作中的矛盾。

设置安全生产管理的监理工作机构，要明确各部门的安全管理监理工作目标、职责和权限，明确各部门之间的协作关系；建立信息沟通制度，如工作例会、业务碰头会等信息沟通方式；协调好监理设备、安全检测设备的平衡，做好监理资源优化使用。

（二）与建设单位的协调

项目监理机构应加强与建设单位的协调工作，做好安全生产管理的监理宣传工作，尊重建设单位合理的意见和要求，取得建设单位对安全生产管理的监理工作的理解与支持，特别是对建设工程各方安全职责的理解。主动与建设单位协商处理涉及建设单位安全责任和义务的事务性工作，协助建设单位拟定安全生产协议书等。调动建设单位的积极性，让建设单位一起投入到建设工程安全生产管理中。在实施监理过程中，项目监理机构发现情况严重的安全事故隐患时，应当要求施工单位暂时停止施工，并及时报告建设单位。项目监理机构应向建设单位详细阐述要求施工单位停工原因及可能造成的危害等。

（三）与施工单位协调

项目监理机构对建设工程安全目标的实现，是通过施工单位的努力工作来实现的，因此，应把与施工单位的协调工作作为组织协调工作重点内容。

1. 项目监理机构在组织协调工作中应坚持原则，严格按法律、法规和工程建设强制性标准的规定，正确处理施工过程中有关安全生产的问题。涉及施工单位的合法权益时，应站在客观公正的立场上，不损害施工单位的正当权益。

2. 项目监理机构监理人员与施工单位管理人员应相互尊重、相互支持，加强联系，保持正常的工作关系。

3. 对未经监理工程师审查同意的施工组织设计或专项施工方案，施工单位不得组织施工；对安全事故隐患签发《工程暂停令》要求整改的项目，未经项目监理机构复查并下达复工令，施工单位不得擅自施工等。

4. 在实施过程中，对不符合有关施工规范或专项施工方案的安全问题，项目监理机构应要求施工单位整改；若沟通与协调无效，施工单位拒不整改，项目监理机构可根据相关法律法规签发《工程暂停令》并及时向有关主管部门报送《监理报告》。

5. 建立施工现场相关信息沟通传递渠道，保证施工现场安全生产管理的有关信息及时传递。

（四）与勘察、设计单位的协调

当监理合同约定的监理范围未包括勘察、设计内容时，勘察、设计单位与监理单位都是受建设单位的委托开展工作，两者之间无合同关系，因此，项目监理机构应做好与勘察、设计单位的沟通与协调工作。

1. 尊重勘察、设计单位的意见，在设计单位进行设计交底和图纸会审时，项目监理机构应注意检查设计文件是否满足施工安全操作和防护要求，涉及施工安全的重点部位和环节是否在设计文件中注明，对防范生产安全事故是否提出指导意见。特别是采用新结构、新材料、新工艺的建设工程和特殊结构的建设工程，是否在设计中提出保障施工作业人员安全和预防生产安全事故的措施建议等。

2. 监理过程中发现存在勘察、设计问题，项目监理机构应及时向建设单位提出，由建设单位提交勘察、设计单位及时进行处理，以免造成经济损失或人员伤亡。

3. 施工过程中召开安全专题会议或发生安全事故时，邀请勘察、设计单位参加，听取勘察、设计单位的处理意见或建议。

（五）与工程质量安全监督机构的协调

建设工程质量安全监督机构是由政府委托的建设工程施工安全监督的实施机构，项目监理机构应认真学习并执行工程质量安全监督机构发布的监督文件，应加强与本项目质量安全监督员的联系，密切配合工作。项目监理机构应及时、如实地向安全监督机构报告施工过程中存在的安全问题及隐患，要做好与安全监督机构的交流和协调。

项目监理机构可通过以下方法与工程质量安全监督机构沟通与协调：

1. 监理质量安全月报、专报及紧急报告

项目监理机构应每月按时向工程质量安全监督机构上报质量安全生产管理的监理工作月报；发现情况严重时及时上报质量安全生产管理的监理工作专报；情况紧急时及时上报紧急报告。

2. 监理报告

项目监理机构在实施监理过程中，发现工程存在安全事故隐患，签发《监理通知单》或《工程暂停令》后，施工单位拒不整改或不停工时，应当采用《建设工程监理规范》GB/T 50319 附表 A.0.4 "监理报告"向建设行政主管部门报告。紧急情况下，项目监理机构可先采取电话、信息或电子邮件方式向建设行政主管部门报告，事后以书面方式将监理报告送达建设行政主管部门，并抄报建设单位和监理单位。

3. 主动配合检查

当工程质量安全监督机构或上级主管部门到工地检查时，项目监理机构要主动配合检查，介绍工程施工情况，对检查人员提出的质量安全问题要如实回答。对质量安全监督机构签发的质量安全隐患整改通知单要签收,并督促施工单位及时整改。整改完毕后,经检查合格,项目监理机构及时在施工单位上报的质量安全整改回复单签署意见,要求施工单位附相关整改资料上报工程质量安全监督机构。

二、安全生产管理的监理组织协调方法

(一) 会议协调法

会议协调法是建设工程安全生产管理的监理工作中常用的一种协调方法,主要包括第一次工地会议、监理例会、专题会议、专家会议等。

1. 第一次工地会议

由建设单位主持召开第一次工地会议是建设单位、工程监理单位和施工单位对各自人员分工、开工准备、监理例会的要求等情况进行沟通和协调的会议。

总监理工程师应介绍监理工作目标、范围和内容、项目监理机构人员职责分工、监理工作程序、方法和措施,以及安全生产管理的监理工作方案主要内容等。建设单位根据监理合同宣布对总监理工程师的授权及工程开工准备情况;施工单位介绍施工准备情况;建设单位和总监理工程师对施工准备情况提出意见和要求等。

第一次工地会议应在总监理工程师签发开工令之前举行,会议纪要应由项目监理机构负责整理,并经与会各方代表会签。

2. 监理例会

监理例会是由总监理工程师或其授权的总监理工程师代表或专业监理工程师主持召开,宜每周召开一次,是主要针对施工中的质量、安全、进度、工期等问题的工地会议。监理例会参加人员一般为建设单位现场代表,项目监理机构总监理工程师、专业监理工程师及监理员,施工单位项目经理部的项目经理、施工员、质检员、安全员等相关管理人员,必要时可邀请分包单位、勘察设计单位等有关单位代表参加。

监理例会参会人员应在会议签到表上签字,签到表由项目监理机构准备。

监理例会的会议纪要,由项目监理机构整理,经与会各方代表会签后分发给有关单位。

3. 专题会议

专题会议是为解决工程施工过程中的专项问题而不定期召开的会议。由项目总监理工程师或其授权的专业监理工程师主持。

工程项目主要参建单位均可向项目监理机构书面提出召开专题会议的建议,经总监理工程师与有关单位协调,取得一致意见后,由总监理工程师签发召开专题会议的书面通知。

专题会议应根据需要组织召开,如基坑安全会议、临时用电安全会议、专项安全检查会等。专题会议纪要的形成过程与监理例会相同。

4. 专家会议

对于项目及各参建单位难以解决的问题,项目监理部可建议建设单位或施工单位组织专家会议,寻求解决问题的办法。

(二) 其他协调法

其他协调法包括交谈协调法、书面协调法、访问协调法和情况介绍法等。

第八节　安全生产管理的监理工作资料的归档管理

　　安全生产管理的监理工作资料，是项目监理机构施工现场安全生产管理的监理工作的真实记录，是对监理单位安全生产管理的监理工作检查与评价的重要依据。项目监理机构应及时、准确、完整地收集、整理、编制、传递文件资料。应建立完善的监理文件资料管理制度，宜设专人对安全生产管理的监理工作资料进行归档管理。

　　安全生产管理的监理工作资料的管理与归档工作，对加强施工现场安全管理，提高安全生产、文明施工水平起到积极的推动作用。有利于总结经验、吸取教训，更好地贯彻执行"安全第一、预防为主、综合治理"的安全生产方针，保护职工在生产过程中的安全和健康，有效预防安全生产事故的发生。

一、安全生产管理的监理工作资料归档管理的工作依据

　　1. 住房城乡建设部《关于落实建设工程安全生产监理责任的若干意见》规定，"工程竣工后，监理单位应将有关安全生产的技术文件、验收记录、监理规划、监理实施细则、监理月报、监理例会纪要及相关书面通知等按规定立卷归档"。

　　2. 2018 年，住房城乡建设部令第 37 号《危险性较大的分部分项工程安全管理规定》第二十四条规定："施工、监理单位应当建立危大工程安全管理档案"。"监理单位应当将监理实施细则、专项施工方案审查、专项巡视检查、验收及整改等相关资料纳入档案管理。"

二、安全生产管理的监理工作资料的主要内容

　　1. 监理规划（或安全生产管理的监理工作方案）及监理实施细则。

　　2. 经监理审查的施工组织设计（安全技术措施）和专项施工方案及审查审核资料。

　　3. 安全专项巡视检查记录，《监理通知单》及《监理通知回复单》《工程暂停令》及整改后复工审核有关资料。

　　4. 有关安全生产管理的监理工作月报、专报和紧急报告。

　　5. 有关安全生产技术问题的处理意见或文件。

　　6. 按有关规定需要验收的危险性较大分部分项工程有关验收资料。

　　7. 有关安全生产管理的监理例会、专题会议纪要。

　　8. 经监理核查的施工起重机械、整体提升脚手架、模板等自升式架设设施和安全设施的验收记录。

　　9. 采用新结构、新工艺、新设备、新材料的工程中安全技术措施的审查资料。

　　10. 施工单位的安全生产许可证、安全生产管理人员的岗位证书、安全生产考核合格证书、特种作业人员操作资格证书的审核资料。

　　11. 施工单位的安全生产责任制、安全管理规章制度的审核资料。

12. 工程项目应急救援预案的审核资料。

13. 安全防护、文明施工措施费使用计划审核资料。

14. 关于安全事故隐患、安全事故处理的相关资料。

15. 其他有关安全生产管理的监理工作相关的文件资料。

三、安全生产管理的监理工作资料的归档管理

1. 安全生产管理的监理工作资料应纳入项目监理机构的工程监理资料统一归档管理。项目监理机构应建立安全生产管理的监理工作系统，设专职或兼职资料员，按照有关规定及时收集、整理安全生产管理的监理工作资料，包括台账、报审表、原始检查记录及验收资料等。资料的整理应做到现场实物与记录符合，行为与记录符合。

2. 安全生产管理的监理人员负责资料的收集、整理工作，经专业监理工程师审核后交资料员统一管理。

3. 项目监理机构的专职或兼职资料员应将安全生产管理的监理工作资料建立专门的案卷，并与项目监理机构的其他资料统一分类编目、编号、分别装订成册，装入档案盒内。

4. 安全生产管理的监理工作资料宜按分部工程分类组卷，危险性较大的分部分项工程宜单独组卷。

5. 分部工程以外的工程项目，还有以下内容应分别组卷：

（1）冬、雨期施工；

（2）施工现场临时用电；

（3）应急救援预案与演练；

（4）安全文明施工措施费的使用与管理；

（5）文明施工及扬尘治理；

（6）环境保护及水土保持；

（7）其他。

6. 安全生产管理的监理工作资料应集中存放于资料柜内，加锁并设专人负责管理，以防丢失损坏。

7. 工程竣工后，安全生产管理的监理工作资料应上交工程监理单位档案室保管、备查。

第三章 项目监理机构的审查审核工作

第一节 审查审核工作主要内容和基本要求

《建设工程安全生产管理条例》（国务院令第 393 号）规定"工程监理单位应当审查施工组织设计中的安全技术措施或者专项施工方案是否符合工程建设强制性标准"。

《建设工程监理规范》GB/T 50319 同样明确要求项目监理机构对施工单位报送的施工组织设计的审查包括"安全技术措施应符合工程建设强制性标准"。其中 5.5.2 条规定"项目监理机构应审查施工单位现场安全生产规章制度的建立和实施情况，并应审查施工单位安全生产许可证及施工单位项目经理、专职安全生产管理人员和特种作业人员的资格，同时应核查施工机械和设施的安全许可验收手续。"5.5.3 条规定"项目监理机构应审查施工单位报审的专项施工方案，符合要求的，应由总监理工程师签认后报建设单位。超过一定规模的危险性较大的分部分项工程的专项施工方案，应检查施工单位组织专家进行论证、审查的情况，以及是否附具安全验算结果。"

对施工组织设计中的安全技术措施或专项施工方案进行审查审核，是项目监理机构履行安全生产管理法定职责的重要内容。

一、审查审核工作的主要内容

项目监理机构审查审核工作的主要内容包括：

（一）审核施工单位包括分包单位安全生产基本条件，包括：
审查施工单位资质和安全生产许可证是否真实有效；
项目负责人、专职安全生产管理人员的安全生产考核合格证是否真实有效；
特种作业人员的特种作业操作证是否真实有效；
施工机械和设施的安全许可验收手续是否完备；
施工单位现场安全生产管理制度是否完善。

（二）审查施工组织设计中涉及安全生产的相关内容，包括：
施工组织设计的编审程序是否符合相关规定；
工程概况是否真实描述工程项目的安全生产条件；
危险源特别是重大危险源辨识是否全面；
是否制定了危险性较大的分部分项工程专项施工方案编制计划；
安全生产技术措施是否符合工程建设强制性标准的要求；
是否编制了安全生产事故应急救援预案及应急救援预案内容是否完善；

是否制定了安全生产措施费专款专用管理制度等。

（三）审查施工单位编制的危险性较大的分部分项工程专项施工方案，包括：

专项施工方案编审程序是否符合相关规定；

专项施工方案的内容是否针对相应的分部分项工程；

专项施工方案中的安全技术措施是否符合工程建设强制性标准；

专项施工方案是否附具安全验算结果；

对于超过一定规模的危险性较大的分部分项工程，还应检查施工单位组织专家论证的情况，当专家论证意见是"修改后通过"时，应审查施工单位根据专家论证意见对专项施工方案的修改情况。

二、项目监理机构相关审查审核工作的意义

（一）项目监理机构对施工单位安全生产基本条件和施工组织设计、专项施工方案的审查，是履行工程监理单位本身的法定职责，不是对施工单位安全生产管理体系的替代，也不是施工单位安全生产管理工作的补充。

（二）项目监理机构对施工单位安全生产基本条件和施工组织设计、专项施工方案的审查，是对施工单位安全生产管理体系及其运行情况的监督，并不是对施工单位安全生产的把关。无论项目监理机构是否尽职尽责，都不能免除或者减轻施工单位的安全生产主体责任。

（三）项目监理机构对施工单位报送的施工组织设计、专项施工方案的审查，也是监理人员熟悉项目安全生产环境条件，把握项目施工过程中的危险源特别是重大危险源，了解相关安全生产技术措施和关键环节施工工艺，理解与掌握与项目施工有关的工程建设标准，特别是强制性标准要求的重要环节，是项目监理机构依照工程建设标准实施监理的基础性工作。

三、审查审核工作的基本要求

（一）应具备审查能力

项目监理机构对施工组织设计中的安全技术措施和专项施工方案的审查不能走过场，应由熟悉相应专业工程技术和安全生产管理工作，并具备一定相关工程设计或施工经验的工程技术人员参与审查工作。如现有人员不具备相应能力，总监理工程师应设法在公司内外寻求技术支持，要避免"外行审查内行"。

（二）应着眼于督促施工单位安全生产管理体系的建立健全和正常运转

施工单位承担着建设工程施工安全生产的主体责任。施工单位安全生产管理体系的建立健全和正常运转，是建设工程施工安全生产的基本保证。项目监理机构应着重审查施工单位安全生产管理体系人员是否到位、制度是否健全、责任是否落实、措施是否有力，要围绕促进施工单位自身安全生产管理水平提升的目的开展各类审查工作。

（三）应重视对施工单位报审材料的真实性的审查

1. 对施工单位报送的所有材料的内在逻辑性，包括时间、空间、人员、环境、事件、

因果等方面，均应审慎检查核对。对有疑问的材料，应要求报送单位做出合理解释并提交书面证明。

2. 对有条件通过网上核查的材料应进行网上核查；可向有关单位或有关部门核对的材料宜进行核对。

3. 对于不便于识别真伪的报送材料，应由报送单位负责人和报送人员亲自签字并承诺保证所报送材料的真实性。

4. 应在第一次工地会议上强调所报送材料的真实性，要求施工单位明确承诺对所报送材料的真实性负责。

5. 如发现虚假材料应不予通过审查，及时向建设单位报告情况，并根据虚假材料的影响程度采取相应措施。

在对施工单位报送材料的真实性进行审查后，若仍出现以虚假材料蒙混过关的情况，项目监理机构要尽最大努力弄清事实、留下证据，并采取措施避免或减轻虚假材料造成的损失，以便在责任追究过程中获得充分的抗辩理由。

（四）应重视对施工单位报送材料的有效性的审查

部分报送文件资料的编制、递交时间有限制，项目监理机构应审查是否符合时间限制要求；应审查资质资格证书的有效期；一些文件具有特定的适用范围或适用条件，应仔细核对认定。

（五）应重点审查施工单位的施工组织设计和专项施工方案的编制、审查程序

编制与审查程序是施工组织设计和专项施工方案编写质量的基本保证。《建设工程监理规范》要求项目监理机构对施工组织设计和专项施工方案审查的第一项基本内容就是"编审程序应符合相关规定"。

项目监理机构应对施工单位施工组织设计和专项施工方案编审人员的资格进行进行审查确认。编审人员自身的能力和水平是施工组织设计和专项施工方案编写质量的保证。如发现编审人员不具备相应资格，或由其他人假冒，项目监理机构应要求施工单位重新组织编制与审查工作。

项目监理机构应以施工单位报审材料的签字、签章等形式要件为主，结合报审材料的内容、格式等审查报审材料的编审程序。如确认施工单位报审材料的编审程序不符合要求，则应要求施工单位重新进行编制及内部审查工作。在确认施工单位编审程序符合要求之前，无需针对内容提出意见和建议。

对于超过一定规模的危险性较大的分部分项工程专项施工方案，在施工单位组织专家论证之前，应由项目监理机构进行审查。这次审查主要是审查编审程序，审查的目的是对施工单位编制专项施工方案的工作进行督促。因专项方案按规定要经过专家论证，除明显错误需要指出并要求施工单位改正外，对方案的其他方面可以专家论证会讨论后形成的正式论证意见为准。

（六）应注意审查施工组织设计和专项施工方案内容的完整性

国家标准《建筑施工组织设计规范》GB/T 50502 对施工组织设计的内容有明确规定，有的建设单位在招标文件中也对施工组织设计的内容作了明确要求。施工单位报审的施工组织设计的内容应遵守和满足上述规定和要求。项目监理机构对施工组织设计内容完整性的审查，详见本章第三节。

住房城乡建设部办公厅关于实施《危险性较大的分部分项工程安全管理规定》有关问题的通知（建办质〔2018〕31 号）明确规定了危大工程专项施工方案九个方面的主要内容（详见第二章第六节）。项目监理机构应审查施工单位报审的专项施工方案内容是否包括这九方面内容，如果发现有漏缺，应要求施工单位补充完善后重新报审。

（七）应严格审查施工组织设计中的安全技术措施和专项施工方案是否符合工程建设强制性标准要求

《建设工程安全生产管理条例》明确规定"工程监理单位应当审查施工组织设计中的安全技术措施或者专项施工方案是否符合工程建设强制性标准"，还规定了"工程监理单位和监理工程师应当按照法律、法规和工程建设强制性标准实施监理，并对建设工程安全生产承担监理责任。"对施工组织设计中的安全技术措施和专项施工方案是否符合工程建设强制性标准的审查工作，是项目监理机构的应承担的重要法定职责，也是工程监理单位承担建设工程安全生产监理责任的重要基础。

项目监理机构应首先组织监理人员学习与建设项目有关的工程建设标准，应准确理解与把握有关工程建设标准，准确把握其中强制性条文，不能仅仅停留在对条文字面上的理解。

在审查过程中，负责审查的监理人员遇到技术方面的困难，可提请项目监理机构共同研究，或要求工程监理单位提供技术支持，也可向包括施工单位在内的相关单位技术人员求教。监理人员切忌不懂装懂，也不能以自己不懂而放弃审查职责，或不对其内容进行实质性审查就随意签字。

若发现施工组织设计中的安全技术措施或专项施工方案违反工程建设强制性标准，项目监理机构可签发监理通知单，明确指出存在的问题并要求重新编制。

对于工程建设标准中非强制性的条文，项目监理机构在审查中也应进行核对。如发现施工组织设计中的安全技术措施和专项施工方案不符合工程建设标准中的非强制性条文，可要求施工单位说明理由。如施工单位没有充分理由，则要求施工单位修改并重新报审。

（八）应能发现施工单位报审材料中的常识性错误

施工单位报审的材料种类繁多，其中的细节差错与瑕疵在所难免，施工单位编制的施工组织设计和专项施工方案也会存在差错。项目监理机构的审查审核也不可能发现所有细节差错与瑕疵，比如施工工艺技术中的一些细节，审查人员不一定都掌握，一些非关键的工艺或材料性能参数，审查人员也不一定都熟悉，这些内容的缺陷和差错不一定都能发现。对这类问题应坚持谁施工谁负责的原则，即使已通过了项目监理机构的审查，施工单位仍然应该负责。

但项目监理机构不能以"谁施工谁负责"为借口，推卸自己对建设工程安全生产应尽的监理责任而疏于审查。对施工单位报送的资料，特别是施工组织设计和专项施工方案，项目监理机构在审查中是否能发现明显差错或常识性错误，可以作为项目监理机构的审查工作是否尽职尽责的佐证。因此，项目监理机构的审查人员一定要认真履行审查职责，除对重大问题、关键问题要审慎把关之外，对施工单位报审材料中的各类明显差错和常识性错误也要尽可能发现并指出，要求施工单位修改纠正。

（九）要高度重视专家论证的作用

对于超过一定规模的危险性较大的分部分项工程的专项施工方案，在施工单位组织专家论证之前，总监理工程师需要审查签认。

总监理工程师在专家论证之前的审查，应注意以下五个方面：一是该分部分项工程是否属于超过一定规模的危大工程；二是专项施工方案内容是否完整；三是专项施工方案中对工程的描述和有关参数取值是否符合工程实际；四是施工单位专项施工方案的编审程序是否符合要求；五是专项施工方案是否存在常识性的错误。对于方案中实质性的技术问题，总监理工程师可在专家论证会上提出讨论，以便更好地发挥专家的集体智慧，为施工安全提供更为有效的技术支持和保障。

对于专家论证不予通过的专项施工方案，项目监理机构应督促施工单位及时重新编制专项施工方案，并按原报审程序重新报审。

对于专家论证意见为"修改后通过"的专项施工方案，施工单位修改后需要项目监理机构再次进行审查，重点审查施工单位是否正确理解专家论证意见，并按论证意见完成了修改工作。如果修改尚不完善应要求施工单位重新完善。专项施工方案经修改符合专家论证意见后，应由总监理工程师予以签认，项目监理机构监督实施。

对于专家论证意见为"通过"的专项施工方案，项目监理机构无需再次进行审查，要求施工单位按方案实施即可。

监理人员应充分认识专家论证制度对于保证施工安全的重要性，尊重专家论证意见，充分发挥专家论证的作用。

（十）要注意保留审查审核的工作痕迹

项目监理机构要加强监理资料管理工作，注意保留审查审核工作的痕迹。

对施工单位报审的证明类资料，项目监理机构在审查通过后要留存备查。若留存备查件为复印件，应由原件保存单位在复印件上签字盖章。

对施工单位报审的施工组织设计和专项施工方案，应要求施工单位按规定的份数报送。审查通过后，工程监理单位和项目监理机构按规定保存副本。

在审查过程中发现问题，应签发《监理通知单》向施工单位提出要求，并要求施工单位以《监理通知回复单》回复。审查过程中若需要向施工单位、建设单位等进行询问、核实，应以《工作联系单》的方式请对方书面回复。项目监理机构应注意保存这些体现监理工作过程的文件资料。

第二节　施工单位安全生产基本条件的审查

施工单位是建设工程施工安全生产的主体责任单位，施工单位具备安全生产的能力，是建设工程施工安全的基本保证。按照住房和城乡建设部《关于落实建设工程安全生产监理责任的若干意见》（建市［2006］248号）的规定，工程监理单位应在施工准备阶段审查施工单位安全生产的基本条件。如果审查未能通过，项目监理机构不能同意施工单位开始施工作业，总监理工程师不得签发工程开工令。

审查施工单位安全生产的基本条件包括以下主要内容：

一、审查施工单位资质和安全生产许可证是否合法有效

(一)施工单位资质的审核

《中华人民共和国建筑法》第十三条规定:"从事建筑活动的建筑施工企业、勘察单位、设计单位和工程监理单位,按照其拥有的注册资本、专业技术人员、技术装备和已完成的建筑工程业绩等资质条件,划分为不同的资质等级,经资质审查合格,取得相应等级的资质证书后,方可在其资质等级许可的范围内从事建筑活动。"

《建设工程安全生产管理条例》第二十条规定:"施工单位从事建设工程的新建、扩建、改建和拆除等活动,应当具备国家规定的注册资本、专业技术人员、技术装备和安全生产等条件,依法取得相应等级的资质证书,并在其资质等级许可的范围内承揽工程。"

项目监理机构应根据住房和城乡建设部会同国务院有关部门制定的《建筑业企业资质标准》的规定,在施工准备阶段对施工单位的资质是否合法有效进行审查。

审查时应注意以下事项:

1. 我国建筑业企业资质分为施工总承包、专业承包两个序列,其中施工总承包企业资质分为建筑工程、公路工程、铁路工程、港口与航道工程、水利水电工程、电力工程、矿山工程、冶金工程、石油化工工程、市政公用工程、通信工程和机电工程共12个类别,每个类别一般设特级、一级、二级、三级共四个等级。

2. 专业承包企业资质分为地基基础工程、起重设备安装工程、预拌混凝土、电子与智能化工程、消防设施工程等36个类别,每个类别一般设一级、二级、三级共三个等级。

3. 施工总承包工程应由取得相应施工总承包资质的企业承担。取得施工总承包资质的企业可以对所承接的施工总承包工程内各专业工程全部自行施工,也可以将专业工程依法进行分包。对设有资质的专业工程进行分包时,应分包给具有相应专业承包资质的企业。

4. 施工承包单位的资质在投标环节和签订施工承包合同环节已进行过审查,但工程监理单位在开工前依然要按有关规定再次进行审核。项目监理机构还应按照《建设工程监理规范》要求和监理合同约定,审核施工单位报送的分包单位资格,包括对分包单位的资质证书的审核。

对施工承包单位的资质审核内容应包括资质证书是否真实,是否在有效期内;资质类别和等级是否满足工程项目的要求;审核施工单位是否超越本单位资质等级许可的业务范围或者以其他施工单位的名义承揽工程。

5. 资质证书的真实性可在全国或各省建筑市场监管公共服务平台上核实,依据资质证书注明的资质等级,对照《建筑业企业资质标准》规定的"承包工程范围",即可核查施工单位是否超越资质等级许可的业务范围。审核时应结合人员和设备配备、相关文件文书内容、格式和其他有关细节,核查是否存在出借资质即"挂靠"问题,或冒用有资质的施工单位名义承揽业务的问题。必要时,项目监理机构也可以通过各种联系方式,与施工总承包单位总部进行核实。审查中如发现资料缺失,应签发监理通知单要求施工单位进行补充完善后重新报审。项目监理机构应将审查工作情况、发现的问题及时向建设单位报

告，如发现犯罪线索可向公安部门举报。

（二）审查施工单位的安全生产许可证

《建筑施工企业安全生产许可证管理规定》（建设部令第 128 号）规定："国家对建筑施工企业实行安全生产许可制度"。"建筑施工企业未取得安全生产许可证的，不得从事建筑施工活动"。"安全生产许可证的有效期为 3 年，有效期满需要延期的，施工企业应当于期满前 3 个月向原发证机关办理延期手续"。

国家实行建筑施工企业安全生产许可证制度，是为了规范建筑施工企业安全生产条件，加强安全生产监督管理。建设主管部门通过对施工企业申办《建筑施工企业安全生产许可证》的审查，对施工企业的生产条件进行检查和监督，为建设工程施工安全生产奠定了坚实基础。

项目监理机构应按照有关规定，在施工准备阶段对施工单位安全生产许可证的真实有效性进行审查。审查时应注意以下事项：

1. 施工单位建筑施工安全生产许可证在工程招投标环节已经进行了审查，但项目监理机构依然需要认真审查施工单位（包括分包单位）的建筑施工安全生产许可证。重点审核其真实性和有效性。建筑施工安全生产许可证及其有效期均可在省级建筑市场监管公共服务平台上核实。

2. 项目监理机构如发现施工单位不具备建筑施工安全生产许可证或使用过期的或伪造的建筑施工安全生产许可证，应及时向建设单位报告，并不得同意工程项目开工，总监理工程师不得签发工程开工令。如发现建筑施工安全生产许可证的有效期不能覆盖合同工期，应作为问题予以记录，并提醒施工单位按时办理有效期延续手续。

3. 转让或者冒用其他企业建筑施工安全生产许可证的现象一般与"挂靠"或冒用企业资质同时发生，项目监理机构认为建筑施工安全生产许可证可能存在转让或冒用嫌疑时，应一并核查企业资质一并做出处理。

二、核查项目经理和专职安全生产管理人员是否具备合法资格，是否与投标文件相一致

施工单位的项目经理对所承包项目的安全生产工作全面负责，专职安全生产管理人员具体承担日常安全生产管理工作。《建设工程安全生产管理条例》第三十六条规定："施工单位的主要负责人、项目负责人、专职安全生产管理人员应当经建设行政主管部门或者其他有关部门考核合格后方可任职"。项目监理机构应按照有关规定，在施工准备阶段对项目经理和专职安全生产管理人员资格的合法有效性进行核查。

核查时应注意以下事项：

1. 项目监理机构应审查施工单位项目经理是否具有建筑施工安全生产考核合格证（B证），人员是否与投标文件相一致；应核查项目经理部的专职安全管理人员是否具有建筑施工安全生产考核合格证（C证），人员配备是否符合投标文件和有关规定。

2. 施工单位项目经理和专职安全生产管理人员的安全生产考核合格证及其有效期，均可在省级建筑市场监管公共服务平台上核实。若发现项目经理或专职安全生产管理人员不具有建筑施工安全生产考核合格证，或使用过期的、伪造的考核合格证，或发现施工单

位未经建设单位同意，安排与投标文件不一致的人员担任项目经理，项目监理机构应及时向建设单位报告。

3. 当发现专职安全生产管理人员不符合投标文件的承诺、不满足有关规定的要求，项目监理机构应向施工单位发出监理通知单，要求施工单位整改。要提醒施工单位注意项目经理和专职安全生产管理人员的建筑施工安全生产考核合格证的有效期，及时办理有效期延续手续。

4. 项目监理机构在审查施工单位的开工报审资料时，若发现施工单位没有配备符合要求的项目经理和专职安全生产管理人员，应不同意项目开工。

三、审核特种作业人员的特种作业操作资格证书是否合法有效

建筑施工特种作业人员是指在建筑施工活动中，从事容易发生事故，对操作者本人、他人的安全健康及设备、设施的安全可能造成重大危害的作业的人员。建筑施工特种作业人员应经建设主管部门考核合格，取得建筑施工特种作业人员操作资格证书，方可上岗从事相应作业。

项目监理机构应根据施工合同和施工要求，审核本项目特种作业人员的操作资格证书是否合法有效，审核时应注意以下事项：

1. 根据住房和城乡建设部《建筑施工特种作业人员管理规定》（［2008］75 号），建筑施工特种作业人员包括：

（1）建筑电工；

（2）建筑架子工；

（3）建筑起重信号司索工；

（4）建筑起重机械司机；

（5）建筑起重机械安装拆卸工；

（6）高处作业吊篮安装拆卸工；

（7）经省级以上人民政府建设主管部门认定的其他特种作业人员。

2. 施工现场的其他种类的特种作业人员，如焊工、爆破作业人员、场内工程车辆驾驶人员等，应持有安监部门颁发的特种作业操作资格证书方可上岗作业。

3. 特种作业操作资格证书可在住房城乡建设部门或安监部门的查询平台上进行核查。如果发现名不符实或不具备上岗资格的情况，应作为安全隐患及时签发监理通知单要求施工单位整改或停工整改。

四、审核施工单位应急救援预案和安全防护措施费用使用计划

（一）审核施工单位应急救援预案

施工单位编制应急救援预案的目的是贯彻落实"安全第一、预防为主、综合治理"的安全生产方针，规范应急管理工作，提高应对和防范风险与事故的能力，保证职工安全健康和公众生命安全，及时有效地开展安全事故发生后的救援处置工作，最大限度地减少安全生产事故造成的人员伤亡、财产损失、环境损害和社会影响。

施工单位应围绕本企业的安全生产事故风险控制工作需要，针对施工现场容易发生的坍塌、爆炸、火灾、触电、高处坠落等安全事故编制应急救援预案。应包括以下主要内容：危险源分析、应急救援组织机构及职责、预防与预警、应急响应、信息发布、后期处置、保障措施、培训与演练、奖惩制度以及应急救援预案的维护与更新等。

施工单位可以根据需要单独编制应急救援预案。针对具体项目的应急救援预案也可以编入施工组织总设计或单位工程施工组织设计中。

项目监理机构对施工单位应急救援预案的审核要点为：

1. 施工单位是否根据建设工程施工特点、范围，对施工现场易发生安全生产事故的部位、环节进行确认，对重大危险源进行分析辨识；

2. 施工单位是否按规定编制应急救援预案，实行工程总承包的是否由总承包单位组织编制安全事故应急救援预案；应急救援预案是否完成施工单位内部审查；

3. 应急救援预案的内容是否完善，措施是否可行，应急救援组织机构是否健全、职责是否明确、应急响应是否可靠；

4. 是否安排对企业职工宣传贯彻应急救援预案和进行应急救援演练；

5. 是否制定可行的应急救援预案维护与更新制度。

项目监理机构在审查中发现应急救援预案存在问题，应签发监理通知单要求施工单位修改完善后重新报审。

（二）审核施工单位安全防护、文明施工措施费用使用计划

安全防护、文明施工措施费用是指按照国家现行建筑施工安全、施工现场环境与卫生标准和有关规定，购置和更新施工安全防护用具及施工设施，改善安全生产条件和作业环境所需的费用。

《建筑工程安全防护、文明施工措施费用及使用管理规定》（建办〔2005〕89 号）规定："建设单位与施工单位应当在施工合同中明确安全防护、文明施工措施项目总费用，以及费用预付、支付计划，使用要求、调整方式等条款"。"实行工程总承包的，总承包单位依法将建筑工程分包给其他单位的，总承包单位应当在分包合同中明确安全防护、文明施工措施费用由总承包单位统一管理，安全防护、文明施工措施由分包单位实施的，由分包单位提出专项安全防护措施及施工方案，经总承包单位批准后及时支付所需费用"。"施工单位应当确保安全防护、文明施工措施费专款专用，在财务管理中单独列出安全防护、文明施工措施项目清单备查"。"工程总承包单位对建筑工程安全防护、文明施工措施费用的使用负总责。总承包单位应当按照本规定及合同约定向分包单位支付安全防护、文明施工措施费用。总承包单位不按本规定和合同约定支付费用，造成分包单位不能及时落实安全防护措施导致发生事故的，由总承包单位负主要责任"。

1. 施工单位安全防护、文明施工措施费用使用计划的内容应包括：

（1）应采取的安全防护、文明施工和环境保护的措施。

文明施工和环境保护项目。包括安全警示标志牌、现场围挡、"五板一图"、企业标志、场容场貌、材料堆放、现场防火、垃圾清运等。

临时设施项目。包括现场办公、生活设施，施工现场临时用电等。

安全施工措施。包括临边防护、通道口防护、预留洞口防护、电梯井防护、楼梯边防护、垂直方向交叉作业防护、高空作业防护等。

其他措施项目。各级政府主管部门要求采取的措施，如环境监测措施、降尘措施等。

（2）各项措施的费用开支计划。

（3）保证安全防护、文明施工措施费用专款专用的措施。

2. 项目监理机构审核施工单位安全防护、文明施工措施费用使用计划的要点为：

（1）施工单位是否编制了安全防护、文明施工措施费用使用计划；是否按规定对安全防护、文明施工措施费用使用计划进行内部审批；

（2）计划中的措施项目是否满足工程项目施工的需要，是否符合工程建设标准、特别是强制性条文和政府主管部门有关文件的要求；

（3）是否将施工合同约定的全部安全防护、文明施工措施费用足额安排用于安全防护和文明施工措施；

（4）是否具有保证安全防护、文明施工措施费用专款专用的措施。

若在审核中发现问题，应签发监理通知单要求施工单位整改后重新报审。

五、核查施工机械和设施的安全许可验收手续

施工机械和设施，特别是起重吊装机械、整体提升式脚手架和施工电梯等特种设备，对施工安全具有举足轻重的作用。《建设工程监理规范》GB/T 50319 中 5.5.2 条要求项目监理机构"应核查施工机械和设施的安全许可验收手续"。且"施工机械具备使用条件"也作为项目监理机构应审查的工程开工条件。项目监理机构应认真核查施工机械和设施的安全许可手续。核查的主要内容有：

1. 核查特种设备制造许可证、产品合格证、制造监督检验证明、备案证明等文件；

2. 核查施工现场施工起重机械、整体提升脚手架、模板等自升式架设设施的安全施工验收手续；

3. 对于施工初期需投入使用的施工机械和设施，应在施工准备阶段结合对开工条件的审查进行核查。对于施工过程中需要进场投入使用的施工机械和设施，可在同意使用之前进行核查；

4. 若核查中发现不符合安全生产的要求，应拒绝同意施工单位将有问题的机械和设施投入使用，并签发监理通知单要求施工单位整改。若核查中未发现问题，则应将所核查的材料签收备案。

六、审查施工单位的安全生产管理制度

施工单位建立健全安全生产管理制度是施工单位安全生产重要条件，是安全技术措施有效实施的坚实基础，是落实施工单位主体责任的基本保证。施工单位的安全生产管理制度在获取安全生产许可证的过程中通过了主管部门的审查，但项目监理机构还应在施工准备阶段审查施工单位安全生产管理制度，并应审查以下内容：

（一）安全生产责任制度

1. 是否已建立安全生产责任制度。

施工单位应在安全生产责任制度中明确对项目经理部安全生产的管理要求、职责权

限、工作程序、安全管理目标的分解落实、监督检查、考核奖罚等内容的具体规定和要求，并按照规定和要求组织实施。

2. 是否已覆盖以下人员、部门和单位：

（1）企业负责人，包括：企业法定代表人和实际控制人、技术负责人、分管安全生产的企业负责人；

（2）项目负责人、专职安全生产管理人员与项目管理人员；

（3）各层次安全生产管理机构；

（4）作业班组长；

（5）分包单位的现场负责人、管理人员和作业班组长。

3. 是否有安全管理目标，目标值是否可测量。

4. 是否已层层分解和落实安全生产管理职责和目标指标。

5. 是否已制定安全生产责任制确认和落实的记录规定。

6. 是否有安全生产奖惩考核制度。

（二）安全教育培训制度

按《安全生产法》规定，施工单位应制定安全教育培训制度。施工单位从业人员必须定期接受安全教育培训，坚持先培训、后上岗的制度。项目监理机构应审查以下内容：

1. 是否已建立安全教育培训制度。

2. 是否明确了安全教育培训的类型、对象、时间和内容。

（1）施工单位安全教育培训的类型、对象和时间为：

项目负责人年度安全培训；

专职安全生产管理人员年度安全培训；

各层次管理人员和技术人员的年度安全培训；

电工、建筑架子工、建筑起重信号司索工、建筑起重机械司机、建筑起重机械安装拆卸工等特种作业人员取得操作证培训、复审和年度安全培训；

待岗复工、转岗、换岗从业人员上岗前培训；

新工人进场三级安全培训教育；

经常性的以及专题安全教育。

（2）施工单位安全教育培训的内容应包括：安全生产思想、安全知识、安全技能、安全规程标准、安全法规、劳动保护和典型事例分析等。

（三）安全检查制度

安全检查是施工单位对贯彻国家安全生产法律法规的情况、安全生产情况、劳动条件、事故隐患等所进行的检查。施工单位应建立安全检查制度，项目监理机构应审查以下内容：

1. 是否已建立完善安全检查制度，是否明确规定安全检查制度对各管理层日常、定期、专项和季节性安全检查的时间和实施要求。

2. 施工单位安全检查是否包括各管理层次的自查、上级管理层对下级管理层的抽查。

3. 施工单位安全检查的类型是否包括：

（1）日常安全检查。如班组的班前、班后岗位安全检查；各级安全管理人员巡回安全检查；各级管理人员检查生产的同时检查安全；

（2）定期安全检查。如施工单位每季度组织一次以上安全检查；施工单位项目负责人每周组织一次以上安全检查；

（3）专业性安全检查。如脚手架、施工机械、安全防护措施、临时用电、消防、安全教育培训、安全技术措施等专业安全检查；

（4）季节性安全检查。如针对冬期、高温期间、雨期、台风季节等特殊气候的安全检查；

（5）节假日前后安全检查。如元旦、春节、五一、国庆节等节假日前后的安全检查。

4. 施工单位安全检查是否采取随机抽样、现场观察、实地检测相结合的方法，是否记录检测结果。

5. 是否已明确规定对检查中发现隐患的整改、处置和复查的要求，是否规定对安全检查和隐患处理、复查的记录的要求以及隐患整改应按期完成的要求。

（四）生产安全事故报告制度

项目监理机构对施工单位生产安全事故报告制度审查的内容是：

1. 是否已建立生产安全事故报告制度，其内容是否具体、齐全。

2. 是否已明确生产安全事故报告和处理的具体要求。生产安全事故报告制度应明确按"四不放过"原则（事故原因不查清楚不放过、事故责任者和职工未受到教育不放过、事故责任者未受到处理不放过和没有采取防范措施、事故隐患不整改不放过），对生产安全事故进行调查和处置。

通过审查，若发现施工单位安全生产管理制度不健全，项目监理机构应签发监理通知单，要求施工单位整改，整改完成之前不同意开工。必要时向建设单位报告。如施工单位安全生产管理制度健全，项目监理机构应将审查资料归档保存，同意施工单位进场开展工作。

第三节　施工组织设计的审查

施工组织设计是施工单位以施工项目为对象编制，用以指导施工技术、经济和管理的综合性文件。施工组织设计中针对生产安全所制定的安全生产措施，是保证整个施工过程安全生产的前提。对施工组织设计中的安全生产措施进行审查，是《建设工程安全生产管理条例》明确规定的工程监理单位安全生产管理的法定职责，项目监理机构应重视对施工组织设计中的安全生产措施的审查工作，应熟悉施工单位编制的施工组织设计的主要内容。

一、施工组织设计的编制

施工组织设计根据设计阶段和编制对象不同，一般可分为三类：施工组织总设计、单位工程施工组织设计和分项工程施工设计（又称为施工方案）。

施工组织总设计中针对项目施工所确定的总体部署和控制原则，在项目施工中要由单位工程施工组织设计具体落实。单位工程施工组织设计是以单位工程为对象编制的施工组织设计，是施工组织总设计的具体化，对单位工程的施工过程起指导和制约作用。当前，项目监理机构接触最多的是单位工程施工组织设计。

（一）施工组织设计编制依据

与工程建设有关的法律、法规和文件。

国家现行有关标准和技术经济指标。

工程所在地区行政主管部门的批准文件。

建设单位对施工的要求。

工程施工合同或招标投标文件。

工程设计文件。

工程施工范围内的现场条件，工程地质及水文地质、气象等自然条件。

与工程有关的资源供应情况。

施工单位的生产能力、机具设备状况、技术水平等。

（二）施工组织设计的编制应符合下列原则

1. 符合施工合同或招标文件中有关工程进度、质量、安全、环境保护、造价等方面的要求；

2. 积极开发、使用新技术和新工艺，推广应用新材料和新设备；

3. 坚持科学的施工程序和合理的施工顺序，采用流水施工和网络计划等方法；科学配置资源，合理布置现场，采取季节性施工措施，实现均衡施工，达到合理的技术经济指标；

4. 采取技术和管理措施，推广建筑节能和绿色施工；

5. 与质量、环境和职业健康安全三个管理体系有效结合。

（三）单位工程施工组织设计的基本内容

单位工程的施工组织设计一般应包括下列内容：工程概况、编制依据、施工部署、施工进度计划、施工准备与资源配置计划、主要施工方法、施工现场平面布置及主要施工管理计划等基本内容。

若建设单位在招标文件中对施工组织设计的内容有特殊要求，施工单位投标时承诺接受了这些要求，则应按照建设单位招标文件要求确定施工组织设计的内容。

1. 工程概况

工程概况应包括工程主要情况、各专业设计简介和工程施工条件等。

（1）工程主要情况应包括下列内容：

工程名称、性质和地理位置；

工程的建设、勘察、设计、监理和总承包等相关单位的基本情况；

工程承包范围和分包工程范围；

施工合同、招标文件或总承包单位对工程施工的重点要求；

其他应说明的情况。

（2）各专业设计简介应包括下列内容：

建筑设计简介。应依据建筑设计文件进行描述，包括建筑规模、建筑功能、建筑特点、建筑耐火、防水及节能要求等，并应简单描述工程的主要装修做法。

结构设计简介。应依据结构设计文件进行描述，包括结构形式、地基基础形式、结构安全等级、抗震设防类别、主要结构构件类型及要求等。

机电及设备安装专业设计简介。应依据各相关专业设计文件进行描述，包括给水、排水及采暖系统、通风与空调系统、电气系统、智能化系统、电梯等各个专业系统的做法要求。

（3）工程施工条件应包括下列内容：

项目建设地点气象状况；

项目施工区域地形和工程水文地质状况；

项目施工区域地上、地下管线及相邻的地上、地下建（构）筑物情况；

与项目施工有关的道路、河流等状况；

当地建筑材料、设备供应和交通运输等服务能力状况；

当地供电、供水、供热和通信能力状况；

其他与施工有关的主要因素。

2. 施工部署

（1）工程施工目标。包括进度、质量、安全、环境和成本等目标。应根据施工合同、招标文件以及本单位对工程管理目标要求确定，各项目标应满足施工组织总设计中确定的总体目标。

（2）进度安排和空间组织。应明确说明主要施工内容及其进度安排，施工顺序应符合工序逻辑关系，施工流水段的划分应结合工程具体情况分阶段进行。单位工程施工阶段的划分一般包括地基基础、主体结构、装修装饰和机电设备安装等阶段。

（3）工程施工的重点和难点应从组织管理和施工技术两个方面分析。

（4）应明确项目经理部的组织机构形式，确定项目经理部的工作岗位设置及其职责划分。

（5）对工程施工中开发和使用的新技术、新工艺应做出部署，对新材料和新设备的使用应提出技术及管理要求。

（6）应简要说明施工单位对主要分包工程的选择要求及管理方式。

3. 施工进度计划

（1）施工进度计划应按照施工部署的安排进行编制，应能够保证施工进度目标的实现。

（2）安排施工进度计划应充分考虑季节性气候因素对工程施工和施工安全的影响。

（3）施工进度计划应采用网络图、横道图等图表表示，并附必要说明。

4. 施工准备与资源配置计划

（1）施工准备应包括技术准备、现场准备和资金准备等。

1）技术准备应包括施工所需技术资料的准备、施工方案编制计划、试验检验及设备调试工作计划、样板制作计划等。

2）现场准备应根据现场施工条件和工程实际需要，准备生产、生活等临时设施。

3）资金准备应根据施工进度计划编制资金使用计划。

（2）资源配置计划应包括劳动力配置计划和物资配置计划等。

劳动力配置计划，应包括确定各施工阶段用工量及根据施工进度计划确定各施工阶段劳动力配置计划。

物资配置计划应包括：

1）主要工程材料和设备的配置计划，应根据施工进度计划确定各施工阶段所需主要工程材料、设备的种类和数量。

2）工程施工主要周转材料和施工机具的配置计划，应根据施工部署和施工进度计划确定各施工阶段所需主要周转材料、施工机具的种类和数量。

5. 主要施工方案

（1）单位工程应按照《建筑工程施工质量验收统一标准》GB 50300 中分部、分项工程的划分原则，对主要分部、分项工程制定施工方案。

（2）对脚手架工程、起重吊装工程、临时用水用电、季节性施工等专项工程所采用的施工方案应进行必要的验算和说明。

6. 施工现场平面布置

（1）施工平面布置图应包括下列内容：

1）工程施工场地状况；

2）拟建建（构）筑物的位置、轮廓尺寸、层数等；

3）工程施工现场的加工设施、存贮设施、办公和生活用房等的位置和面积；

4）布置在工程施工现场的垂直运输设施、供电设施、供水供热设施、排水排污设施和临时施工道路等；

5）施工现场必备的安全、消防、保卫和环境保护等设施；

6）相邻的地上、地下既有建（构）筑物及相关环境。

（2）施工平面布置应符合下列原则：

1）平面布置科学合理，施工场地占用面积少；

2）合理组织运输，减少二次搬运；

3）施工区域的划分和场地的临时占用应符合总体施工部署和施工流程的要求，减少相互干扰；

4）充分利用既有建（构）筑物和既有设施为施工服务，降低临时设施的建造费用；

5）临时设施应方便生产和生活，办公区、生活区和生产区宜分离设置；

6）符合节能、环保、安全和消防等要求；

7）遵守当地主管部门和建设单位关于施工现场安全文明施工的相关规定。

（3）施工现场平面布置图应结合施工组织总设计，按不同施工阶段分别绘制。

7. 主要施工管理计划

施工管理计划应包括进度管理计划、质量管理计划、安全管理计划、环境管理计划、成本管理计划以及其他管理计划等内容。

其中，安全管理计划可参照《职业健康安全管理体系要求》GB/T 28001，在施工单位安全管理体系的框架内编制。

安全管理计划应包括下列内容：

（1）确定项目重要危险源，制定项目职业健康安全管理目标；

（2）建立具有管理层次的项目安全管理组织机构并明确职责；

（3）根据项目特点，进行职业健康安全方面的资源配置；

（4）建立具有针对性的安全生产管理制度和职工安全教育培训制度；

（5）针对项目重要危险源，制定相应的安全技术措施；对危险性较大的分部（分项）工程和特殊工种的作业制定专项施工方案或专项安全技术措施的编制计划；

（6）根据季节、气候的变化，制定相应的季节性安全施工措施；

（7）建立现场安全检查制度，并对安全事故的处理做出相应规定。

（四）对施工单位编制和审批施工组织设计的要求

施工单位对施工组织设计承担编制、审批、组织实施的主体责任，这种责任并不因为工程监理单位的审查审核而发生转移。

1. 施工组织设计应由项目负责人主持编制。

2. 施工组织总设计应由总承包单位技术负责人审批；单位工程施工组织设计应由施工单位技术负责人审批。

二、施工组织设计的审查程序

审查施工组织设计是项目监理机构履行监理责任的基础性工作，也是项目监理机构对质量、进度和造价进行控制的综合性工作。项目监理机构对施工组织设计的审查程序如下：

1. 督促施工单位应在开工前约定的时间内完成施工组织设计的编制及内部审批工作，与《施工组织设计/（专项）施工方案报审表》一并报送项目监理机构审查。

2. 总监理工程师应及时组织专业监理工程师进行审查，需要修改的，由总监理工程师签发书面意见，退回施工单位修改后再报审；符合要求的，由总监理工程师签认。

3. 已签认的施工组织设计由项目监理机构报送建设单位。

4. 施工单位应按审核签认的施工组织设计组织施工，不得随意变更修改，如需要对其内容做重大变更时，施工单位应按程序重新报审，项目监理机构应重新审查。

5. 规模较大的工程、群体工程和分期出图的工程，经建设单位批准，可分阶段向项目监理机构报送施工组织设计。

三、项目监理机构审查施工组织设计的基本内容

依据《建设工程监理规范》GB/T 50319 5.1.6 条规定，施工组织设计审查应包括下列基本内容：

1. 编审程序应符合相关规定。

2. 施工进度、施工方案及工程质量保证措施应符合施工合同要求。

3. 资金、劳动力、材料、设备等资源供应计划应满足工程施工需要。

4. 安全技术措施应符合工程建设强制性标准。

5. 施工总平面布置应科学合理。

四、施工组织设计中涉及安全生产管理内容的审查要点

《建设工程安全生产管理条例》第十四条规定：工程监理单位应当审查施工组织设计

中的安全技术措施或者专项施工方案是否符合工程建设强制性标准。住建部《关于落实建设工程安全生产监理责任的若干意见》（建市〔2006〕248号）对工程监理单位审查施工单位编制的施工组织设计中的安全技术措施和危险性较大的分部分项工程安全专项施工方案的主要内容作了明确规定。项目监理机构应按照《若干意见》的规定审查施工组织设计，重点应审查安全技术措施是否符合工程建设强制性标准。施工组织设计中的安全技术措施主要集中在"安全管理计划"中体现，审查中应予重视。

（一）安全管理计划的审查要点

1. 危大工程清单和重大危险源

施工组织设计中应列出本工程的危大工程清单。按照《危险性较大的分部分项管理规定》，建设单位应当组织勘察、设计等单位在施工招标文件中列出危大工程清单，施工单位在投标时应按要求对危大工程清单进行补充完善。项目监理机构应审查施工组织设计中是否列出了危大工程清单，此清单是否涵盖了招标文件提供并经施工单位投标时补充完善的危大工程内容，是否还需要根据工程项目的现实条件进行进一步的补充完善。

危大工程之外的其他施工过程中还会存在危险源甚至是重大危险源（施工设施、施工工艺和施工环境中存在的客观安全风险），如果没有采取有效的控制措施，也会形成安全隐患，甚至导致安全生产事故的发生。

施工单位编制施工组织设计时，除列出危大工程清单之外，还应结合工程项目特点，针对可能造成物体打击、高处坠落、机械伤害、起重伤害、触电、坍塌、火灾、爆炸、中毒和窒息以及其他伤害的可能性进行分析，对可能导致安全事故的重大危险源进行辨识和风险评估。项目监理机构应对上述分析、辨识和评估的内容进行审查，重点审查其是否确实符合本工程施工的现实条件，是否涵盖了工程施工中可预知的全部安全风险。

2. 项目安全管理组织机构及其职责

在施工项目中，施工总承包单位应建立以总承包单位项目经理为责任人，从项目经理部到施工班组，各层次职能部门共同参与的安全管理体系，形成纵向到底，横向到边的总承包、分包单位安全生产管理组织网络。

（1）总承包单位项目专职安全生产管理人员配备应当满足下列要求：

1）建筑工程、装修工程按照建筑面积配备：

1万m² 以下的工程不少于1人；

1万～5万m² 的工程不少于2人；

5万m² 及以上的工程不少于3人，且按专业配备专职安全生产管理人员。

2）土木工程、线路管道、设备安装工程按照工程合同价配备：

5000万元以下的工程不少于1人；

5000万～1亿元的工程不少于2人；

1亿元及以上的工程不少于3人，且按专业配备专职安全生产管理人员。

（2）分包单位专职安全生产管理人员配备应当满足下列要求：

1）专业承包单位应当配置至少1人，并根据所承担的分部分项工程的工程量和施工危险程度增加。

2）劳务分包单位施工人员在50人以下的，应当配备1名专职安全生产管理人员；50～200人的，应当配备2名专职安全生产管理人员；200人及以上的，应当配备3名及以上专职安全生产管理人员，并根据所承担的分部分项工程施工危险实际情况增加，不得少于工程施工人员总人数的 5‰。

（3）项目专职安全生产管理人员的主要职责：

1）负责施工现场安全生产日常检查并做好检查记录；

2）现场监督危险性较大工程安全专项施工方案实施情况；

3）对作业人员违规违章行为有权予以纠正或查处；

4）对施工现场存在的安全隐患有权责令立即整改；

5）对于发现的重大安全隐患，有权向企业安全生产管理机构报告；

6）依法报告生产安全事故情况。

（4）以工种划分的工程队，如钢筋工程、模板工程、装饰工程等，应明确由工程队长（或副队长）分管安全生产工作。工人班组应设安全员负责本班组的安全工作。

3. 职业健康安全方面的资源配置

施工组织设计中应明确职业健康安全方面的资源配置计划。

项目监理机构的审查要点是：

（1）该资源配置计划能否保障施工过程中安全生产和施工人员职业健康的需要。应核查项目文明施工和环境保护措施、临时设施、安全施工防护措施的项目及所需资源。

（2）该资源配置计划是否做到项目安全措施费用专款专用，是否已制定安全生产资金保障制度和劳保用品资金、安全教育培训专项资金等保障安全生产技术措施资金的支付使用和监督规定，并建立分类使用台账。

4. 安全生产管理制度和安全教育培训制度

施工组织设计中的安全管理制度，主要体现在对施工单位安全生产管理制度的落实，并根据项目施工的具体条件补充制定切实可行的项目安全生产管理制度。

项目监理机构审查的要点包括：

（1）是否制定项目安全目标。项目安全目标通常含事故控制目标、安全生产管理工作目标、安全生产文明施工达标目标和创优目标等。安全目标是否具体、明确，目标值是否可量化，是否将安全管理目标责任分解落实到人，是否制定安全目标责任考核办法。

（2）是否已落实安全生产责任制度。安全生产责任是否已落实到项目负责人、专职安全生产管理人员与项目管理人员、作业班组长和作业人员，以及分包单位的现场负责人、专职安全生产管理人员和其他有关人员。

（3）是否已建立安全事故隐患管理制度。应明确规定对安全事故隐患的预判排查、巡视检查、发现隐患及时上报、采取措施整改、检查、验收等工作的责任分工及工作要求，应明确对安全事故隐患排查、整治工作制定考核制度和奖惩办法。

（4）是否已建立现场安全文明施工管理制度。是否明确安全文明施工现场管理要求并明确安全文明现场管理负责人、监督人。

（5）是否已建立安全技术措施管理制度。应明确项目施工安全技术措施的编制、审批、监督实施和验收的工作程序和责任分工。

（6）是否已建立安全技术交底制度。应明确项目部各层级安全技术交底的对象、内容、交底责任人和交底的时限、方式，明确安全技术交底文件签署和保存方式。

（7）是否已建立特种设备安全管理制度。应明确特种设备的种类和数量，明确各类特种设备的安全质保文件要求和采购、租赁、调配的工作程序，明确各类特种设备的安装、检测检验和验收的要求和工作程序，明确各类特种设备的安全操作规程，制定各类特种设备的维保工作制度及安全撤场措施。

（8）是否已建立特种作业人员安全管理制度。应明确施工过程中所需特种作业人员的工种和数量，明确各工种特种作业人员上岗作业条件、工作要求、检查和监督方式，明确对于违章违规行为的处罚方式。

（9）是否已建立施工现场消防安全管理制度。现场消防安全管理制度包括：配置消防设施和消防器材、设置消防安全标志并定期组织检查、维修的规定；组建义务消防队及业务培训和消防演练，定期进行消防安全大检查，易燃易爆物品管理措施，仓库严禁烟火，动火审批手续，建立安全消防档案等有关规定。

（10）是否已建立施工现场用电安全管理制度。应明确规定施工现场临时用电供电系统和用电设施应符合安全标准，维护人员应具备操作资格和临时用电系统日常检查维护的责任。明确在雨期及冬期前进行全面清扫和检修，暴雨、冰雹等恶劣天气后进行检查、维护的要求。

（11）是否已建立交通安全管理制度。应明确现场施工车辆交通安全管理负责人，明确车辆驾驶人员的资格要求和交通安全责任。

（12）是否已建立职业病防治管理制度。应明确从事有毒有害作业的岗位，制定岗前培训制度，配备有效的防护用品，制定职业病定期检查和预防、筛查和治疗措施，制定职业病防治工作的考核、奖惩制度。

（13）是否已建立劳动保护用品、防护用品管理制度。应明确规定各类劳动保护用品、防护用品的配备标准和质量标准，明确采购验收入库的程序，发放、领用和使用要求。

（14）是否建立安全例会制度。应明确分层级定期召开安全例会，明确各层级安全例会的主要内容、参会人员及会议主持人或召集人。

（15）是否落实负责人施工现场带班制度。应制定具体措施落实住房和城乡建设部《建筑施工企业负责人及项目负责人施工现场带班暂行办法》（建质〔2011〕111号）规定的带班制度。

（16）是否建立了施工安全资料管理制度。应明确项目施工安全资料管理的责任人，明确与施工安全有关的资料的编制、收集、整理、归档的工作程序，制定确保资料真实、有效、完整和安全的措施。

（17）是否建立职工安全教育培训制度。应制定落实新工人入场前三级安全教育中进项目和进班组的安全教育、特种作业人员经常性安全教育、班前安全活动、季节性施工安全教育、节假日安全教育、特殊情况下（如改变操作规程、更新仪器、设备和工具、推广新工艺新技术，或发生安全生产事故、出现不安全因素等）的安全教育制度措施。应制定本项目管理人员的安全教育培训计划。

5. 安全技术措施

施工组织设计中的安全技术措施是确保施工安全的关键，项目监理机构应审查其是否符合工程建设强制性标准，应审查以下内容：

（1）土方工程。根据基坑、基槽、地下室等施工项目的开挖深度和岩土种类、选择开挖方法，确定边坡坡度或采取适当的边坡支护措施，防止边坡坍塌。项目监理机构应依据《建筑基坑工程监测技术标准》GB 50497、《建筑基坑支护技术规程》JGJ 120、《建筑深基坑工程施工安全技术规范》JGJ 311 和《建筑施工土石方工程安全技术规范》JGJ 180 等规范规程的有关规定对土方工程施工的安全技术措施进行审查。

（2）脚手架工程。脚手架、工具式脚手架、吊篮等的正确选用、设计计算、搭设方案和安全防护措施的制定、实施和检查以及安全拆除。项目监理机构应依据《建筑施工扣件式钢管脚手架安全技术规范》JGJ 130、《建筑施工工具式脚手架安全技术规范》JGJ 202、《建筑施工碗扣式钢管脚手架安全技术规范》JGJ 166、《建筑施工门式钢管脚手架安全技术标准》JGJ/T 128 和《建筑施工承插型盘扣式钢管支架安全技术规程》JGJ 231 等规范规程的有关规定对脚手架工程的安全技术措施进行审查。

（3）高处作业。施工单位应遵守《建筑施工高处作业安全技术规范》JGJ 80 的规定。要选择使用符合国家标准的安全网、安全带。

（4）起重吊装。项目监理机构应依据建筑起重机械安全监督管理规定（建设部令第166 号）、《起重机械安全规程》GB 6067、《建筑施工起重吊装工程安全技术规范》JGJ 276、《起重吊运指挥信号》GB 5082 等规定、规范规程的有关规定，以及所选用的起重机械的专门的安全技术规程，对起重吊装工程的安全技术措施进行审查。

（5）垂直运输。项目监理机构应依据《塔式起重机安全规程》GB 5144、《建筑施工塔式起重机安装、使用、拆卸安全技术规范》JGJ 196、《吊笼有垂直导向的人货两用施工升降机》GB 26557、《建筑施工升降机安装、使用、拆卸安全技术规程》JGJ 215 和《龙门架及井架物料提升机安全技术规范》JGJ 88 等规范规程的有关规定，对垂直运输的安全技术措施进行审查。

（6）施工机械。应依据《建筑机械使用安全技术规程》JGJ 33、《施工现场机械设备检查技术规范》JGJ 160 等规范规程的有关规定进行审查。

（7）模板工程。应依据《建筑施工模板安全技术规范》JGJ 162 等规范标准的有关规定进行审查。

（8）焊接工程。项目监理机构应审查以下内容：

1）焊接操作人员属于特殊工种人员，须持经主管部门培训考核后颁发的操作证件上岗作业，未经培训、考核合格者，不允许上岗作业；

2）电焊作业人员必须戴绝缘手套、穿绝缘鞋和白色工作服，使用护目镜和面罩。施焊前检查焊把及线路是否绝缘良好，焊接完毕要拉闸断电。高空危险处作业须挂安全带；

3）焊接作业须执行用火证制度，须配备灭火器材，应安排专人看火。施焊完毕后，要留有充分时间观察，确认无引火点后方可离去；

4）焊工在金属容器内、地下、地沟或狭窄、潮湿场所施焊时，要设监护人员。监护人必须认真负责，坚守工作岗位，且熟知焊接操作规程和应急救援方法。照明等其他电源电压应不高于 12V；

5）夜间工作或在黑暗处施焊应有足够照明。在车间或容器内操作要有通风换气或消烟设备；

6）焊接压力容器和管道，需持有压力容器焊接操作合格证；

7）气焊、气割应符合相应的安全操作规定。

（9）建筑工地消防安全工作的措施

应依据《建设工程施工现场消防安全技术规范》GB 50720 规定，从以下方面审查建筑工地的消防安全工作：

1）建筑工地消防安全宣传教育的情况；

2）建立严格的用火用电管理制度；

3）施工现场的消防安全管理制度；

4）施工现场的可燃物及建筑材料的管理制度；

5）各级安全部门监督检查规定；

6）严格火源、热源、电气线路管理规定；

7）分包单位应使用具有资质证书的特殊工种人员如电工、电焊工、气焊工等，严禁无证上岗的规定；

8）施工现场配备灭火器材，设置消防水池。临时办公区、生活区应配备相应数量的灭火器及消防水带、消火栓；

9）消防应急预案及其演练安排。

（10）在建工程与周围人行通道、民房必须采取防护隔离设置。

6. 危险性较大的分部分项工程专项施工方案的编制计划

《危险性较大的分部分项工程安全管理规定》规定，施工单位应当在危大工程施工前组织工程技术人员编制专项施工方案。专项施工方案可随工程施工进展，在该危大工程施工前完成编制与审批流程。为此，施工单位应在施工组织设计中制定专项施工方案的编制计划。

专项施工方案的编制计划的审查要点是：

（1）编制计划是否涵盖所有危大工程。项目监理机构应核对建设单位提供并经施工单位补充完善的危大工程清单及相应的安全管理措施，应审查所有危大工程是否都已纳入编制计划；

（2）编制计划是否明确需要组织专家论证的专项施工方案。《危险性较大的分部分项工程安全管理规定》规定，对于超过一定规模的危大工程，施工单位应当组织召开专家论证会对专项施工方案进行论证。项目监理机构审查时应注意核对是否属于超过一定规模的危大工程类型；

（3）专项施工方案的编制时间是否能满足工程进度的需要。专项施工方案须在该项危大工程施工前完成编制及审批程序。超过一定规模的危大工程专项施工方案的编制时间须预留组织专家论证及论证后的修改时间。

7. 季节性安全施工措施

建设工程项目施工通常是露天作业，特殊气候条件可能带来特定的安全风险。为确保施工安全，施工组织设计中应编制季节性施工安全措施，一般分为雨期施工安全措施和冬期施工安全措施。

（1）雨期施工安全措施

1）项目监理机构应掌握雨量、降雨等级、风力与风级等气象知识，应注意使用气象资料。

2）施工计划是否合理，是否明确遇到大雨、大雾、雷击和 6 级以上大风等恶劣天气时，停止进行露天高处作业、起重吊装和打桩等作业。

3）是否合理安排了施工现场和施工道路的防汛和排水工作，落实了人员和设备。

4）是否有加强防水排水，避免基坑基槽边堆积土方和其他材料的措施，以及加强支护、监测与观察，发现危险征兆采取的措施等。

5）是否有检查轨道塔式起重机轨道路基、落地式脚手架、井架立柱以及模板支撑垫板基础的计划，以预防被雨水浸泡后软化下沉，危及起重机、脚手架、井架等的安全。

6）是否有检查自升式塔吊、龙门架、井架物料提升机和施工电梯等的附墙装置或缆风绳的计划，要有加固处理措施，以保证上述设施的稳定性和抵抗风力作用的能力。

7）是否有保证施工中的建筑结构和构件处于稳定状态措施及采取增强稳定性的临时支撑措施。

8）是否有按照《施工现场临时用电安全技术规范》落实临时用电的各项安全措施。

措施中应明确暴雨等来临之前，施工现场除照明、排水和抢险用电外其他临时用电电源要全部切断的规定。

9）是否制定了施工现场设置的防雷装置检查计划，是否明确要求闪电打雷时禁止连接导线并停止露天焊接作业。

10）临时设施的选址是否合理，是否避开滑坡、泥石流、山洪、坍塌等灾害地段。

11）是否明确工地宿舍应设专人负责，昼夜值班，并配备手电筒等应急设备。

12）是否明确大风和大雨后检查临时设施地基和主体结构情况。

13）应有施工现场夏季食品卫生安全及炎热地区防暑降温措施。

（2）冬期施工安全措施

室外日平均气温连续5天稳定低于5℃时即进入冬期施工，当室外日平均气温连续5天高于5℃时解除冬期施工。

1）冬期施工的安排内容是否合理。应明确对道路、机械工作场所、脚手架、马道等要采取防冻防滑的措施，外脚手架要安排经常检查加固。

2）是否明确大雪、轨道电缆结冰和6级以上大风等恶劣天气停止垂直作业，是否规定风雪过后要检查安全保险装置并试机，确认无异常后方可作业。

3）是否明确塔机路轨不得铺设在冻胀土层上，防止土壤冻胀或春季融化，造成路基起伏不平，影响塔机安全使用。是否规定春季冻土融化时，应随时观察塔吊等起重机械设备的基础是否发生沉降。是否明确井架、龙门架、塔机等缆风绳地锚应埋置在冻土层以下，防止春季融化时地锚失效。

4）是否明确当温度低于-20℃时，严禁对低合金钢筋进行冷弯，避免钢筋冷弯处发生强化，造成钢筋脆断。

5）是否明确蓄热法加热砂石防止操作人员烫伤的有效措施。是否明确蒸汽养护使用的锅炉的安全技术条件和安全操作规程，司炉人员应具备操作资格。

6）是否规定各种有毒的物品、油料、氧气、乙炔等设专库存放、专人管理，并建立领发料制度，对亚硝酸钠等有毒物品要加强保管和使用管理，以防误食中毒。

7）是否明确混凝土须满足强度要求方准拆模。

8）是否有冬期施工防火和防一氧化碳中毒的管理规定。

8. 现场安全检查制度

是否已制定安全检查制度。是否明确规定各管理层次的日常、定期、专项和季节性安全检查的时间和实施要求。是否明确规定对检查中发现隐患的整改、处置和复查的要求。

9. 安全事故的报告制度和应急预案

项目监理机构审查的要点是：

（1）是否已建立生产安全事故报告制度，其内容是否具体、齐全。应在生产安全事故报告制度中明确意外伤害保险的办理，生产安全事故的报告、应急救援和处理的管理要求，职责权限，工作程序等内容的具体规定和要求；

（2）是否明确生产安全事故报告和处理的具体要求。生产安全事故报告制度应明确"四不放过"原则；

（3）是否制定生产安全事故应急救援预案，其内容是否具体、可行。施工现场生产安全事故应急救援预案的主要内容应包括：建立应急救援的组织和落实人员安排；应急救援器材与设备的配备；事故现场保护、抢救及疏散方案；内外联系方法和渠道；演练及修订方法等。

（二）施工平面图的审查要点

在施工平面图的布置中有诸多影响生产安全的因素。项目监理机构审查时应注意以下几点：

1. 塔吊等大型机械设备的位置

塔吊的位置须考虑施工和安全的需要，应满足大型构件吊装荷载要求，并覆盖整个施工现场，不得留有吊装不到位的死角，同时还要满足基础承载力、拆装场地、人员通过、周边高压线、变压器的安全距离等要求。

2. 泵车的布置

当前，建筑工程多采用预拌混凝土，项目监理机构在审查施工平面布置图时，应审查泵车的停放位置和垂直运输管的位置，靠近泵车处的围护结构要有加强措施，基础周边相关围护结构要按停放泵车的荷载进行计算。

3. 场内道路的布置

在审查场内道路的布置时须重视交通安全问题，要重视审查以下两个问题：

（1）在吊装工程中，不同类型的起重机对道路要求不同，须按起重机要求进行施工平面布置；

（2）施工现场预拌混凝土的泵车和运输车车体大，转弯要求较高，在施工平面布置图中，道路的宽度和转弯半径均应满足泵车和运输车辆的要求。

4. 临时用房和临时设施

临时用房、临时设施的布置应满足现场防火、灭火及人员安全疏散的要求。

（1）下列临时用房和临时设施应纳入施工现场总平面布置：

1）施工现场的出入口、围墙、围挡；

2）场内临时道路；

3）给水管网或管路和配电线路敷设或架设的走向、高度；

4）施工现场办公用房、宿舍、发电机房、变配电房、可燃材料库房、易燃易爆危险品库房、可燃材料堆场及其加工场、固定动火作业场等；

5）临时消防车道、消防救援场地和消防水源。

（2）施工现场出入口的设置应满足消防车通行的要求，并宜布置在不同方向，其数量不宜少于2个，当确有困难只能设置1个出入口时，应在施工现场内设置满足消防车通行的环形道路。

（3）施工现场临时办公、生活、生产、物料存贮等功能区宜相对独立布置，防火间距应符合《建设工程施工现场消防安全技术规范》GB 50720的规定。

项目监理机构应注意审查易燃易爆危险品库房与在建工程的防火间距（不应小于15m），可燃材料堆场及其加工场、固定动火作业场与在建工程的防火间距（不应小于10m），其他临时用房、临时设施与在建工程的防火间距（不应小于6m）。

（4）固定动火作业场应布置在可燃材料堆场及其加工场、易燃易爆危险品库房等全年最小频率风向的上风侧，并宜布置在临时办公用房、宿舍、可燃材料库房、在建工程等全年最小频率风向的上风侧。

（5）易燃易爆危险品库房应远离明火作业区、人员密集区和建筑物相对集中区。

（6）可燃材料堆场及其加工场、易燃易爆危险品库房不应布置在架空电力线下。

（7）施工现场内应按规定设置临时消防车道，临时消防车道与在建工程、临时用房、可燃材料堆场及其加工场的距离不宜小于5m，且不宜大于40m。

（8）在建工程装饰装修阶段应设置临时消防救援场地。

（9）施工现场应按规定设置灭火器、临时消防给水系统和应急照明等临时消防设施。施工现场的消火栓泵应采用专用消防配电线路。专用消防配电线路应自施工现场总配电箱的总断路器上端接入，且应保持不间断供电。

（10）临时用房的临时室外消防用水量不应小于《建设工程施工现场消防安全技术规范》GB 50720的规定。

5. 材料的堆放和加工车间的布置

平面图中应布置大宗建筑材料的堆放位置。

加工车间的布置应满足方便材料进出现场、吊装过程的人员安全，施工的合理需要以及塔吊位置等要求。

6. 施工排水的布置

施工平面图应包括整个现场的施工排水和降水井的布置。现场雨水是造成基坑边坡和现场土坡不稳定及车辆在道路上行驶不安全的主要因素。

7. 卷扬机的布置

在建筑工程施工中，垂直运输、吊装等多使用卷扬机。应主要审查如下几点：

（1）水平段钢丝绳的封盖。由卷扬机至垂直运输导向滑轮之间的水平段卷扬机钢丝绳不能裸露于地表，要在卷扬机正常运转时，采取有效封盖的措施；

（2）关于容绳量的计算。当卷扬机垂直运输高度很大时，要核算卷筒的容绳量是否大于需要卷入的钢丝绳长度。

（3）地锚。卷扬机是靠地锚固定的。地锚受力失稳也是卷扬机出现安全事故的主要原因之一。地锚种类繁多，有水平地锚、板栅锚固、螺栓锚固、压重锚固等。要根据施工现场决定采用的形式，并应有受力分析。

（三）施工现场临时用电安全的审查要点

施工现场临时用电安全是建设工程施工安全的重要内容。项目监理机构应掌握《施工现场临时用电安全技术规范》JGJ 46，要重视对施工现场临时用电组织设计或施工现场临时用电方案的审查。审查要点是：

1. 施工现场临时用电设备在 5 台及以上或设备总容量在 50kW 及以上的，应编制临时用电组织设计，《施工现场临时用电组织设计》应由电气工程师负责编制，施工单位技术负责人审批签字，并加盖施工单位公章。

临时用电组织设计确需变更时，必须履行"编制、审核、批准"程序，由电气工程技术人员重新编制，经相关部门审核及施工单位的技术负责人批准后实施。变更用电组织设计时应补充有关图纸资料。

无需编制临时用电组织设计的项目，应根据具体情况编制临时用电方案。

2. 施工现场临时用电组织设计应包括下列内容：

（1）现场勘测；

（2）确定电源进线、变电所或配电室、配电装置、用电设备位置及线路走向；

（3）用电负荷计算；

（4）选择变压器；

（5）设计配电系统，包括：

1）设计配电线路，选择导线或电缆；

2）设计配电装置，选择电器；

3）设计接地装置；

4）绘制临时用电工程图纸，主要包括用电工程总平面图、配电装置布置图、配电系统接线图、接地装置设计图。

（6）设计防雷装置；

（7）确定防护措施；

（8）制定安全用电措施和电气防火措施。

临时用电方案的内容根据具体情况确定，应能反映施工现场临时用电的系统、线路、用电机械器具、接地装置和防雷装置等。

3. 施工现场临时用电工程专用的电源中性点直接接地的 220/380V 三相四线制低压电力系统，必须符合下列规定：

（1）采用三级配电系统；

（2）采用 TN-S 接零保护系统；

（3）采用二级漏电保护系统。

配电系统所使用的电缆，应满足安全要求。接零和接地保护，应符合安全技术规范的要求。

4. 施工现场内的起重机、井字架、龙门架等机械设备，以及钢脚手架和正在施工的在建工程等的金属结构，当在相邻建筑物、构筑物等设施的防雷装置接闪器的保护范围以外时，应按规定安装防雷装置。

5. 配电柜应装设电源隔离开关及短路、过载、漏电保护电器。电源隔离开关分断时应有明显可见分断点。

6. 每台用电设备必须有各自专用的开关箱，严禁用同一个开关箱直接控制 2 台及 2 台以上用电设备（含插座）。

开关箱中漏电保护器的额定漏电动作电流不应大于 30mA，额定漏电动作时间不应大于 0.1s。使用于潮湿或有腐蚀介质场所的漏电保护器应采用防溅型产品，其额定漏电动作电流不应大于 15mA，额定漏电动作时间不应大于 0.1s。

总配电箱中漏电保护器的额定漏电动作电流应大于 30mA，额定漏电动作时间应大于 0.1s，但其额定漏电动作电流与额定漏电动作时间的乘积不应大于 30mA·s。

7. 应明确在隧道、人防工程、高温、有导电灰尘、潮湿和易触及带电体场所等特殊场所使用安全特低电压照明器的具体要求。

8. 对夜间影响飞机或车辆通行的在建工程及机械设备，应明确设置醒目的红色信号灯的具体要求。

9. 应明确规定临时用电工程须经编制、审核、批准部门和使用单位共同验收，合格后方可投入使用，并明确规定在使用过程中对临时用电工程进行定期检查的内容、形式和要求。

第四节　基坑工程专项施工方案的审查

当前，高大建筑物、构筑物越来越多，基础和地下室的形式愈加多样，基础埋深、开挖面积越来越大，施工项目距离周边的建筑物、构筑物越来越近，地下管线与周边环境越来越复杂，这些因素都导致基坑施工的安全风险高，基坑工程施工安全生产事故频发，有些事故造成群死群伤，损失惨重。项目监理机构应高度重视基坑施工安全生产管理的监理工作，认真履行监理职责。

一、基坑工程施工的特点

基坑是指为建筑物（构筑物）基础和地下室的施工而开挖的地下空间。基坑工程是指为保证基坑施工、主体地下结构的安全和周边环境不受损害而进行的支护、降水止水和开挖及回填工程，包括勘察、设计、施工、监测等环节。

基坑工程及其施工具有以下特点：

1. 土体和支护结构的承载能力具有较大风险。基坑边坡土体自身承载能力有限，基坑支护体系一般为临时措施，其强度、刚度、防渗、耐久性等方面的安全储备较小。但基坑开挖、降水止水过程中往往荷载较大较复杂，导致土体和支护结构破坏的风险较大。

2. 工程条件具有明显的区域特性。不同区域具有不同的工程地质和水文地质条件，即使同一城市也可能会有较大差异。

3. 对周边环境具有较大影响。基坑工程的施工会引起周围地下水位变化和应力场的改变，导致周围土体的变形，对周边环境会产生影响，而这种影响的程度，与周边环境的特点密切相关。

4. 基坑工程相关理论尚待发展成熟。基坑工程是岩土、结构及施工相互交叉的科学，且受到多种复杂因素相互影响，其在土压力理论、基坑设计计算理论等方面尚待进一步发展。

5. 施工技术、施工工艺具有多样性。依据不同的条件和不同的理论假设，开挖方法、支护方案和降水止水措施五花八门，施工过程中使用的机械设备多种多样，安全隐患存在于很多方面。

6. 工程能完整借鉴利用的成熟经验有限。基坑所处区域地质条件的多样性，基坑周边环境的复杂性、基坑形状和基坑支护形式的多样性，决定了基坑工程具有明显的个别性。工程经验可以借鉴，但不可照抄照搬。

7. 工程实践中，由于基坑坍塌造成群死群伤的安全事故的案例较多。这些事故几乎都存在未编制专项施工方案，或者未按经审定的专项施工方案实施的情况。

二、基坑工程专项施工方案的编制依据及主要内容

（一）基坑工程专项施工方案的编审规定

《住房城乡建设部办公厅关于实施〈危险性较大的分部分项工程安全管理规定〉有关问题的通知》中，明确规定了基坑工程中属于危险性较大的分部分项工程的范围。

1. 开挖深度超过 3m（含 3m）的基坑（槽）的土方开挖、支护、降水工程，开挖深度虽未超过 3m，但地质条件、周围环境和地下管线复杂，或影响毗邻建、构筑物安全的基坑（槽）的土方开挖、支护、降水工程，属于危大工程，项目监理机构应督促施工单位在基坑工程施工前组织工程技术人员编制基坑工程专项施工方案，并应在工程施工前对该专项施工方案进行审查。

2. 开挖深度超过 5m（含 5m）的基坑（槽）的土方开挖、支护、降水工程属于超过一定规模的危险性较大的分部分项工程范围。施工单位应按照《危险性较大的分部分项工程安全管理规定》（建设部第 37 号令）和《建筑深基坑工程施工安全技术规范》JGJ 311 的相关要求，根据施工、使用与维护过程的危险源分析结果编制深基坑工程施工安全专项方案，并组织专家论证会对专项施工方案进行论证。若专家论证意见为"修改后通过"，项目监理机构应审查施工单位按专家论证意见修改后的专项施工方案。

（二）基坑工程专项施工方案的主要内容

1. 工程概况

工程概述。包括地下室结构概述，工程地质水文地质条件（特别是不良地质反映），周围环境情况，需重点关注的建筑物、地下管线等。

基坑支护设计概述。基坑支护设计方案、降水方案、支护设计对施工的特殊要求。

2. 编制依据

相关法律、法规、规范性文件及施工图设计文件、施工组织设计，以及与本工程施工有关的施工规范、操作规程、安全规范、检查与验收规范等。

3. 施工计划

在施工进度计划中，应分析施工进度计划实施的风险，制定施工进度保证措施。应明确季节性施工，特别是雨期施工的时段。

在材料与设备计划中，应明确各类施工机械的规格、数量和进退场时间安排。应制定监测仪器设备配置计划。

基坑为人工开挖时，在劳动力配置计划中应明确施工高峰期开挖分段情况和现场劳动

力配置数量。

4. 施工工艺技术

应明确基坑开挖方式、支护方式、降水排水方式。明确土方开挖施工方式和分层分段方式，传力带施工（拆除）、支撑拆除、土方回填等施工工艺技术措施。

明确相关技术参数、工艺流程和施工方法、操作要求，包括所采用支护方式，如挡土桩墙（钻孔桩、搅拌桩、旋喷桩、振动灌注桩、人工挖孔桩、预制桩、咬合桩、地下连续墙等）、土钉墙、压顶梁（围檩）、内支撑、锚杆、格构柱等的类型和参数。

应明确基坑工程的难点、重点和关键点，明确各项施工的质量检查要求。

5. 施工安全保证措施

组织保障措施。主要应体现施工单位和施工项目经理部安全生产管理机构和管理制度建设情况。

技术措施。技术措施是专项施工方案的核心内容，应体现基坑支护方案、降水排水方案、基坑开挖方案及方案实施过程中的安全技术措施。还应包括施工机械安全、临边防护、安全用电和施工人员个人防护等安全技术措施。

经济措施。主要是针对本工程具体情况所采取的安全技术措施费专款专用保障措施、遵章守纪安全生产奖励措施和违反安全生产规定的经济处罚措施等。

监测监控措施。应明确基坑变形的监测措施，明确各类变形监测的预警值，以及变形达到预警值后的处理措施。

6. 施工管理及作业人员配备和分工

包括施工管理人员、专职安全生产管理人员、特种作业人员、其他作业人员等。

7. 验收要求

包括验收标准、验收程序、验收内容、验收人员等。

8. 应急处置措施

应根据可能出现基坑坍塌、机械伤害、高处坠落、触电等事故风险，分别制定应急预案和应急预案的交底、演练措施。

9. 计算书及相关施工图纸

包括施工平面布置图、基坑环境平面图、典型地质剖面图及土工指标一览表、基坑围护设计平面图、典型剖面图及节点大样图、基坑降、排水平面布置图、土方开挖平面流向图、剖面图、工况图、运输组织图、支护体系（放坡的边坡稳定性）的设计计算书等。

三、审查基坑工程专项施工方案的准备工作

为能对施工单位报审的基坑工程专项施工方案进行有效审查，项目监理机构应掌握与该基坑工程有关情况，包括：

1. 基坑工程的基本情况

详细的地形地貌和周边环境资料；

各类地下管线，特别是地下高压电缆和地下燃气管网的情况；

该项目的工程地质详细勘察报告；

该基坑工程施工期间的气候、气象情况。

2. 基坑工程相关设计情况

该工程项目的功能；

该工程项目建筑设计、结构设计的基本情况；

该工程基坑支护和排水降水方案及其设计情况；

基坑监测方案及各类变形报警值。

3. 与该基坑工程施工有关的国家标准和行业标准，如：

《建筑边坡工程技术规范》GB 50330；

《岩土锚杆与喷射混凝土支护工程技术规范》GB 50086；

《建筑基坑支护技术规程》JGJ 120；

《复合土钉墙基坑支护技术规范》GB 50739；

《建筑基坑工程监测技术标准》GB 50497；

《建筑施工土石方工程安全技术规范》JGJ 180；

《建筑深基坑工程施工安全技术规范》JGJ 311 等。

4. 工程施工单位的基本情况

包括工程项目施工承包合同体系、施工承包单位及基坑开挖、支护、排水降水工程分包单位的工程经验和技术、管理能力。

5. 机械设备性能

基坑施工中使用的各类土工机械、降水设备设施、支护施工所用各类机具的性能参数和安全指标。

上述各项，项目监理机构可以通过向建设单位和施工单位索取，开展调查研究工作和向监理单位技术部门寻求支持获得。

四、基坑工程专项施工方案的审查要点

项目监理机构对施工单位报审的基坑工程专项施工方案的审查，应按照本章第一节所述的审查基本要求，对报审材料的真实性、针对性、时效性和专项施工方案内容的完整性以及编审程序进行审查。

基坑专项施工方案应审查以下内容：

（一）对专项施工方案中工程概况的审查

项目监理机构应审查方案是否清楚表述了工程与场地的基本情况，与项目监理机构掌握的基本情况是否一致；是否明确地下管线的情况，是否清楚表述了基坑支护设计方案。

项目监理机构要对照《工程地质勘察报告》和标有建筑红线的总平面图、地下建筑平面图与剖面图、基础结构施工图、桩位图等文件，审查专项施工方案中工程概况的表述。

监理人员可通过审查"工程概况"了解该基坑工程的基本情况和主要的危险源。

（二）对基坑工程的支护设计和排水降水设计的审查

项目监理机构应审查设计单位是否具备相应工程的设计资质，设计单位内部审查程序

是否完成，签字签章是否完整，是否已通过设计质量审查。

若工程属于超过一定规模的危大工程，基坑的支护设计、排水降水设计应通过专家论证。项目监理机构对其技术内容的审查意见可由总监理工程师提交专家论证会讨论，纳入专家论证意见。若基坑的支护设计、排水降水设计已通过专家论证，项目监理机构应将审查重点放在专家论证的意见是否已经在设计修改中得到落实上。

基坑工程的支护设计和排水降水设计应审查以下内容：

1. 设计说明中应明确以下设计条件

（1）场地的地形条件、工程地质条件、地下水和地表水的勘察资料，地下建筑和基础的建筑结构设计情况，基坑开挖和基础及地下建设施工对基坑围护的要求等。

（2）地下及周边管线类型、规格、埋深及与基坑的相对关系；周围道路的性质、路面结构、载重情况、车流量等；周边既有建筑物、构筑物的基础与结构形式与基坑的相对关系，现有位移及开裂的情况；临近水体、边坡与基坑的相对关系；与本基坑相邻近的基坑工程、桩基工程的施工情况，对本基坑的影响以及双方协调情况；环境保护要求等。

（3）位于地铁、隧道等大型地下设施安全保护区范围内的基坑工程，城市生命线或对位移有特殊要求的精密仪器使用场所附近的基坑工程的特别保护要求。

2. 支护设计的审查

（1）支护设计应遵循的原则

建筑基坑的安全等级应根据《建筑地基基础工程施工质量验收标准》GB 50202 并结合《建筑基坑支护技术规程》JGJ 120 的有关规定确定。

基坑支护设计应考虑场地的工程地质与水文地质条件、基坑平面特征、周边环境、时空效应，对挡土、支护、防水、挖土、监测和信息化施工总体设计，安全等级为Ⅰ级的基坑工程宜采用动态设计法。

应满足边坡和支护结构的强度、稳定性和安全度的要求。

安全系数的选取与基坑的安全等级应相匹配。

若采用与主体地下结构相结合的基坑支护设计时，应当与主体结构工程设计相结合，依据工程建筑设计和结构设计文件资料进行设计，并考虑围护结构和主体结构基础沉降的适应性。

（2）荷载取值

计算土压力、水压力的有关参数指标取值应合理并有充分依据。

一般地面超载和影响区范围内的建筑物、构筑物荷载取值应真实可靠，并应考虑施工荷载以及临近施工的影响。

对于主体结构组成部分的支护结构，应考虑地震作用。

（3）基坑支护的设计验算

支护结构设计验算应从稳定、强度和变形三个方面满足规范要求。

基坑支护结构均应进行承载力极限状态的计算，计算内容包括：根据支护结构形式及其受力特点进行土体稳定性计算；基坑支护结构的承载能力计算和变形验算；当有锚杆或支撑时，应对其进行承载力计算和稳定性验算。

对于不同工况的基坑支护结构进行比较验算。

3. 排水降水设计的审查

（1）排水降水设计应遵循的原则

根据基坑开挖深度、土层分部及水文地质条件并满足支护结构设计要求及基坑周边建筑物、构筑物变形及环境影响要求，选择安全、经济、合理的排水降水方案。

（2）设计及验算

地下水参数的选取是否合理。

应进行降、排、止水的多方案比较分析，选定安全、经济、合理的满足基坑本身及周边环境要求的排水降水方案。

进行降水设计的基坑应估计基坑涌水量，并预测降水对邻近建筑的影响。降水井与回灌井的类型、布局、深度是否经济、合理，降水井的结构构造及施工方法是否符合相关技术、规范要求并与地方经验相适应。

对于基坑支护的截水设计，采用的止水帷幕类型、布局、长度、厚度，应根据具体情况确定，其结构构造应符合相关技术、规范及施工要求。

地下水的控制设计应进行抗渗稳定性验算和基坑底抗涌验算。

4. 土方开挖控制要求的审查

设计单位应针对本工程的特点明确基坑在围护结构施工及土方开挖阶段的具体要求，如提前降水时间，堆土区范围，泵车停靠位置，施工道路出土通道及土方开挖顺序要求等，以保证土方开挖与设计工况相适应，确保基坑在开挖过程中的安全稳定。

5. 监测方案和应急预案的审查

（1）对监测的要求。监测项目的选择应与基坑的安全等级及具体特点相适应，监测方法、监控值及报警值能够满足基坑本身及周边环境的要求。

（2）应急预案是否具有针对性、合理性。

6. 基坑围护设计计算书及图纸的审查

（1）基坑围护设计计算书

项目监理机构应重点审查基坑围护设计计算书的内容是否完整。各种工况下的计算书根据需要应包括：

① 基坑整体性、稳定性验算；

② 支护结构的强度和变形计算；

③ 锚、撑的承载力计算和稳定性验算；

④ 周边环境的变形验算；

⑤ 基底隆起、抗渗流稳定性验算；

⑥ 基坑突涌稳定性验算；

⑦ 根据支护结构要求进行的地下水位控制计算，包括基坑降水或围护墙的抗渗流稳定性验算。

（2）设计图纸和资料

基坑围护设计应提供下列图纸和资料，包括：

① 基坑围护设计总说明；

② 基坑周边环境图；

③ 基坑围护平面图，应做到在各种开挖深度范围内，支护形式明确，标高无误，标

识明确；

④ 支护剖面图，应能体现挖深、土性、支护结构变化，能体现支护结构与坑内被动区加固、止水帷幕、周边环境、土层分部间的关系；

⑤ 基坑支撑平面图、支撑节点详图、支撑与腰梁间的连接关系；

⑥ 降隔水系统、观测井、回灌井平面布置图、降水井、观测井、回灌井构造详图；

⑦ 监测点平面布置图；

⑧ 支撑体系内力图、配筋图等；

⑨ 其他需要表达的图样文件。

若基坑工程的支护设计和排水降水设计已通过设计质量审查部门审查，项目监理机构可不再对设计文件的技术内容进行审查，而应将审查重点放在送审过程的真实性、设计单位根据审查意见修改完善的情况和审查通过后的签字签章的真实性。同时进一步理解和掌握设计意图。

（三）基坑支护和降水排水施工方案的审查要点

1. 基坑支护和降水排水施工方案应符合设计要求。项目监理机构应审查核对施工技术措施和安全措施是否符合设计文件中提出的要求。

应根据基坑支护的具体类型，审查核对施工方案是否符合《建筑边坡工程技术规范》GB 50330 相应章节中的施工要求和《建筑基坑支护技术规程》JGJ 120 中的相关要求，还应核对该类型支护的专门技术规范的相关要求。当上述规范标准中有关要求有差异时，应按较为严格的规定执行；若不能区别其严格程度时，其优先顺序应为专门技术标准、《建筑基坑支护技术规程》《建筑边坡工程技术规范》。

按照《建筑深基坑工程施工安全技术规范》JGJ 311 的要求，在开挖深度超过 5m（含 5m）的深基坑工程施工前，应根据设计文件结合现场条件和周边环境保护要求、气候等情况编制支护结构施工方案。临水基坑施工方案应根据波浪、潮位等对施工的影响进行编制，并应符合防汛主管部门的相关规定。

2. 方案中应明确要求基坑支护结构施工应与降水、开挖相互协调，各工况和工序应符合设计要求。

3. 应考虑基坑支护结构施工与拆除对主体结构、邻近地下设施与周围建（构）筑物等的正常使用的影响，必要时应采取减少不利影响的措施。

4. 应安排在支护结构施工前进行试验性施工，并应评估施工工艺和各项参数对基坑及周边环境的影响程度；应根据试验结果调整参数、工法或反馈修改设计方案。

5. 施工现场道路布置、材料堆放、车辆行走路线等应符合设计荷载控制要求；当设置施工栈桥时，应按设计文件编制施工栈桥的施工、使用及保护方案。

6. 对可能产生相互影响的邻近工程进行桩基施工、基坑开挖、边坡工程、盾构顶进、爆破等施工作业，应确定合理的施工顺序和方法以及减少相互影响的措施。

（四）基坑开挖施工方案的审查要点

1. 项目监理机构应审查基坑开挖施工方案是否符合下列规定：

（1）当支护结构构件强度达到开挖阶段的设计强度时方可下挖基坑；对采用预应力锚杆的支护结构，应在锚杆施加预加力后方可下挖基坑；对土钉墙，应在土钉、喷射混凝土面层的养护时间大于 2d 后，方可下挖基坑；

（2）应按支护结构设计规定的施工顺序和开挖深度分层开挖；

（3）锚杆、土钉的施工作业面与锚杆、土钉的高差不宜大于 500mm；

（4）开挖时，挖土机械不得碰撞或损害锚杆、腰梁、土钉墙面、内支撑及其连接件等构件，不得损害已施工的基础桩；

（5）当基坑采用降水时，应在降水后开挖地下水位以下的土方；

（6）当开挖揭露的实际土层性状或地下水情况与设计依据的勘察资料明显不符，或出现异常现象、不明物体时应停止开挖，在采取相应处理措施后方可继续开挖；

（7）挖至坑底时，应避免扰动基底持力土层的原状结构。

2. 软土基坑开挖除应符合上述的规定外，尚应符合下列规定：

（1）应按分层、分段、对称、均衡、适时的原则开挖；

（2）当主体结构采用桩基础且基础桩已施工完成时，应根据开挖面下软土的性状，限制每层开挖厚度，不得造成基础桩偏位；

（3）对采用内支撑的支护结构，宜采用局部开槽方法浇筑混凝土支撑或安装钢支撑；开挖到支撑作业面后，应及时进行支撑的施工；

（4）对重力式水泥土墙，沿水泥土墙方向应分区段开挖，每一开挖区段的长度不宜大于 40m。

3. 当基坑开挖面上方的锚杆、土钉、支撑未达到设计要求时，严禁向下超挖土方。

4. 采用锚杆或支撑的支护结构，在未达到设计规定的拆除条件时，严禁拆除锚杆或支撑。

5. 基坑周边施工材料、设施或车辆荷载严禁超过设计规定的地面荷载限值。

6. 基坑开挖和支护结构使用期内，应按下列要求对基坑进行维护：

（1）雨期施工时，应在坑顶、坑底采取有效的截排水措施；对地势低洼的基坑，应考虑周边汇水区域地面径流向基坑汇水的影响；排水沟、集水井应采取防渗措施；

（2）基坑周边地面宜作硬化或防渗处理；

（3）基坑周边的施工用水应有排放措施，不得渗入土体内；

（4）当坑体渗水、积水或有渗流时，应及时进行疏导、排泄、截断水源；

（5）开挖至坑底后，应及时进行混凝土垫层和主体地下结构施工；

（6）主体地下结构施工时，结构外墙与基坑侧壁之间应及时回填。

7. 基坑工程变形监测数据超过报警值，或出现基坑、周边建（构）筑物、管线失稳破坏征兆时，应立即停止施工作业，撤离人员，并应根据危险产生的原因和可能进一步发展的破坏形式，采取控制或加固措施，危险消除后方可继续开挖。必要时应对危险部位采取基坑回填、地面卸土、临时支撑等应急措施。当危险由地下水管道渗漏、坑体渗水造成时，应及时采取截断渗漏水源、疏排渗水等措施。

（五）基坑监测方案的审查要点

项目监理机构应审查基坑监测方案是否符合下列规定：

1. 基坑支护设计应根据支护结构类型和地下水控制方法，按表 3-1 选择基坑监测项目，并应根据支护结构的具体形式、基坑周边环境的重要性及地质条件的复杂性确定监测点部位及数量。选用的监测项目及其监测部位应能反映支护结构的安全状态和基坑周边环境受影响的程度。

基坑检测项目的选择　　　　　　　　　　表 3-1

监测项目	支护结构的安全等级		
	一级	二级	三级
支护结构顶部水平位移	应测	应测	应测
基坑周边建（构）筑物、地下管线、道路沉降	应测	应测	应测
坑边地面下沉	应测	应测	宜测
支护结构深部水平位移	应测	应测	选测
锚杆拉力	应测	应测	选测
支撑轴力	应测	应测	选测
挡土构件内力	应测	宜测	选测
支撑立柱沉降	应测	宜测	选测
挡土构件、水泥土墙沉降	应测	宜测	选测
地下水位	应测	应测	选测
土压力	宜测	选测	选测
孔隙水压力	宜测	选测	选测

注：表内各监测项目中，仅选择实际基坑支护形式所含有的内容。

2. 安全等级为一级、二级的支护结构，在基坑开挖过程与支护结构使用期内，应进行支护结构的水平位移监测和基坑开挖影响范围内建（构）筑物、地面的沉降监测。

3. 支挡式结构顶部水平位移监测点的间距不宜大于20m，土钉墙、重力式挡墙顶部水平位移监测点的间距不宜大于15m，且基坑各边的监测点不应少于3个。基坑周边有建筑物的部位、基坑各边中部及地质条件较差的部位应设置监测点。

4. 基坑周边建筑物沉降监测点应设置在建筑物的结构墙、柱上，并应分别沿平行、垂直于坑边的方向上布设。在建筑物邻基坑一侧，平行于坑边方向上的测点间距不宜大于15m。垂直于坑边方向上的测点，宜设置在柱、隔墙与结构缝部位。垂直于坑边方向上的布点范围应能反映建筑物基础的沉降差。必要时，可在建筑物内部布设测点。

5. 地下管线沉降监测，当采用测量地面沉降的间接方法时，其测点应布设在管线正上方。当管线上方为刚性路面时，宜将测点设置于刚性路面下。对直埋的刚性管线，应在管线节点、竖井及其两侧等易破裂处设置测点。测点水平间距不宜大于20m。

6. 道路沉降监测点的间距不宜大于30m，且每条道路的监测点不应少于3个。必要时，沿道路宽度方向可布设多个测点。

7. 对坑边地面沉降、支护结构深部水平位移、锚杆拉力、支撑轴力、立柱沉降、挡土构件沉降、水泥土墙沉降、挡土构件内力、地下水位、土压力、孔隙水压力进行监测时，监测点应布设在邻近建筑物、基坑各边中部及地质条件较差的部位，监测点或监测面不宜少于3个。

8. 坑边地面沉降监测点应设置在支护结构外侧的土层表面或柔性地面上。与支护结构的水平距离宜在基坑深度的0.2倍范围以内。有条件时，宜沿坑边垂直方向在基坑深度的（1~2）倍范围内设置多个测点，每个监测面的测点不宜少于5个。

9. 采用测斜管监测支护结构深部水平位移时，对现浇混凝土挡土构件，测斜管应设置在挡土构件内，测斜管深度不应小于挡土构件的深度；对土钉墙、重力式挡墙，测斜管应设置在紧邻支护结构的土体内，测斜管深度不宜小于基坑深度的1.5倍。测斜管顶部应设置水平位移监测点。

10. 锚杆拉力监测宜采用测量锚杆杆体总拉力的锚头压力传感器。对多层锚杆支挡式结构，宜在同一剖面的每层锚杆上设置测点。

11. 支撑轴力监测点宜设置在主要支撑构件、受力复杂和影响支撑结构整体稳定性的支撑构件上。对多层支撑支挡式结构，宜在同一剖面的每层支撑上设置测点。

12. 挡土构件内力监测点应设置在最大弯矩截面处的纵向受拉钢筋上。当挡土构件采用沿竖向分段配置钢筋时，应在钢筋截面面积减小且弯矩较大部位的纵向受拉钢筋上设置测点。

13. 支撑立柱沉降监测点宜设置在基坑中部、支撑交汇处及地质条件较差的立柱上。

14. 当挡土构件下部为软弱持力土层或采用大倾角锚杆时，宜在挡土构件顶部设置沉降监测点。

15. 当监测地下水位下降对基坑周边建筑物、道路、地面等沉降的影响时，地下水位监测点应设置在降水井或截水帷幕外侧且宜尽量靠近被保护对象。基坑内地下水位的监测点可设置在基坑内或相邻降水井之间。当有回灌井时，地下水位监测点应设置在回灌井外侧。水位观测管的滤管应设置在所测含水层内。

16. 各类水平位移观测、沉降观测的基准点应设置在变形影响范围外，且基准点数量不应少于两个。

17. 基坑各监测项目采用的监测仪器的精度、分辨率及测量精度应能反映监测对象的实际状况。

18. 各监测项目应在基坑开挖前或测点安装后测得稳定的初始值，且次数不应少于两次。

19. 支护结构顶部水平位移的监测频次应符合下列要求：

（1）基坑向下开挖期间，监测不应少于每天一次，直至开挖停止后连续三天的监测数值稳定；

（2）当地面、支护结构或周边建筑物出现裂缝、沉降，遇到降雨、降雪、气温骤变，基坑出现异常的渗水或漏水，坑外地面荷载增加等各种环境条件变化或异常情况时，应立即进行连续监测，直至连续三天的监测数值稳定；

（3）当位移速率大于前次监测的位移速率时，则应进行连续监测；

（4）在监测数值稳定期间，应根据水平位移稳定值的大小及工程实际情况定期进行监测。

20. 支护结构顶部水平位移之外的其他监测项目，除应根据支护结构施工和基坑开挖情况进行定期监测外，尚应在出现下列情况时进行监测，直至连续三天的监测数值稳定。

（1）当地面、支护结构或周边建筑物出现裂缝、沉降，遇到降雨、降雪、气温骤变，基坑出现异常的渗水或漏水，坑外地面荷载增加等各种环境条件变化或异常情况，或位移速率大于前次监测的位移速率时；

（2）锚杆、土钉或挡土构件施工时，或降水井抽水等引起地下水位下降时，应进行相邻建筑物、地下管线、道路的沉降监测。

21. 对基坑监测有特殊要求时，各监测项目的测点布置、量测精度、监测频度等应根据实际情况确定。

22. 应制定对基坑监测的巡查方案，明确巡查及数据反馈的要求。

（六）应急预案的审核要点

基坑工程应急预案除满足应急救援的一般规定之外，应针对基坑施工的安全风险，明确基坑工程发生险情时采取的应急措施和启动应急响应的规定。

项目监理机构应审查基坑工程应急预案是否符合下列规定：

1. 基坑工程发生险情时，应采取下列应急措施：

（1）基坑变形超过报警值时，应调整分层、分段土方开挖等施工方案，并宜采取坑内回填反压后增加临时支撑、锚杆等；

（2）周围地表或建筑物变形速率急剧加大，基坑有失稳趋势时，宜采取卸载、局部或全部回填反压，待稳定后再进行加固处理；

（3）坑底隆起变形过大时，应采取坑内加载反压、调整分区、分步开挖、及时浇筑快硬混凝土垫层等措施；

（4）坑外地下水位下降速率过快引起周边建筑物与地下管线沉降速率超过警戒值，应调整抽水速度减缓地下水位下降速度或采用回灌措施；

（5）围护结构渗水、流土，可采用坑内引流、封堵或坑外快速注浆的方式进行堵漏；情况严重时应立即回填，再进行处理；

（6）开挖底面出现流砂、管涌时，应立即停止挖土施工，根据情况采取回填、降水法降低水头差、设置反滤层封堵流土点等方式进行处理。

2. 基坑工程施工引起邻近建筑物开裂及倾斜事故时，应根据具体情况采取下列处置措施：

（1）立即停止基坑开挖，回填反压；

（2）增设锚杆或支撑；

（3）采取回灌、降水等措施调整降深；

（4）在建筑物基础周围采用注浆加固土体；

（5）制定建筑物的纠偏方案并组织实施；

（6）情况紧急时应及时疏散人员。

3. 基坑工程引起邻近地下管线破裂，应采取下列应急措施：

（1）立即关闭危险管道阀门，采取措施防止产生火灾、爆炸、冲刷、渗流破坏等安全事故；

（2）停止基坑开挖，回填反压、基坑侧壁卸载；

（3）及时加固、修复或更换破裂管线。

4. 基坑工程变形监测数据超过报警值，或出现基坑、周边建（构）筑物、管线失稳破坏征兆时，应立即停止施工作业，撤离人员，待险情排除后方可恢复施工。

5. 应急响应程序：应根据应急预案采取抢险准备、信息报告、应急启动和应急终止四个程序统一执行。

6. 应急响应前的抢险准备，应包括下列内容：

（1）应急响应需要的人员、设备、物资准备；

（2）增加基坑变形监测手段与频次的措施；

（3）储备截水堵漏的必要器材；

（4）清理应急通道。

7. 当基坑工程发生险情时应立即启动应急响应，并向有关部门报告以下信息：

（1）险情发生的时间、地点；

（2）险情的基本情况及抢救措施；

（3）险情的伤亡及抢救情况。

8. 基坑工程施工与使用中，应针对下列情况启动安全应急响应：

（1）基坑支护结构水平位移或周围建（构）筑物、周边道路（地面）出现裂缝、沉降、地下管线不均匀沉降或支护结构构件内力等指标超过限值时；

（2）建筑物裂缝超过限值或土体分层竖向位移或地表裂缝宽度突然超过报警值时；

（3）施工过程出现大量涌水、涌砂时；

（4）基坑底部隆起变形超过报警值时；

（5）基坑施工过程遭遇大雨或暴雨天气，出现大量积水时；

（6）基坑降水设备发生突发性停电或设备损坏造成地下水位升高时；

（7）基坑施工过程因各种原因导致人身伤亡事故出现时；

（8）遭受自然灾害、事故或其他突发事件影响的基坑；

（9）其他有特殊情况可能影响安全的基坑。

9. 应急终止应满足下列要求：

（1）引起事故的危险源已经消除或险情得到有效控制；

（2）应急救援行动已完全转化为社会公共救援；

（3）局面已无法控制和挽救，场内相关人员已全部撤离；

（4）应急总指挥根据事故的发展状态认为应终止；

（5）事故已经在上级主管部门结案。

（七）其他方面的安全风险防范

基坑施工过程仍然存在与其他分部分项工程施工相同的安全风险，如高处坠落、物体打击、机械伤害、窒息中毒、触电等，在专项施工方案中应有防范这些风险的措施。项目监理机构也应进行审查，确保相关措施符合工程建设强制性标准。

第五节　模板工程及支撑体系专项施工方案的审查

模板是指由面板、支架和连接件三部分系统组成的现浇混凝土工程模板体系。模板工程及支撑体系包括模板的制作、组装、运用及拆除全过程。模板工程及支撑体系对钢筋混凝土结构的质量和施工安全的影响较大，据有关部门的不完全统计，由模板工程及支撑体系引发的安全事故占混凝土工程施工过程中安全事故的70％以上，高大模板支撑体系坍塌事故时有发生，造成群死群伤的严重后果。项目监理机构和总监理工程师应高度重视模板工程及支撑体系的安全生产管理的监理工作，认真履行监理职责。

一、模板工程及支撑体系施工的特点

模板种类按照形状分为平面模板和曲面模板；按照材料分为木模板、钢模板、钢木组合模板、铝合金模板、塑料模板，砖砌模板等；按照结构和使用特点分为拆移式和固定式两种；按其特种功能有滑动模板、保温模板等。危险性较大的高大模板工程在施工的主要特点如下：

（一）材料种类多，供应环节复杂，质量难以保证

模板工程及支撑体系所使用材料种类繁多，特别是支撑体系的种类及所使用的架料多种多样，供应环节复杂，有施工单位自有的，也有租赁的，各类材料可能存在质量缺陷。特别是周转使用的材料，前期使用过程也可能致使材料受到一些损伤。材料存在的质量缺陷可能给模板工程及支撑体系带来安全隐患。

（二）科学的设计计算是保证模板工程及支撑体系的重要基础

由于模板及支撑体系在建设工程施工中经常使用，很多现场操作人员和管理人员具有丰富的经验。但不同的工程项目及不同的施工部位，其模板及支撑体系的几何尺寸、荷载及工作条件并不相同，仅凭经验进行搭设往往存在较大的安全隐患。为确保模板工程及支撑体系安全，必须制定施工方案并经过科学的设计计算，在设计计算过程中需要考虑模板的各种工况，采用正确的荷载值、材料的性能指标、计算方法和构造设计，才能为模板工程及支撑体系的安全提供坚实的基础。

（三）搭设和拆除操作人员的技能和素质，是影响安全的重要因素

由于操作技能对于模板支撑体系的搭设和拆除的施工安全影响极大，因此搭设和拆除的操作人员属于特种作业人员，必须持操作证书上岗。

搭设和拆除操作人员的技能和工作责任心，严重影响模板支撑体系的搭设质量。由于对于搭设质量检验手段的局限性，一些不易发现的质量缺陷将形成安全隐患。

搭设和拆除操作人员的个人安全防护，尤其是安全带的使用，往往是安全生产管理的薄弱环节。

对操作人员的安全生产教育和安全技术交底尤为重要。

（四）混凝土浇筑施工过程影响模板支撑体系的安全

模板工程及支撑系统的安全，不仅取决于本身的施工质量和搭设及拆除过程中的安全管理，而且受混凝土浇筑施工的影响很大。模板及支撑系统所承受的主要荷载是混凝土浇筑时的施工荷载。混凝土拌合料的堆放，混凝土的浇筑顺序，混凝土输送、浇筑和振捣所产生的振动，都有可能对支撑系统的稳定和承载能力产生影响。

（五）模板和支撑系统的拆除作业存在较大安全风险

模板及支撑体系需要安全拆除。所浇筑的混凝土强度达到要求，是模板拆除的先决条件。影响混凝土强度增长与混凝土材料性能、浇筑施工质量、浇筑后的养护及环境等因素有关。应明确模板拆除条件，并采取管理措施，谨慎控制拆模施工操作。

模板及支撑体系拆除作业具有一定的安全风险，操作人员应严格按照操作规程进行操作，避免野蛮操作带来的危害。

操作人员应做好个人防护，确保自身安全。

应按规定设置警戒区并安排专人监护，控制拆模作业环境，避免其他人员受到伤害。

二、模板工程及支撑体系专项施工方案的主要内容

（一）模板工程及支撑体系专项施工方案的编审规定

《住房城乡建设部办公厅关于实施〈危险性较大的分部分项工程安全管理规定〉有关问

题的通知》中，明确规定了模板工程及支撑体系中属于危险性较大的分部分项工程的范围。

对于各类工具式模板工程：包括滑模、爬模、飞模、隧道模等工程；混凝土模板支撑工程：搭设高度 5m 及以上，或搭设跨度 10m 及以上，或施工总荷载（荷载效应基本组合的设计值，以下简称设计值）10kN/m² 及以上，或集中线荷载（设计值）15kN/m 及以上，或高度大于支撑水平投影宽度且相对独立无联系构件的混凝土模板支撑工程；承重支撑体系：用于钢结构安装等满堂结构支撑体系，属于危大工程，项目监理机构应督促施工单位应在模板工程及支撑体系施工前编制专项施工方案，并应在工程施工前对该专项施工方案进行审查。

对于各类工具式模板工程：包括滑模、爬模、飞模、隧道模等工程；混凝土模板支撑工程：搭设高度 8m 及以上，或搭设跨度 18m 及以上，或施工总荷载（设计值）15kN/m² 及以上，或集中线荷载（设计值）20kN/m 及以上；承重支撑体系：用于钢结构安装等满堂支撑体系承受单点集中荷载 7kN 及以上，属于超过一定规模的危大工程。项目监理机构应督促施工单位根据安装、使用及拆除过程的危险源分析结果编制模板工程及支撑体系施工安全专项方案，并组织召开专家论证会对专项施工方案进行论证。项目监理机构应在专家论证前对方案进行审查。若专家论证意见为"修改后通过"，应审查施工单位按专家论证意见修改后的专项施工方案。

（二）模板工程及支撑体系专项施工方案的主要内容

1. 工程概况

包括：高大模板工程特点、施工平面及立面布置、施工要求和技术保证条件，具体明确支模区域、支模标高、浇筑的混凝土构件的几何尺寸、支撑的地基情况等。

2. 编制依据

相关法律、法规、规范性文件、标准、规范及图纸（国标图集）、施工组织设计等。特别应列明与本模板工程施工有关的规范、标准。

3. 施工计划

应包括施工进度计划、材料与设备计划等。

4. 施工工艺技术

高大模板支撑系统的基础处理、主要搭设方法、工艺要求、材料的力学性能指标、构造设计等。

5. 施工安全保证措施

模板支撑体系搭设及混凝土浇筑区域管理、人员组织机构，施工技术措施、模板安装和拆除的安全技术措施，在搭设、钢筋安装、混凝土浇捣过程中及混凝土终凝前后支撑体系位移的监测监控措施等。

6. 施工管理及作业人员配备和分工

包括专职安全生产管理人员、特种作业人员的配置等。

7. 验收要求

高大模板工程验收分为支架体系验收、模板验收、混凝土浇筑施工防护设施验收和拆模验收。均应明确验收标准、验收程序、验收内容、验收人员等。

8. 应急处置措施

应根据可能出现模板体系坍塌、高处坠落、物体打击、机械伤害、触电等事故风险，分别制定应急预案和应急预案的交底、演练措施。

9. 计算书及相关施工图纸

验算项目及计算内容包括模板、模板支撑系统的主要结构强度和截面特征及各项荷载设计值及荷载组合，梁、板模板支撑系统的强度和刚度计算，梁板下立杆稳定性计算，立杆基础承载力验算，支撑系统支撑层承载力验算，转换层下支撑层承载力验算等。每项计算列出计算简图和截面构造大样图，注明材料尺寸、规格、纵横支撑间距。

附图包括支模区域立杆、纵横水平杆平面布置图，支撑系统立面图、剖面图，水平剪刀撑布置平面图及竖向剪刀撑布置投影图，梁板支模大样图，支撑体系监测平面布置图及连墙件布置及节点大样图等。

三、审查模板工程及支撑体系专项施工方案的准备工作

对施工单位报审的模板工程及支撑体系专项施工方案进行审查，项目监理机构应掌握以下与该模板工程及支撑体系的有关情况。

（一）混凝土工程的基本情况

通过阅读施工图了解混凝土结构的基本情况，包括标高、层高、跨度、梁板柱的几何尺寸、主要节点构造以及混凝土强度等级等。

通过阅读施工组织设计或调查了解混凝土浇筑施工工艺和技术措施。

（二）模板工程材料

主要是模板和支撑体系架设材料的规格和性能。

（三）模板工程的环境条件

包括支架地基或支撑结构的基本情况（主要是承载能力），施工期间的气候气象条件等。

（四）与该模板工程施工有关的国家标准和行业标准，如：

《混凝土结构工程施工质量验收规范》GB 50204

《建筑施工脚手架安全技术统一标准》GB 51210

《建筑施工模板安全技术规范》JGJ 162

《建筑施工扣件式钢管脚手架安全技术规范》JGJ 130

《建筑施工碗扣式钢管脚手架安全技术规范》JGJ 166

《建筑施工承插型盘扣式钢管脚手架安全技术规程》JGJ 231

《建筑施工门式钢管脚手架安全技术标准》JGJ/T 128

《建筑施工模板和脚手架试验标准》JGJ/T 414

《建筑工程大模板技术标准》JGJ/T 74

《建筑施工高处作业安全技术规范》JGJ 80 等。

若该工程为滑模、爬模、飞模、隧道模等工具式模板，总监理工程师应组织项目监理机构有关人员学习相关的技术标准、安全技术规范。

（五）该工程施工单位的基本情况

包括工程项目施工承包合同结构体系、施工承包单位及模板及支撑体系分包单位的工程经验和技术、管理能力。

四、模板工程及支撑体系专项施工方案的审查要点

项目监理机构对施工单位报审的模板工程及支撑体系专项施工方案的审查，应按照本章第一节所述的审查基本要求，对报审材料的真实性、针对性、时效性、和专项施工方案内容的完整性以及编审程序进行审查。还应该审查以下内容：

（一）工程概况

对工程概况的描述是否真实、全面。对混凝土结构的标高、跨度和各部分几何尺寸的描述是否正确；对混凝土浇筑施工工艺和施工条件的描述是否正确和全面；对模板体系架设及使用的环境条件是否进行了分析。

（二）编制依据

所依据的技术标准是否是现行有效的版本，是否涵盖专项方案的全部内容。

所依据的施工图设计文件是否完整、正确，特别是所浇筑的混凝土构件的定型、定位尺寸是否准确无误。需要注意核对图纸会审纪要、设计交底文件和设计变更文件中的有关内容。

（三）施工进度计划安排

工期是否能保证施工安全，季节性的气候条件、特定的自然和社会环境条件是否对模板体系的安全具有不利影响。材料供应计划中对搭设模板体系的各类材料品种、规格、型号和主要性能指标是否有明确要求，是否符合相关技术标准规范要求且能够满足模板体系在搭设、使用和拆除过程中的安全要求。

（四）模板工程及支撑体系施工工艺

1. 竖向模板和支架立柱支承部分安装在基土上时，专项施工方案应结合实际明确加设垫板的材料、尺寸和支承面积，并要求垫板中心承载及基土坚实，如为填土应要求分层夯实，要制定排水措施。对湿陷性黄土应有防水措施，对冻胀性土应采取防冻融措施。对重要结构工程应采用混凝土、打桩等措施防止支架柱下沉。

2. 专项施工方案应明确模板及其支架在安装过程中设置防倾覆的临时固定设施。当支架立柱成一定角度倾斜或其支架立柱的顶表面倾斜时，专项施工方案应采取可靠措施确保支点稳定和底脚的抗滑移能力。

3. 模板结构构件的长细比应符合下列规定：

（1）受压构件长细比：支架立柱及桁架不应大于150；拉条、缀条、斜撑等联系构件不应大于200；

（2）受拉构件长细比：钢杆件不应大于350；木杆件不应大于250。

4. 支撑梁、板的支架立柱安装构造应符合下列规定：

（1）梁和板的立柱，纵横向间距应相等或成倍数。

（2）木立柱底部应设垫木，顶部应设支撑头。钢管立柱底部应设垫木和底座，顶部应设可调支托，U形支托与楞梁两侧间如有间隙应楔紧，其螺杆伸出钢管顶部不得大于200mm，螺杆外径与立柱钢管内径的间隙不得大于3mm，安装时应保证上下同心。

（3）在立柱底距地面200mm高处，沿纵横水平方向应按纵下横上的方式设扫地杆。

可调支托底部的立柱顶端应沿纵横向设置一道水平拉杆。扫地杆与顶部水平拉杆之间的间距，在满足模板设计所确定的水平拉杆步距要求条件下，进行平均分配确定步距后，在每一步距处纵横向应各设一道水平拉杆。当层高在 8～20m 时，在最顶步距两水平拉杆中间应加设一道水平拉杆；当层高大于 20m 时，在最顶两步距水平拉杆中间应分别增加一道水平拉杆。所有水平拉杆的端部均应与四周建筑物顶紧顶牢。无处可顶时，应于水平拉杆端部和中部沿竖向设置连续式剪刀撑。

（4）木立柱的扫地杆、水平拉杆、剪刀撑应采用 40mm×50mm 木条或 25mm×80mm 的木板条与木立柱钉牢。钢管立柱的扫地杆、水平拉杆、剪刀撑应采用合格钢管，用扣件与钢管立柱扣牢。木扫地杆、水平拉杆、剪刀撑应采用搭接，并应用铁钉钉牢。钢管扫地杆、水平拉杆应采用对接，剪刀撑应采用搭接，搭接长度不得小于 500mm，用两个旋转扣件分别在离杆端不小于 100mm 处进行固定。

5. 当采用扣件式钢管作立柱支撑时，其安装构造应符合下列规定：

（1）钢管规格、间距、扣件应符合设计要求。每根立柱底部应设置底座及垫板，垫板厚度不得小于 50mm。

（2）钢管支架立柱间距、扫地杆、水平拉杆、剪刀撑的设置应符合前述规定。当立柱底部不在同一高度时，高处的纵向扫地杆应向低处延长不少于两跨，高低差不得大于 1m，立柱距边坡上方边缘不得小于 0.5m。

（3）立柱接长严禁搭接，必须采用对接扣件连接，相邻两立柱的对接接头不得在同步内，且对接接头沿竖向错开的距离不宜小于 500mm，各接头中心距主节点不宜大于步距 1/3。

（4）严禁将上段的钢管立柱与下段钢管立柱错开固定于水平拉杆上。

（5）满堂模板和共享空间模板支架立柱，在外侧周圈应设由下至上的竖向连续式剪刀撑；中间在纵横向应每隔 10m 左右设由下至上的竖向连续式剪刀撑，其宽度宜为 4～6m，并在剪刀撑部位的顶部、扫地杆处设置水平剪刀撑（图 3-1）。剪刀撑杆件的底端应与地面顶紧，夹角宜为 45°～60°。当建筑层高在 8～20m 时，除应满足上述规定外，还应在纵横向相邻的两竖向连续式剪刀撑之间增加之字斜撑，在有水平剪刀撑的部位，应在每个剪刀撑中间处增加一道水平剪刀撑（图 3-2）。当建筑层高超过 20m 时，在满足以上规定的基础上，应将所有之字斜撑全部改为连续式剪刀撑（图 3-3）。

（6）当支架立柱高度超过 5m 时，应在立柱周圈外侧和中间有结构柱的部位，按水平间距 6～9m，竖向间距 2～3m 与建筑结构设置一个固结点。

（7）当仅为单排立柱时，应于单排立柱的两边每隔 3m 加设斜支撑，且每边不得少于两根，斜支撑与地面的夹角应为 60°。

6. 当采用碗扣式钢管脚手架作立柱支撑时，其安装构造应符合下列规定：

（1）立杆应采用长 1.8m 和 3.0m 的立杆错开布置，严禁将接头布置在同一水平高度。

（2）立杆底座应采用大钉固定于垫木上。

（3）立杆立一层，即将斜撑对称安装牢固，不得漏加，也不得随意拆除。

（4）横向水平杆应双向设置，间距不得超过 1.8m。

（5）当支架立柱高度超过 5m 时，应在立柱周圈外侧和中间有结构柱的部位，按水平间距 6～9m，竖向间距 2～3m 与建筑结构设置一个固结点。

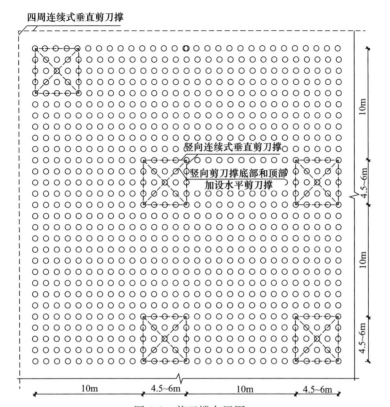

图 3-1　剪刀撑布置图一

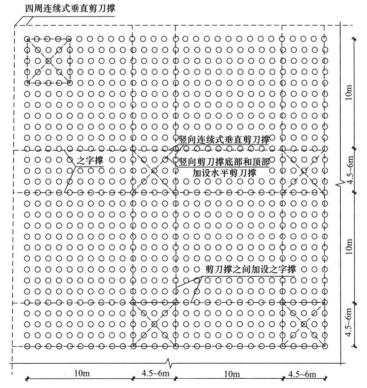

图 3-2　剪刀撑布置图二

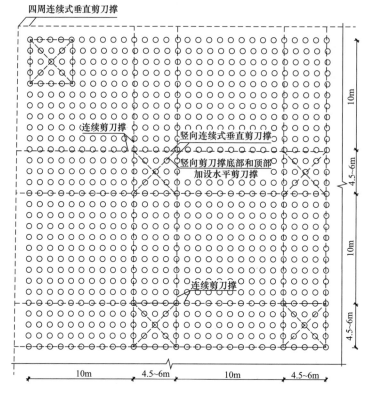

图 3-3　剪刀撑布置图三

7. 当采用标准门架作支撑时，其安装构造应符合下列规定：

（1）门架的跨距和间距应按设计规定布置，间距宜小于 1.2m；支撑架底部垫木上应设固定底座或可调底座。门架、调节架及可调底座，其高度应按其支撑的高度确定。

（2）门架支撑可沿梁轴线垂直和平行布置。当垂直布置时，在两门架间的两侧应设置交叉支撑；当平行布置时，在两门架间的两侧亦应设置交叉支撑，交叉支撑应与立杆上的锁销锁牢，上下门架的组装连接必须设置连接棒及锁臂。

（3）当门架支撑宽度为 4 跨及以上或 5 个间距及以上时，应在周边底层、顶层、中间每 5 列、5 排于每门架立杆跟部设 Φ48mm×3.5mm 通长水平加固杆，并应采用扣件与门架立杆扣牢。

（4）门架支撑高度超过 8m 时，应按第 5 条扣件式钢管做立柱的规定设置剪刀撑、斜撑，剪刀撑不应大于 4 个间距，并应采用扣件与门架立杆扣牢。

（5）顶部操作层应采用挂扣式脚手板满铺。

8. 悬挑结构立柱支撑的安装应符合下列要求：

（1）多层悬挑结构模板的上下立柱应保持在同一条垂直线上。

（2）多层悬挑结构模板的立柱应连续支撑，并不得少于 3 层。

9. 扣件式、碗扣式和门式钢管脚手架作为模板支撑架体时，除上述构造要求外，尚应分别满足《建筑施工扣件式钢管脚手架安全技术规范》JGJ 130、《建筑施工碗扣式钢管脚手架安全技术规范》JGJ 166 和《建筑施工门式钢管脚手架安全技术标准》JGJ/T 128 的相关要求。

10. 基础及地下工程模板应符合下列规定：

（1）地面以下支模应先检查土壁稳定情况，当有裂纹及塌方危险迹象时，应采取安全防范措施后方可作业。当深度超过 2m 时，操作人员应设梯上下；

（2）距基槽（坑）上口边缘 1m 内不得堆放模板。向基槽（坑）内运料应使用起重机、溜槽或绳索；运下的模板严禁立放于基槽（坑）土壁上；

（3）斜支撑与侧模的夹角不应小于 45°，支于土壁的斜支撑应加设垫板，底部的对角楔木应与斜支撑连牢。高大长脖基础若采用分层支模时，其下层模板应经就位校正并支撑稳固后，方可进行上一层模板的安装；

（4）在有斜支撑的位置，应于两侧模间采用水平撑连成整体。

11. 柱模板应符合下列规定：

（1）现场拼装柱模时，应适时地按设临时支撑进行固定，斜撑与地面的倾角宜为 60°，严禁将大片模板系于柱子钢筋上；

（2）待四片柱模就位组拼经对角线校正无误后，应立即自下而上安装柱箍；

（3）若为整体预组合柱模，吊装时应采用卡环和柱模连接，不得用钢筋钩代替；

（4）柱模校正（用四根斜支撑或用连接在柱模顶四角带花篮螺丝的揽风绳，底端与楼板钢筋拉环固定进行校正）后，应采用斜撑或水平撑进行四周支撑，以确保整体稳定；

（5）当高度超过 4m 时，应群体或成列同时支模，并应将支撑连成一体形成整体框架体系。当需单根支模时，柱宽大于 500mm 应每边在同一标高上设不得少于两根斜撑或水平撑。斜撑与地面的夹角宜为 45°～60°，下端尚应有防滑移的措施；

（6）角柱模板的支撑除满足上款要求外，还应在里侧设置能承受拉、压力的斜撑。

12. 墙模板应符合下列规定：

（1）当用散拼定型模板支模时，应自下而上进行，应在下一层模板全部紧固后方可进行上一层安装。当下层不能独立安设支撑件时，应采取临时固定措施；

（2）当采用预拼装的大块墙模板进行支模安装时，严禁同时起吊两块模板，并应边就位、边校正、边连接，固定后方可摘钩；

（3）安装电梯井内墙模前，应于板底下 200mm 处牢固地满铺一层脚手板；

（4）模板未安装对拉螺栓前，板面应向后倾一定角度。安装过程应随时拆换支撑或增加支撑；

（5）当钢楞长度需接长时，接头处应增加相同数量和不小于原规格的钢楞，其搭接长度不得小于墙模板宽或高的 15%～20%；

（6）拼接时的 U 形卡应正反交替安装，间距不得大于 300mm；两块模板对接接缝处的 U 形卡应满装；

（7）对拉螺栓与墙模板应垂直，松紧应一致，墙厚尺寸应正确；

（8）墙模板内外支撑必须坚固、可靠，应确保模板的整体稳定。当墙模板外面无法设置支撑时，应于里面设置能承受拉和压的支撑。多排并列且间距不大的墙模板其支撑互成一体时，应有防止浇筑混凝土时引起临近模板变形的措施。

13. 独立梁和整体楼盖梁结构模板应符合下列规定：

（1）安装独立梁模板时应设安全操作平台，并严禁操作人员站在独立梁底模或柱模支架上操作及上下通行；

（2）底模与横楞应拉结好，横楞与支架、立柱应连接牢固；

（3）安装梁侧模时应边安装边与底模连接，当侧模高度多于两块时，应采取临时固定措施；

（4）起拱应在侧模内外楞连固前进行；

（5）单片预组合梁模，钢楞与板面的拉结应按设计规定制作，并应按设计吊点试吊无误后方可正式吊运安装，侧模与支架支撑稳定后方准摘钩。

14. 楼板或平台板模板应符合下列规定：

（1）当预组合模板采用桁架支模时，桁架与支点的连接应固定牢靠，桁架支承应采用平直通长的型钢或木方；

（2）当预组合模板块较大时，应加钢楞后方可吊运。当组合模板为错缝拼配时，板下横楞应均匀布置，并应在模板端穿插销；

（3）单块模就位安装应待支架搭设稳固、板下横楞与支架连接牢固后进行；

（4）U形卡应按设计规定安装。

15. 其他结构模板应符合下列规定：

（1）安装圈梁、阳台、雨篷及挑檐等模板时，其支撑应独立设置，不得支搭在施工脚手架上；

（2）安装悬挑结构模板时，应搭设脚手架或悬挑工作台，并应设置防护栏杆和安全网。作业处的下方不得有人通行或停留；

（3）烟囱、水塔及其他高大构筑物的模板，应编制专项施工设计和安全技术措施，并应向操作人员进行交底后方可安装。

（五）施工安全保证措施

项目监理机构应审查模板工程与支撑体系的施工安全保护措施是否符合以下要求：

1. 模板及配件进场应有出厂合格证或当年的检验报告，安装前应对所用部件（立柱、楞梁、吊环、扣件等）进行认真检查，不符合要求者不得使用。

2. 在安装、拆除作业前，工程技术人员应以书面形式向作业班组进行施工操作的安全技术交底，作业班组应对照书面交底进行上下班的自检和互检。

3. 应制定在施工过程中对立柱底部基土回填夯实的状况，垫木，底座位置，顶托螺杆伸出长度，立杆的规格尺寸和垂直度，扫地杆、水平拉杆、剪刀撑等的设置，以及安全网和各种安全设施进行检查的计划安排，明确检查要求。

4. 在高处安装和拆除模板时，周围应设安全网或搭脚手架，并应加设防护栏杆。在临街面及交通要道地区尚应设警示牌，派专人看管。

5. 应明确要求脚手架或操作平台上的施工总荷载不得超过其设计值。对模板和配件的堆放、连接件的搁置做出明确的要求。

6. 对负荷面积大和高 4m 以上的支架立柱采用扣件式钢管、门式和碗扣式钢管脚手架时，除应有合格证外，对所用扣件应用扭矩扳手进行抽检，达到合格后方可使用。

7. 多人共同操作或扛抬组合钢模板时，应要求密切配合、协调一致、互相呼应。

8. 施工用的临时照明和行灯的电压不得超过 36V；若为满堂模板、钢支架及特别潮湿的环境时，不得超过 12V。照明行灯及机电设备的移动线路应采用绝缘橡胶套电缆线。

9. 有关避雷、防触电和架空输电线路的安全距离应遵守国家现行标准《施工现场临时用电安全技术规范》JGJ 46 的有关规定。施工用的临时照明和动力线应用绝缘线和绝缘电缆线，且不得直接固定在钢模板上。夜间施工时，应有足够的照明，并应制定夜间施工的安全措施。施工用临时照明和机电设备线严禁非电工乱拉乱接。寒冷地区冬期施工用钢模板时，若采用电热法加热混凝土应采取防触电措施。

10. 安装高度在 2m 及其以上时，应遵守国家现行标准《建筑施工高处作业安全技术规范》JGJ 80 的有关规定。

11. 模板安装时上下应有人接应，随装随运，严禁抛掷，且不得将模板支搭在门窗框上，也不得将脚手板支搭在模板上，并严禁将模板与上料井架及有车辆运行的脚手架或操作平台支成一体。

12. 支模过程中如遇中途停歇，应将已就位模板或支架连接稳固，不得浮搁或悬空。拆模中途停歇时，应将已松扣或已拆松的模板、支架等拆下运走，防止构件坠落或作业人员扶空坠落伤人。

13. 严禁人员攀登模板、斜撑杆、拉条或绳索等，也不得在高处的墙顶、独立梁或在其模板上行走。

14. 在大风地区或大风季节施工时，模板应有抗风的临时加固措施。

15. 当钢模板高度超过 15m 时，应安设避雷设施，避雷设施的接地电阻不得大于 4Ω。

16. 若遇恶劣天气，如大雨、大雾、沙尘、大雪及六级以上大风时，应停止露天高处作业。五级及以上风力时，应停止高空吊运作业。雨雪停止后，应及时清除模板和地面上的冰雪及积水。

17. 按要求布置支撑体系变形监测点及监测设施，按规定进行变形监测，一旦变形值达到报警值，立即按预案采取相应措施，确保施工安全。

18. 使用后的木模板应拔除铁钉，分类进库，堆放整齐。

19. 安装和拆除模板时，操作人员应佩戴安全帽、系安全带、穿防滑鞋。安全帽和安全带应定期检查，不合格者严禁使用。

（六）施工管理及作业人员配备和分工

专项施工方案应明确配置足额的专职安全生产管理人员，明确其岗位职责和在模板工程施工阶段的工作任务。设专人负责安全检查，发现问题应报告项目部安全生产负责人或项目经理及时处理。明确规定当发生险情时应立即停工和采取应急措施，待修复或排除险情后方可继续施工。

支架体系架设人员属于特种作业人员（架子工），施工方案应明确持特种作业操作证书上岗的架子工数量。

（七）验收要求

专项施工方案应明确下列验收环节的验收标准、验收内容和要求以及验收程序。

1. 模板架料进场验收

用于模板工程的架料和模板材料进场时应经过验收，施工单位自检合格后应向项目监理机构报验。应依据《建筑施工脚手架安全技术统一标准》GB 51210、《建筑施工模板安全技术规范》JGJ 162 等标准的相关规定进行验收。未经项目监理机构审查签认的模板架料，不得用于工程施工。

2. 模板工程作为钢筋混凝土结构工程的一个分项工程，按照《混凝土结构工程施工质量验收规范》GB 50204 第 4 章的有关规定进行验收，并应在支架部分检验合格后方进行模板的安装。

3. 高处作业、临边作业和洞口防护设施安装完毕，施工单位应在自检合格的基础上向项目监理机构报验。

4. 模板及支架拆除应符合现行国家标准《混凝土结构工程施工规范》GB 50666 的规定，应在混凝土结构强度满足要求的条件下，报请项目监理机构审核。

（八）应急处置措施

项目监理机构应重点审核施工单位是否编制应急处置措施；应急措施是否全面覆盖了模板工程施工过程中模板支撑系统坍塌、模板堆放倾翻、模板配件坠落引起的物体打击、操作人员高处坠落等安全事故风险；是否有交底安排和定期演练计划。

（九）计算书及相关施工图纸

模板工程支撑体系施工方案的计算书及施工图应符合下列规定。

1. 模板设计内容应完整，通常应包括下列内容：

（1）根据混凝土的施工工艺和季节性施工措施，确定其构造和所承受的荷载；

（2）绘制配板设计图、支撑设计布置图、细部构造和异型模板大样图；

（3）按模板承受荷载的最不利组合对模板进行验算；

（4）制定模板安装及拆除的程序和方法；

（5）编制模板及配件的规格、数量汇总表和周转使用计划；

（6）编制模板施工安全、防火技术措施及设计、施工说明书。

2. 对于计算书的审核，应将重点放在以下五个方面：

（1）应依据《建筑施工模板安全技术规范》JGJ 162 第 5 章的规定，完成模板、模板支撑系统的主要结构强度和截面特征及各项荷载设计值及荷载组合；梁、板模板支撑系统的强度和刚度计算；梁板下立杆稳定性计算；立杆基础承载力验算；支撑系统支撑层承载力验算；转换层下支撑层承载力验算等。每项计算列出计算简图和截面构造大样图，注明材料尺寸、规格、纵横支撑间距。

（2）模板结构上的各类荷载取值及其组合、模板及支架的最大变形限值均应符合《建筑施工模板安全技术规范》JGJ 162 第 4 章的规定。

（3）各类材料的力学性能指标应按《建筑施工模板安全技术规范》JGJ 162 附录 B 取值。

（4）各类材料的截面几何参数应考虑工程使用材料的实际情况。如当前市场上供应的钢管壁厚与规范要求的壁厚往往有很大的负偏差，验算所使用的截面积和尺寸应符合实际。

（5）如采用计算机辅助设计，应使用经过住房和城乡建设部鉴定过的施工安全设施计算软件。

3. 应认真审查相关施工图纸，核对立杆、纵横水平杆平面布置图，支撑系统立面图、剖面图，水平剪刀撑布置平面图及竖向剪刀撑布置投影图，梁板支模大样图，支撑体系监测平面布置图及连墙件布置及节点大样图等。如发现有错漏，应要求施工单位整改后重新报审。

第六节　起重吊装工程专项施工方案的审查

起重吊装作业是指使用桥式起重机、门式起重机、塔式起重机、移动式起重机、升降机、轻小型起吊设备等，将建筑结构构件或设备提升或移动至设计指定位置和标高，并按要求安装固定的施工过程。在起重吊装作业（包括吊运、安装、检修、试验）中，重物（包括吊具、吊重或吊臂）坠落、夹挤、物体打击、起重机倾翻、触电等事故时有发生，造成重大的人员伤亡或财产损失。根据不完全统计，在事故多发的特殊工种作业中，起重作业事故的占比较高，事故后果严重。项目监理机构应高度重视起重吊装工程的安全生产管理的监理工作，认真履行监理职责。

一、起重吊装工程施工的特点

起重吊装作业是建筑施工中专业性强、危险性大的一项施工作业。起重吊装工程施工具有以下特点：

（一）起重吊装施工机械种类多，且多为大型机械，运行范围和活动空间较大。机械本身的缺陷造成安全隐患的几率大。由于当前起重吊装机械多为租赁，施工单位的机械管理往往难以到位。

（二）起重吊装的重物品种多，几何尺寸和重量差异很大，施工过程中吊装重物的平衡和起重吊装机械的平衡不仅涉及力学计算，也与机械性能和操作人员、管理人员的知识、技能和经验紧密相关。因此，起重吊装施工方案的编制、审批非常重要，起重吊装机械操作人员、司索工、信号工均应具备相应技能并经过专门培训，取得特种作业操作证。

（三）起重吊装施工过程中，暴露的、活动的零部件很多，常与吊装作业人员直接接触，存在潜在的偶发安全风险。某些机具（吊钩、钢丝绳等）属于易损件，其安全性容易降低。

（四）起重吊装施工受环境影响较大。起重机械安全运行，需要作业区域场地的稳定，地耐力满足要求，固定式塔式起重机需要可靠的基础和稳定的地基。作业范围内的障碍物，特别是某些管线可能是起重吊装作业的安全隐患。恶劣的气象条件也会影响吊装作业安全。

（五）起重吊装施工易影响周边环境的安全。处于运动中的起吊重物可能与周围的物体发生碰撞而造成事故。多台起重设备共同作业时如防撞措施不到位会发生意外相撞，起吊的物品也可能因为绑扎固定等方面的缺陷而坠落伤人。

（六）起重吊装作业常常需要多人配合、共同操作。如无有效的统一指挥或指挥失当，可能造成严重后果。

二、起重吊装工程专项施工方案的主要内容

（一）起重吊装工程专项施工方案的编审规定

《住房城乡建设部办公厅关于实施〈危险性较大的分部分项工程安全管理规定〉有

关问题的通知》中，明确规定了起重吊装工程中属于危险性较大的分部分项工程的范围。

1. 采用非常规起重设备、方法，且单件起吊重量在 10kN 及以上的起重吊装工程；采用起重机械进行安装的工程，属于危大工程项目监理机构应督促施工单位编制专项施工方案，并应在工程施工前对该专项施工方案进行审查。

2. 采用非常规起重设备、方法，且单件起吊重量在 100kN 及以上的起重吊装工程，属于超过一定规模的危大工程，施工单位应组织专家对专项施工方案进行论证。项目监理机构应在专家论证前对方案进行审查。若专家论证意见为"修改后通过"，应审查施工单位按专家论证意见修改后的专项施工方案。

（二）起重吊装工程专项施工方案的主要内容

1. 工程概况

（1）工程基本情况（建筑和结构设计的主要参数和特点），施工场地内及周边电缆、管道情况。

（2）工程地质状况、地耐力；

（3）吊装工程结构、尺寸、吊装高度，单体重量与外形几何尺寸。

（4）施工现场平面布置图。应反映设备运输路线，设备吊装进向和顺序或拼装吊装位置；起吊物施工现场运输路线、就位位置和吊装顺序；吊装指挥人员的指挥位置和吊装时的警戒区域。

（5）吊装工序流程图。

（6）吊装施工单位的资质、安全生产许可证及其他基本情况。

2. 编制依据

（1）工程设计文件：建筑施工图、结构施工图，应有所吊装构件的详图。

（2）工程的详细勘察阶段的地质勘察报告。

（3）本工程的施工组织设计。

（4）《起重机械安全规程　第一部分：总则》GB 6067.1。

（5）《建筑施工起重吊装安全技术规范》JGJ 276。

（6）《建筑施工安全检查标准》JGJ 59。

（7）本工程所使用的起重机械的安全技术规范、标准。

（8）本工程所使用的起重设备的安装使用说明书。

3. 施工计划

包括施工进度计划、所吊装构件的供货、运输计划、起重设备选型、起重机械的进退场计划等。

4. 起重吊装施工工艺技术

结构吊装施工，根据结构类型和选定的施工工艺，参照《建筑施工起重吊装安全技术规范》JGJ 276 第五章（混凝土结构吊装）、第六章（钢结构吊装）和第七章（网架吊装）的要求采取相应的技术措施。

设备吊装工程按照该类设备的吊装技术规程的要求采取相应的技术措施。

专项施工方案中的吊装施工设计一般应包括以下主要内容：

（1）吊点、吊距、起吊物重心的核算。

（2）确定吊装作业顺序。

（3）确定吊装设备起吊位置，验算地耐力，如不满足，应确定处理措施。

（4）确定起吊物的装载、运输、卸车、临时堆放的方式。确定现场浇筑制作的大型混凝土构件的预置位置、翻身起吊方式。

（5）确定吊装过程中起吊物稳定措施。

（6）确定起吊物就位、固定方法及措施。

（7）确定吊装设备进退场路线，绘制起吊位置布置图。

（8）编制构件堆放要求及重量明细表。

（9）明确吊装作业的通信工具与联络方式。

5. 施工安全保证措施

（1）落实安全生产责任制。

（2）做好安全技术教育与安全技术交底工作。

（3）核查吊装设备的检验合格证明。

（4）制定、坚持检查制度，确保钢丝绳的安全使用。

（5）核查滑轮的规格及性能。

（6）按需要设置地锚。

（7）进行试吊并根据试吊结果调整优化吊装方案。

（8）作业平台的设置与采取高处作业防坠落措施。

（9）采取防止起重机械倾覆措施。

（10）采取防触电和防雷措施。

（11）设备基础必须已按设计施工完毕并经验收合格。

（12）基础周围土方按要求回填并夯实平整。

（13）设立吊装作业警戒区，安排警戒人员。

6. 施工管理及作业人员配备和分工

吊装工程管理人员、专职安全生产管理人员、各类特种作业人员（包括吊车司机、指挥、司索、电工、焊工等）的数量，如有可能应提供名单、上岗证编号。

7. 验收要求

除吊装工程的施工质量验收要求之外，为保证起重吊装工程的施工安全，下列环节需要进行安全措施的验收：

如采用塔式起重机，安装完毕后应按规定验收合格方可交付使用。

如吊装设备起吊位置地耐力不足，经处理后应进行验收。

对于现场组装的起重扒杆等设施，组装完毕后应进行验收。

对于现场搭设的临时作业平台，搭设完成后应进行验收。

凡需要验收的项目，均需明确验收标准、验收程序、验收内容、验收人员等。

8. 应急处置措施

对起重吊装工程中可能出现的起重伤害、吊机倾覆、物体打击、高处坠落、触电等事故，应制定相应的应急处置措施或编制应急救援预案。

9. 计算书及相关施工图纸

起吊点地耐力验算，吊点、吊距、起吊高度、起吊物重心的核算以及多机抬吊均应有计算书。作业平台应有承载能力、变形和稳定性验算的计算书。

施工图纸应包括起重吊装施工平面图、起吊位置布置图、作业平台布置图及构造详图，必要时还需要包含起吊高度图解分析的构件吊装立面图。

三、审查起重吊装工程专项施工方案的准备工作

对施工单位报审的起重吊装工程专项施工方案进行审查，项目监理机构应掌握与该吊装工程有关情况及相关技术要求，包括：

（一）通过相关施工图设计文件了解吊装工程和吊装构件的情况。

（二）通过施工组织设计了解吊装工程和其他工程之间的关系。

通过施工平面图和现场调查掌握吊装工程周边环境情况，包括与吊装工程施工安全密切相关的周边交通与人流情况、现场与周边各类线路、管道情况等。

（三）通过合同文件和调查了解吊装工程施工承包关系和设备租赁关系。通过调查了解实施吊装作业的施工单位及作业人员的基本情况。

（四）组织学习有关法律法规、规范性文件和工程建设标准。

1.《特种设备安全监察条例》

2.建筑起重机械安全监督管理规定（建设部令第 166 号）

3.《起重机械安全规程　第一部分：总则》GB 6067.1

4.《建筑机械使用安全技术规程》JGJ 33

5.《建筑施工起重吊装安全技术规范》JGJ 276

6.《建筑施工安全检查标准》JGJ 59

7.《起重机械超载保护装置》GB/T 12602

8.《起重机械吊具与索具安全规程》LD 48

9.《钢丝绳 术语、标记和分类》GB/T 8706

10.《起重机 钢丝绳保养、维护、检验和报废》GB/T 5972

11.《起重吊 手势信号》GB/T 5082

四、起重吊装工程专项施工方案的审查要点

项目监理机构对于施工单位报审起重吊装工程专项施工方案的审查，应按照本章第一节所述的审查基本要求完成对报审材料的真实性、针对性、时效性、和专项施工方案内容的完整性以及编审程序的审查工作。由于起重吊装工程往往由专业施工单位分包，专项施工方案可以由分包单位负责编制，应由分包单位技术负责人和总包单位技术负责人共同审核签字，并由总包单位签章后送项目监理机构审查。对起重吊装专项施工方案应重点审查以下内容：

（一）工程概况的描述是否真实、全面

1.对吊装工程施工环境的描述是否正确和全面，吊装施工场地内及周边电缆、管道情况是否与现场相符。

2.对吊装工程的内容描述是否正确，吊装构件的尺寸、单件重量、吊装高度等参数

是否正确。

（二）编制依据是否全面、正确

1. 施工图设计文件和经总监理工程师签认的施工组织设计文件，是反映吊装工程专项施工方案针对性的基础文件，应列为编制依据。

2. 应列出与本吊装工程相关工程建设标准和安全技术规范规程，同时应注意审查其版本号，避免将失效的标准、规范作为编制依据。

3. 若吊装工程为分包工程，工程分包合同中明确划分安全生产管理的责任，也应作为专项施工方案的依据。

4. 注意审查是否将针对本工程所选择的起重机械专门的安全技术规范列为编制依据。

（三）施工计划的审查的审查要点

1. 施工进度安排是否与施工条件相匹配，是否存在忽视安全盲目赶工期的现象。

2. 吊装构件的订货计划、生产计划、供货计划等，能否保证吊装施工进度，混凝土预制构件能否保证运输和吊装时构件混凝土达到要求的强度；大型构件运输计划中是否制定了保证运输和装卸安全的措施。

3. 起重机械的选择能否满足起重量、起重高度、工作半径的要求，起重臂的最小杆长是否满足跨越障碍物进行起吊时的操作要求。

4. 起重机械进退场计划是否按相关规范采取了相应的安全保障措施。

（四）应重点审查起重吊装施工工艺技术

1. 对于起吊物的几何尺寸和重量的取值是否正确。如起吊物为构件，应核对施工图设计文件；如起吊物为设备应核查设备说明书。

2. 核查方案中起吊物在吊装过程各种工况下的平衡验算、强度计算以及必要的变形和稳定性验算，是否考虑了各种可能的工况，各种计算参数取值是否正确，计算过程有无明显错误，计算结果是否满足要求。

3. 起吊高度、起吊距离、起重力矩是否超出起重设备的性能指标。

4. 吊装作业顺序是否有利于起吊物就位后的整体稳定。

5. 每个起吊位置是否都能保证起重设备的性能指标满足起重吊装工程的需要。采用双机抬吊时，专项施工方案中选择的起重机是否为相同类型或性能相近。双机抬吊时负载分配是否合理，单机载荷是否有可能超过额定起重量的80％。专项施工方案应有保证两机协调工作的措施，应要求起吊速度平稳缓慢。

6. 起重吊装位置及吊车开行路线上的地耐力或者经加固处理后的地耐力是否能够满足吊装和开行的要求。

7. 吊装过程中起吊物的稳定措施（包括溜绳的设置位置、溜绳牵拉操作人员的操作位置等）是否安全可行。

8. 起吊物的就位方法和临时固定措施能否保证起吊物就位后的安全稳定，临时固定措施能否在完成永久固定之前持续有效。

9. 构件堆放方式是否稳定安全，堆放场地稳定性能否满足要求。在已建成的结构层面堆放构件或在基坑、边坡边堆放构件，应审查是否进行结构或地基承载力、边坡稳定性验算。

10. 起重吊装作业的指挥联络方式是否能够保证联络通畅、直接、可靠。

结构吊装工程应根据结构类型和施工工艺，应分别按照《建筑施工起重吊装安全技术规范》JGJ 276第五章（混凝土结构吊装）、第六章（钢结构吊装）和第七章（网架吊装）的相应条文审查专项施工方案中的技术措施。

审查设备吊装工程的技术措施应按照该类型设备的吊装技术规程的规定进行。

项目监理机构对起重吊装工程专项施工方案的审查，应从确保施工质量、施工安全和实现进度目标多方面进行。本节仅从施工安全的角度提出对起重吊装技术方案进行审查的要点，并未涵盖专项施工方案审查的全部内容和范围。

（五）施工安全保证措施的审查要点

项目监理机构应重点审查施工安全措施是否符合工程建设强制性标准。《建筑施工起重吊装工程安全技术规范》JGJ 276中的强制性条文共有三条，分别是：

3.0.1 起重吊装作业前，必须编制吊装作业专项施工方案，并应进行安全技术交底；作业中，未经技术负责人批准，不得随意更改。

3.0.19 暂停作业时，对吊装作业中未形成稳定体系的部分，必须采取临时固定措施。

3.0.23 对临时固定的构件，必须在完成了永久固定，并经检查确认后，方可解除临时固定措施。

起重吊装工程专项施工方案不得有违反上述强制性条文和其他工程建设强制性标准的内容，这是项目监理机构审查应把握的原则。

吊装工程施工安全措施应重点审查以下几个方面：

1. 应审查施工方案中对起重吊装工程项目安全生产责任制的表述。方案中应明确施工单位项目负责人、项目安全生产负责人、专职安全生产管理人员、起重吊装作业负责人、起重机械操作人员、起重吊装指挥人员、信号工、司索工等特种作业人员和起重吊装作业现场监护人员的安全生产责任。若起重吊装作业由专业承包单位分包，专项施工方案中还应明确总包单位和分包单位之间关于安全生产责任的划分。

2. 应审查专项施工方案中是否有分级进行安全技术交底的要求，包括对起重吊装操作层进行安全技术交底的内容、方式，以及施工项目经理部对安全技术交底工作的监督检查措施。

3. 应审查起重吊装机械的安全工作规定。专项施工方案中对新购、大修、改造、新安装及使用、停用时间超过规定的起重机械的技术检验应有明确要求，未经检验或检验不合格不得使用。专项施工方案应安排起重机械的常规技术检验计划，应安排起重机械投入使用前检查吊装设备的检验合格证明的环节。

4. 专项施工方案中应制定对吊装工程使用的各种绳索、吊具、滑轮组使用前和使用过程中的定期检查制度，明确执行报废标准。应按照《建筑施工起重吊装工程安全技术规范》JGJ 276中4.2、4.3、4.4节的有关条文，审查专项施工方案中的相关检查要求和标准。

对安装所使用的螺栓、钢楔、木楔、钢垫板和垫木等的材质应确定符合设计要求及国家现行标准有关规定的性能、规格指标。

5. 若需设置地锚，地锚的用材、构造和计算应符合《建筑施工起重吊装工程安全技术规范》JGJ 276中4.5节的有关要求。并应明确要求地锚在使用前要进行试拉，合格后方可使用，埋设不明的地锚未经试拉不得使用。地锚使用时应规定专人检查、看守，如发现变形应立即处理或加固。

6. 吊装大、重构件或采用新的吊装工艺时，专项施工方案应规定先进行试吊，确认无问题后方可正式起吊。

专项施工方案还应明确规定起重机在每班作业及雨雪后作业时，均应先试吊，确认制动器灵敏可靠后方可进行作业。

7. 应审查作业平台是否满足起重吊装安全作业的需要，作业平台本身的承载能力和稳定性是否能够保证安全，必要时对作业平台的设计方案进行专门的审查和论证。专项施工方案还应明确临时搭设的作业平台，应经过施工单位组织的验收方可使用。

8. 审查高处作业防坠落和防止物体打击措施应包括以下内容：

（1）起重作业人员必须穿防滑鞋、佩戴安全帽，高处作业应佩挂安全带，并应系挂可靠，高挂低用。

（2）吊装作业区域四周应设置明显标志，严禁非操作人员入内。夜间不宜作业，当确需夜间作业时，应有足够的照明。

（3）登高梯子的上端应固定，高空用的吊篮和临时工作台应固定牢靠，并应设不低于1.2m的防护栏杆。吊篮和工作平台的脚手板应铺平绑牢，严禁出现探头板。吊移操作平台时平台上面严禁站人。当构件吊起时，人员不得站在吊物下方，并应保持一定的安全距离。

（4）大雨、雾、大雪及六级以上大风等恶劣天气应停止吊装作业。雨雪后进行吊装作业时，应及时清理冰雪并应采取防滑措施。

（5）高处作业所使用的工具和零配件等，应放在工具袋（盒）内，并严禁抛掷。

（6）开始起吊时，应先将构件吊离地面 200～300mm 后暂停，检查起重机的稳定性、制动装置的可靠性、构件的平衡性和绑扎的牢固性等，确认无误后，方可继续起吊。已吊起的构件不得长久停滞在空中。

（7）严禁在吊起的构件上行走或站立，不得用起重机载运人员，不得在构件上堆放或悬挂零星物件。严禁在已吊起的构件下面或起重臂下旋转范围内作业或行走。

9. 审查防止起重机械倾覆措施，应包括以下内容：

（1）应明确起重设备的通行道路应平整，承载力应满足设备通行要求。

（2）明确吊起的构件应确保在起重机吊杆顶的正下方，严禁采用斜拉、斜吊，严禁起吊埋于地下或粘结在地上的构件。

（3）起吊过程中，在起重机行走、回转、俯仰吊臂、起落吊钩等动作前，起重司机应鸣声示意。

（4）严禁超载和吊装重量不明的重型构件和设备。

（5）起吊时应匀速，不得突然制动，回转时动作应平稳，当回转未停稳前不得做反向动作。

10. 防触电和防雷措施的审查，应关注以下方面：

（1）专项施工方案应明确要求起重机靠近架空输电线路或在架空输电线路下行走时，与架空输电线路的安全距离应符合《施工现场临时用电安全技术规范》JGJ 46 和其他相关标准的规定。

（2）应明确要求雨雪后进行吊装作业前，清理冰雪、积水，检查供电线路及设备绝缘及漏电保护工作情况，采取防漏电措施，避免触电事故发生。

（3）应规定雷雨天气停止吊装作业，采取防雷击措施。

11.若采用固定式塔吊，专项施工方案应明确规定必须在塔吊基础施工完毕并达到设计要求的强度，经验收合格，基础周围土方按要求回填并夯实平整并采取可靠排水措施后方可安装塔吊。应明确要求在吊装工程施工过程中，一旦变形超过规定的限值，立即停止吊装作业，采取措施控制基础变形，并经论证确认能够保证吊装安全方可恢复作业。

若所吊装的构件或设备是直接安放在结构或基础上的，专项施工方案应明确吊装对结构或设备基础的要求。

12.专项施工方案应明确吊装作业警戒区的范围和警戒线的位置，安排警戒人员并明确警戒人员的责任。

（六）对于施工管理及作业人员配备和分工的审查要点

《建筑施工起重吊装工程安全技术规范》JGJ 276中3.0.2条明确规定："起重机操作人员、起重信号工、司索工等特种作业人员必须持特种作业资格证书上岗。严禁非起重机驾驶人员驾驶、操作起重机"。

项目监理机构应审查专项施工方案是否明确吊装工程管理人员、专职安全生产管理人员的配备数量、岗位设置和职责；是否明确持证上岗的特种作业岗位和所要求的持证特种作业人员的数量，并核对其是否满足安全施工的要求。

如专项施工方案未提供特种作业人员名单、上岗证编号等信息，且未在工程开工报审或分包单位资格报审环节报审，项目监理机构应签发监理通知单要求施工单位报审。

（七）验收要求

项目监理机构应重点审查安全措施的验收要求。

专项施工方案应明确验收环节，并明确规定先验收后使用。

塔式起重机安装完毕后的验收要求属于起重机械安装拆卸工程专项施工方案的内容，应按照相应类别机械的安全技术标准进行验收。

对起吊位置地基处理的验收，专项施工方案应根据起重吊装工艺的需要，参照地基处理技术规程规定的标准制定验收要求。

对现场组装的起重扒杆等设施，应规定对架体的整体稳定性、系统运转和制动的可靠性，以及对卷扬机、钢丝绳、吊具、基础、锚索、缆风绳等重要零部件进行检查和验收，明确制定验收标准。

对现场搭设的临时作业平台的验收，应按照设计要求及相应架体的施工质量验收规范和安全技术标准进行验收。

（八）对应急处置措施的审核要点

应急处理措施是否覆盖起重吊装工程中的主要危险源；是否针对本项目的具体条件编制；是否具有可操作性；是否安排平时演练；是否安排向有关人员进行交底。

项目监理机构对应急处置措施内容的审查，可参照本章第三节中关于应急救援预案的审查要点。

（九）计算书及相关施工图纸的审查要点

项目监理机构应审查计算书中各类计算参数是否正确，包括起吊物的重量、几何尺寸、起吊的空间尺寸（起吊的最大高度、水平距离等）、起重机械的性能参数（起重力矩曲线等）。要审查计算模型（计算简图）的依据是否正确，是否忽略了重要因素，所使用的计算公式是否正确；要审查计算过程和结论有无明显常识性的错误。

计算书应有计算人和复核人的签字。负责计算和复核的人应是相关专业的技术人员。计算书应作为专项施工方案的一部分，应经施工单位技术负责人审核批准。不能同意施工单位单独撤换或补充计算书。

对不同起重吊装工程相关施工图纸的数量和表现的内容并不相同。项目监理机构主要审查其内容是否满足起重吊装工程的需要。

第七节　起重机械安装拆卸工程专项施工方案的审查

建筑施工中起重机械的安装、拆卸工作是起重机械使用中的重要环节。由于安装和拆卸需要专门技术、使用特定的设备和工具，安装、拆卸过程中起重机械往往未处于整体稳定状态，操作人员要在高处作业，是存在较多事故隐患的阶段。近年来，各地起重机械在安装拆卸过程中发生倒塌、造成人员伤亡的事故时有发生。项目监理机构应高度重视起重机械在安装、拆卸过程的安全生产管理的监理工作，认真履行监理职责。

在建筑施工起重机械中塔式起重机占有重要地位，其安装和拆卸工程在起重机械中具有代表性，本节主要讨论塔式起重机安装拆卸工程专项施工方案的审查工作。

一、塔式起重机安装拆卸工程的特点

塔式起重机的安装和拆卸过程存在着较多的安全风险。其施工主要有以下特点：

（一）塔吊坍塌、倾倒事故多发

1. 塔吊基础地基承载力不足或排水措施不到位而致使地基承载能力下降。

2. 安装前未对塔吊基础进行验收，预埋件安装尺寸偏差超限未处理。

3. 塔吊标准节、吊臂节、配重臂、塔帽等结构件存在裂纹、塑性变形或其他缺陷，安装前未被发现或未处理。

4. 未按照该机型的技术参数要求高度安装附墙件，或附墙框架、拉杆、拉杆连接预埋件存在裂纹、塑性变形等缺陷。

5. 安装拆卸时未按照规定的技术要求、步骤、程序进行作业。误用普通标节代替加强标节作为第一节，螺栓紧固力矩不符合要求等操作缺陷。

6. 恶劣天气（六级以上大风、雷雨天气）强行安装、拆卸作业。

（二）机械伤害事故常见

1. 安装调试塔吊时，安装人员用手代替工具靠近或深入塔吊旋转、运动部位（吊钩滑轮、回转皮带轮、钢绳卷筒、减速机开式齿轮、电机轴、制动轮等）进行作业；

2. 在安装调试作业中，其他人员擅自启动设备导致作业人员身体被绞入、打击、挤压等。

（三）高处坠落事故时有

1. 安装人员在塔头、吊臂、平衡臂、升降工作台等高处且临边场所作业，未按规定使用安全带导致坠落。

2. 安装人员高处作业被阵风吹倒坠落。

3. 安装人员攀登高处失足坠落。

4. 高处作业未按规定设置临边防护或临边防护失效。

5. 高处作业人员注意力不集中。

（四）起重伤害事故及物体打击事故往往和其他类型的事故一同发生

1. 安装拆卸过程中，辅助安装的起重机违反操作规程导致重物坠落倒塌伤人；搬运材料时乱抛、乱摔导致人员受伤。高处作业人员工具材料下落砸伤下方人员。

2. 安装作业人员或其他人员违规在起吊重物下停留。

3. 重物在吊动过程中碰撞、挤压作业人员。其他物品碰撞伤害作业人员。

4. 吊钩、吊具、钢丝绳损坏导致重物坠落伤人。

5. 辅助安装起重机保护装置失灵失效。

6. 辅助安装起重机因地基松软等原因倾覆等。

（五）存在触电事故风险

1. 安装场地附近有高压输电线路，塔吊安装过程中未能保持安全距离；

2. 外电源配电箱漏电保护器失效；

3. 电源线老化、破损、裸露，与钢结构接触，安装前未进行处理，未对塔吊安装有效接地；

4. 电源插头插座、开关损坏、带电部位裸露搭铁；

5. 配电箱进水或被雨淋；

6. 电器元件、电源带电安装、拆卸时未使用电工绝缘工具和电工劳动保护用品。

（六）存在火灾事故风险

1. 安装塔吊电源和电器元件时，安装连接不牢靠，电源和电器元件接触不良，导致电源线和电器元件发热燃烧；

2. 电源线、电器元件安装错误，电气部分短路引起电源线发热燃烧。

3. 安装拆卸塔吊使用电焊、氧焊时作业现场存在易燃易爆物品。

二、塔式起重机械安装拆卸工程专项施工方案的主要内容

（一）塔式起重机械安装拆卸工程专项施工方案的编审规定

1. 《住房城乡建设部办公厅关于实施〈危险性较大的分部分项工程安全管理规定〉有关问题的通知》中，明确规定了"起重机械安装拆卸工程"属于危险性较大的分部分项工程的范围。项目监理机构应督促施工单位编制专项施工方案，并应在起重机械安装拆卸前对专项施工方案进行审查。

2. 起重量 300kN 及以上，或搭设总高度 200m 及以上，或搭设基础标高在 200m 及以上的起重机械安装和拆卸工程的专项施工方案应组织专家论证。项目监理机构应在专家论证前对方案进行审查。若专家论证意见为"修改后通过"，应审查施工单位按专家论证意见修改后的专项施工方案。

（二）塔式起重机安装拆卸工程专项施工方案的主要内容

1. 工程概况

（1）工程概况及周围环境概况，包括：

该工程项目建筑设计、结构设计特点，总建筑面积、总层数、总高度、平面特征及长宽尺寸，安装塔式起重机时的施工高度、塔机基础平面位置及标高等基本指标参数。

建设单位、施工总承包单位、监理单位、塔式起重机出租单位、安装（拆卸）单位、检测单位等有关单位的情况。

安装（拆卸）现场环境情况。可用现场情况勘测记录表反映。

安装（拆除）时运输车辆进出道路的宽度（尺寸）、平整度、坚实度及其他条件是否达到要求。

安装（拆除）作业场地地基（楼地面）承载力是否满足起重吊装要求。

作业现场周围有无高压输电线路、高层建筑、外墙装饰物等障碍物，是否影响吊装作业。

（2）塔式起重机型号及性能技术参数，基础和附着装置的设置。

（3）塔式起重机及其辅助吊装设备吊装平面布置图、立面图及主要技术参数包括：

塔机安装（拆除）平面布置图、塔机安装（拆除）立面图、吊装作业平面布置图。

拟安装（拆卸）塔吊主要技术参数、起重特性、主要总成及外形尺寸。

塔机主要部件的重量和吊点位置（可列表）。

辅助吊装设备（汽车吊或其他）详细技术参数、起重特性及外形尺寸。

（4）塔机安装（拆卸）作业条件

电源设置。包括安拆现场临时电源设置和固定电源设置。

安全作业的其他条件。包括禁止安装（拆卸）作业的气象条件、现场管理要求、安装（拆卸）辅助设备及工具保证条件等。

2. 编制依据

（1）法律、法规、规范性文件

特种设备安全监察条例（国务院令第 549 号）

建筑起重机械安全监督管理规定（建设部令 166 号）

特种设备作业人员监督与安全监察规定（国家质检总局令 70 号）

建筑施工特种作业人员管理规定（建质〔2008〕75 号）

（2）工程建设标准

《塔式起重机安全规程》GB 5144

《建筑施工塔式起重机安装、使用、拆卸安全技术规程》JGJ 196

《塔式起重机混凝土基础工程技术标准》JGJ 187

《起重机钢丝绳保养、维护、安装、检验和报废》GB/T 5972

《起重机吊具与索具安全规程》LD 48

《建筑机械使用安全技术规程》JGJ 33

《建筑起重机械安全评估技术规程》JGJ 189

《建筑施工安全检查标准》JGJ 59

（3）其他相关资料

施工图设计文件、施工组织设计、塔机使用说明书、施工调查资料、塔吊安拆卸合同文件等。

3. 塔机安装（拆卸）作业施工计划

（1）安装、拆卸作业进度计划；

（2）安拆辅助设备及专用工具配置。

4. 塔式起重机安装（拆卸）施工工艺技术

（1）安装（拆卸）作业工艺流程

1）安装作业工艺流程，如图 3-4 所示。

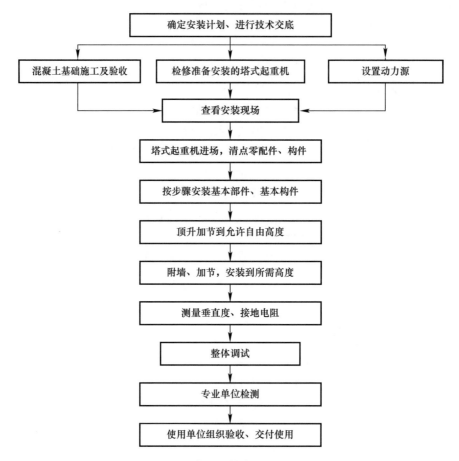

图 3-4　塔吊安装作业工艺流程

2）拆卸作业工艺流程，如图 3-5 表示。

（2）安装（拆卸）作业步骤（按照起重机说明书编制）

（3）塔式起重机的整机调试、检测与验收

5. 塔机安装（拆卸）安全保证措施

（1）组织保障措施。应包括项目安全生产管理机构组成和塔式起重机安装（拆卸）工程安全生产管理机构组成。

（2）塔式起重机安装（拆卸）工程重大危险源辨识。

（3）安全技术措施。针对塔机在安拆过程中的重大危险源制定以下安全技术措施：

1）安拆作业人员基本要求。作业人员应持有效证件上岗，严格遵守《塔式起重机安全规程》，了解起重吊装作业的基本知识，掌握起重吊装作业的基本技能，配备必需的联络工具，如对讲机等。

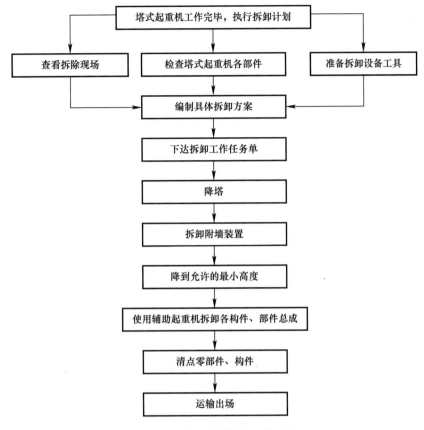

图 3-5 塔吊拆除作业工艺流程

2）安全技术交底。安拆作业前应对作业人员进行该方案（含作业工艺流程）的安全技术交底；安拆作业时应根据专项施工方案要求实施。安拆作业人员应分工明确、职责清楚。

3）塔机安拆前的安全检查内容主要有：检查塔机安拆现场电源、运输道路、作业场地等是否已具备安拆作业条件；安全监督岗的设置及安全措施的贯彻落实是否符合要求；检查塔机钢结构件及连接件的变形、焊缝及锈蚀等情况是否符合安全技术要求，发现问题应立即进行处理。应对作业人员所使用的工具、安全带、安全帽等进行全面检查，不合格者立即更换。

检测外部供电线路电压，其波动范围应为 $380V \pm 5\%$。安拆使用的辅助机械，如汽车吊、塔机等应性能良好，其技术参数要求能保证安拆作业需要。

4）塔机在安拆过程中的安全技术措施主要内容有：安拆步骤、安拆过程中的安全监督检查、整机调试、安装完毕的技术检验。

5）塔机安拆作业区域内对高压线的安全技术措施：不满足安全距离的高压线应采取迁改或绝缘包裹措施；在安拆及调试过程中应采取避免在磁场作用下接触高压线的措施。

6）安拆辅助起重机械临近高边坡、临空面作业的安全技术措施。主要有稳定性验算、边坡加固和在吊装作业过程中应加强观察和变形监测，发现异常情况应立即停止一切吊装作业。

7）道路、通道的安全技术措施。

8）整机调试要求。

9）塔机安装完毕的技术检验。

（4）监测与监控措施

1）安装（拆卸）作业现场，需对设备基础或与建筑物及其他附着物连接的部位、设备钢结构及其焊缝与锈蚀、机构及连接件（螺栓、销轴）等的变化、设备电气元件、各类安全限位与保险装置的有效性和灵敏度、控制辅助吊装设备或工具在吊装及使用过程中发生的紧急状况、设备底座及塔身安装精度进行实时监测与监控并做好记录。

2）在设备安拆过程中，当发生基础下沉、倾斜，并在不断发展扩大或附着物件出现裂缝或发生断裂时，应立即采取相应措施防止事态发展，如增加防止事故发展的反向作用力、减轻荷载、停止作业、加固基础或附着物件、增加附墙装置等。

3）通过检测发现设备钢结构的变形量、锈蚀厚度、焊缝等超出规范、标准要求时，应立即停止使用或采取补救措施方可使用；设备各运行机构发生异常时，立即停止作业进行维修；连接件质量存在缺陷时，立即更换；连接螺栓拧紧力矩达不到规定要求时，需重新紧固。

4）在设备监测过程中，当发现控制线路、电气元件损坏或存在故障时，应更换或检修后方可作业；发现设备安全限位及保险装置无效或灵敏度是达不到规范要求时，应立即维修或更换。

5）在设备安拆过程中，当监测到设备底座节水平度及塔身垂直度偏差在不断增加，即使未超出规范要求，也应立即停止安拆作业活动，查找和分析产生的原因，在采取有效措施后方可继续作业。

6）辅助设备在安拆作业过程中，若监测到其发生倾斜、下沉、发生故障、安全装置失效等状况时应立即停止作业，并对辅助设备与安拆设备采取相应有效措施后（根据各种可能发生的情况）方可作业；吊具吊索发生严重断丝、扭结、开裂等或其他工具发生不安全因素时应立即更换。

6. 安装（拆卸）作业人员配备和分工

现场管理人员名单及职责。包括施工总包单位和安装拆卸单位专职安全生产管理人员、安装拆卸施工现场安全监管人员等。

作业人员配置。包括各类特种作业操作人员的名单、特种作业操作证书编号。

7. 验收要求

1）塔式起重机的基础及其地基承载力应符合使用说明书和设计图纸的要求。安装前施工总包单位和安装拆卸单位，应依据塔式起重机使用说明书、基础设计图纸和地基基础工程施工质量验收规范共同对基础进行验收，合格后方可安装。

2）安装单位应对安装质量进行自检，并应按《建筑施工塔式起重机安装、使用、拆卸安全技术规程》JGJ 196 附录 A 填写自检报告书。

3）安装单位自检合格后，应委托有相应资质的检验检测机构进行检测。检验检测机构应出具检测报告书。安装质量的自检报告书和检测报告书应存入设备档案。

4）经自检、检测合格后，应由总承包单位组织出租、安装、使用、监理等单位进行验收，合格后方可使用，并应按《建筑施工塔式起重机安装、使用、拆卸安全技术规程》（JGJ 196）附录 B 填写验收表。

　　5）塔式起重机停用 6 个月以上的，在复工前应重新进行验收，合格后方可使用。

　　8. 应急处理措施

　　应针对塔机在安装、顶升及拆除过程中的重大危险源编制塔机事故应急预案，内容包括塔机倾覆、触电、物体打击、高空坠落专项预案。分别明确针对塔机倾覆、触电、物体打击、高空坠落事故的应急措施。

　　明确组织机构及职责分工，落实应急物资储备。

　　明确应急措施的交底要求和演练计划。

　　9. 计算书及相关图纸

　　（1）计算书。应包括基础承载力计算书、附墙装置设置与计算书、附墙锚固点与建筑物的相互关系与计算书。内爬式塔式起重机的基础、锚固、爬升支承结构等应根据使用说明书提供的荷载进行设计计算，并应对内爬式塔式起重机的建筑承载结构进行验算。

　　（2）相关图纸

　　1）建筑施工现场总平面布置图

　　2）塔机安装（拆除）及吊装作业平面布置图

　　3）塔机安装（拆除）立面及附墙装置设置图

　　4）附墙装置节点图

　　5）塔机主要部件现场拼装图

　　6）塔机基础设置详图

　　（3）其他附件

　　1）塔机安装（拆卸）安全技术交底书

　　2）塔式起重机进场前构件及零部件检查验收记录

　　3）塔机基础验收表

　　4）塔机安装（拆卸）作业监测及监控记录表

　　5）塔式起重机安装自检表

　　6）塔式起重机安装验收记录表

三、审查塔式起重机械安装拆卸工程专项施工方案的准备工作

　　为对塔式起重机械安装拆卸工程专项施工方案进行有效审查，项目监理机构应做好下列准备工作：

　　（一）项目监理机构可以通过阅读施工图设计文件、施工组织设计及现场勘察，了解该项目施工对起重机械的需求和安装起重机械的现场及周边条件。应了解起重机械服务范围、吊运物的最大重量和几何尺寸、最大起重力矩、最大吊装高度等基本需求；了解起吊物品种类、特性及对起重机械的需求高峰；了解起重机械工作范围内和周边高压线及其他架空管线、起重机械进退场的道路情况等。

　　若施工组织设计中未确定起重机械选型，或施工单位未按经审查的施工组织设计选择起重机型号，应要求施工单位将拟选用的起重机型号报送项目监理机构审查。

（二）了解起重机械供应单位的情况。若起重机械设备为租赁，应了解设备租赁企业规模、是否合法经营、设备新旧程度、企业经营状况、管理水平和社会信誉。如认为设备租赁企业提供的设备安全风险较大，可建议施工单位另行选择市场信誉良好并符合要求的租赁企业，并建议同等条件下选择具有建筑起重机械安装、拆卸工程资质的租赁企业。

（三）要了解起重机安装拆卸单位的基本情况。安装拆卸单位应具备安装起重设备等级要求的起重设备安装工程专业承包资质，并配备持有安全生产考核合格证书的项目负责人和安全负责人、机械管理人员，具有建筑施工特种作业操作资格证书的起重机械安装拆卸工、起重司机、起重信号工、司索工等操作人员。

（四）项目监理机构人员应学习相关法律法规、工程建设标准，要理解并掌握下列法规、标准：

1.《特种设备安全监察条例》（国务院令第 549 号）

2.《建筑起重机械安全监督管理规定》（建设部令 166 号）

3.《特种设备作业人员监督与安全监察规定》（国家质检总局令 70 号）

4.《建筑施工特种作业人员管理规定》（建质〔2008〕75 号）

5.《塔式起重机安全规程》GB 5144

6.《建筑施工塔式起重机安装、使用、拆卸安全技术规程》JGJ 196

7.《塔式起重机混凝土基础工程技术规程》JGJ 187

8.《起重机钢丝绳保养、维护、安装、检验和报废》GB/T 5972

9.《起重机吊具与索具安全规程》LD 48

10.《建筑机械使用安全技术规程》JGJ 33

11.《建筑起重机械安全评估规程》JGJ 189

12.《建筑施工安全检查标准》JGJ 59

13.《起重设备安装工程专业承包资质标准》

四、塔式起重机械安装拆卸工程专项施工方案的审查要点

项目监理机构对施工单位报审的塔式起重机械安装拆卸工程专项施工方案的审查，应按照本章第一节所述的审查基本要求，对报审材料的真实性、针对性、时效性、方案内容的完整性及编审程序进行审查。由于塔式起重机械安装拆卸单位一般都具有起重设备安装工程专业承包资质，按照《建筑起重机械安全监督管理规定》（建设部令 166 号）规定，安装拆卸单位应负责按安全技术标准及建筑起重机械性能要求编制建筑起重机械安装、拆卸工程专项施工方案，并由本单位技术负责人签字。施工总包单位技术负责人也应审核签字，并由总包单位签章后送项目监理机构审查。

项目监理机构对塔式起重机安装拆卸工程专项施工方案，应重点审查以下内容：

（一）工程概况

1. 工程项目建筑设计、结构设计特点和主要指标是否与现实情况一致。是否明确吊钩限位最低点和建筑物最高点的距离、基础中心线与建筑物最外边的水平距离等与安全密切相关的重要尺寸。

2. 塔式起重机安装位置是否与施工组织设计一致。

3. 所选塔式起重机的技术参数能否满足工程施工的需要，是否在产权单位工商注册所在地县级以上地方人民政府建设主管部门办理了备案，是否具有安全技术档案。

4. 安装（拆卸）现场环境情况是否与现实情况一致。是否关注塔式起重机及其安装设备的进退场道路及安装（拆卸）作业场地的承载能力，塔式起重机与架空输电线的安全距离是否符合现行国家标准《塔式起重机安全规程》GB 5144 的规定，安装（拆卸）作业现场及周边是否有影响作业安全的障碍物。

5. 塔式起重机及其辅助吊装设备吊装平面布置图、立面图及塔机主要部件的重量和吊点位置是否正确无误。

6. 塔机基础的设计、施工及验收的情况是否能够保障塔式起重机的使用安全和安装拆卸的安全。

7. 临时电源设置能否满足安装拆卸安全作业的要求。其他安全作业条件是否正确、合理。

8. 塔式起重机出租、安装（拆卸）、检测等有关单位的情况是否真实，安装（拆卸）单位资质等级是否符合项目要求。

（二）编制依据是否全面、正确

1. 《建筑起重机械安全监督管理规定》（建设部令第 166 号）第十一条规定：建筑起重机械使用单位和安装单位应当在签订的建筑起重机械安装、拆卸合同中明确双方的安全生产责任。因此，塔式起重机安装（拆卸）合同应列为编制依据。

2. 《建筑施工塔式起重机安装、使用、拆卸安全技术规程》JGJ 196 等与本吊装工程相关的工程建设标准应为编制依据，项目监理机构应审查工程建设标准的版本号，避免以失效的标准为编制依据。

3. 不同型号的塔式起重机其零部件和系统具有不同的特点，塔式起重机的安装、拆卸的具体操作应依据起重机的使用说明书，因此使用说明书是安装拆卸作业的重要依据。项目监理机构应注意审查使用说明书的塔吊型号和实际安装的塔吊是否一致。

4. 用于安装拆卸作业的辅助起重机械的安全技术规范应作为编制依据。

（三）塔机安装（拆卸）作业施工计划对施工安全的影响

1. 安装作业进度计划所安排的安装时间是否满足基础混凝土龄期的要求，确保安装时基础混凝土达到强度要求。

2. 安装（拆卸）的作业时间是否足够，应尽力避免夜间作业。

3. 安装、拆卸作业时间的季节特点，如可能遇到雨雪、浓雾或大风天气，计划应留有余地，避免在雨雪、浓雾或大风天气强行作业。

4. 应与施工现场其他施工作业计划进行核对，协调安排，避免其他作业人员在安装、拆卸现场逗留。

5. 安拆辅助设备及专用工具配置计划、进场计划是否保证不影响安装、拆卸作业的施工安全。

（四）塔式起重机安装（拆卸）施工工艺技术的审查要点

1. 在流程或步骤中是否安排对塔机基础施工质量的验收确认；是否安排对进退场道路条件和安装（拆卸）现场及周边条件的检查确认。

2. 是否安排技术交底，是否要求辅助起重设备操作人员掌握塔式起重机的作业过程及主要部件尺寸、重量、高度、吊车停放位置、臂杆长度及仰角等主要技术参数。

3. 是否安排对拟安装的塔式起重机进行安装前的检修，是否明确要求设备性能良好，各种安全限位装置工作状态正常。

4. 是否对安装过程中的供电电源（包括接地）有明确要求，对电源的要求是否符合《施工现场临时用电安全技术规范》JGJ 46 的有关规定。

5. 是否具有对照起重机的安装使用说明书检查安装过程的各个操作步骤的安排和要求，包括调平与校正地脚螺栓及底座节、加强节、部分标准节，安装套架回转支承、过渡节、塔帽、作业平台及驾驶室，吊装平衡臂，安装部分配重，拼装起重臂，安装剩余配重及穿绕起升与变幅钢丝绳，顶升加节并按规定安装附墙件后继续顶升加节，达到要求的安装高度后安装、调试各类限位装置（根据塔机的技术参数调试重量限制器与力矩限制器；根据使用要求调试吊钩高度、回转、变幅限位器），进行静（动）荷载实验，进行整机调试和试吊。

6. 应明确安装单位完成整体调试和试吊后，由具有相关资质的单位对起重机进行检测，合格后由使用单位组织验收后方可投入使用。

7. 应审查拆卸专项施工方案中是否明确规定了对塔式起重机进行拆卸前的整机检查。应重点检查塔机钢结构件是否存在变形、严重锈蚀或开焊等现象，安全限位与保险装置是否正常与有效，并需试运行各个运行机构。

8. 是否具有对照起重机的安装使用说明书检查拆卸过程的降塔和塔机解体的具体操作步骤的安排。

（五）塔机安装（拆卸）安全保证措施的审查要点

1. 对组织保障措施的审查，应首先审查项目安全生产管理机构组成和塔式起重机安装（拆卸）工程安全生产管理机构组成，审查安全生产管理制度和安全生产教育制度。

2. 核对塔式起重机安装（拆卸）工程重大危险源辨识，核查是否有关键漏项。

3. 对安全技术措施应重点审查其是否违反工程建设标准强制性条文，是否违反《建筑施工塔式起重机安装、使用、拆卸安全技术规程》JGJ 196 中的强制性条文：

2.0.3 塔式起重机安装、拆卸作业应配备下列人员：

1 持有安全生产考核合格证书的项目负责人和安全负责人、机械管理人员；

2 具有建筑施工特种作业操作资格证书的建筑起重机械安装拆卸工、起重司机、起重信号工、司索工等特种作业操作人员。

2.0.9 有下列情况之一的塔式起重机严禁使用：

1 国家明令淘汰的产品；

2 超过规定使用年限经评估不合格的产品；

3 不符合国家现行相关标准的产品；

4 没有完整安全技术档案的产品。

2.0.14 当多台塔式起重机在同一施工现场交叉作业时，应编制专项方案，并应采取防碰撞的安全措施。任意两台塔式起重机之间的最小架设距离应符合下列规定：

1 低位塔式起重机的起重臂端部与另一台塔式起重机的塔身之间的距离不得小于 2m；

2 高位塔式起重机的最低位置的部件（或吊钩升至最高点或平衡重的最低部位）与低位塔式起重机中处于最高位置部件之间的垂直距离不得小于 2m。

2.0.16 塔式起重机在安装前和使用过程中，发现有下列情况之一的，不得安装和使用：

1 结构件上有可见裂纹和严重锈蚀的；

2 主要受力构件存在塑性变形的；

3 连接件存在严重磨损和塑性变形的；

4 钢丝绳达到报废标准的；

5 安全装置不齐全或失效的。

3.4.12 塔式起重机的安全装置必须齐全，并应按程序进行调试合格。

3.4.13 连接件及其防松防脱件严禁用其他代用品代用。连接件及其防松防脱件应使用力矩扳手或专用工具紧固连接螺栓。

4.0.3 塔式起重机的力矩限制器、重量限制器、变幅限位器、行走限位器、高度限位器等安全保护装置不得随意调整和拆除，严禁用限位装置代替操纵机构。

5.0.7 拆卸时应先降节、后拆除附着装置。

4. 审查是否采取了高边坡、临空面的安全技术措施。安拆辅助起重机械在吊装作业过程处于高边坡或临空面时应验算其稳定性，如不能满足要求应采取加固措施。

5. 审查安装作业的安全保证措施中是否包括下列措施：

（1）在塔式起重机的安装、使用及拆卸阶段，进入现场的作业人员必须佩戴安全帽、防滑鞋、安全带等防护用品，无关人员严禁进入作业区域内。在安装、拆卸作业期间应设警戒区。

（2）安装作业人员应分工明确、职责清楚。安装前应对安装作业人员进行安全技术交底。

（3）安装辅助设备就位后，应对其机械和安全性能进行检验，合格后方可作业。

（4）安装所使用的钢丝绳、卡环、吊钩和辅助支架等起重机具均应符合相关规定，并应经检查合格后方可使用。

（5）安装作业中应统一指挥，明确指挥信号。当视线受阻、距离过远时，应采用对讲机或多级指挥。

（6）自升式塔式起重机的顶升加节应符合下列规定：

① 顶升系统必须完好；

② 结构件必须完好；

③ 顶升前，塔式起重机下支座与顶升套架应可靠连接；

④ 顶升前，应确保顶升横梁搁置正确；

⑤ 顶升前，应将塔式起重机配平；顶升过程中，应确保塔式起重机的平衡；

⑥ 顶升加节的顺序，应符合使用说明书的规定；

⑦ 顶升过程中，不应进行起升、回转、变幅等操作；

⑧ 顶升结束后，应将标准节与回转下支座可靠连接；

⑨ 塔式起重机加节后需进行附着的，应按照先装附着装置、后顶升加节的顺序进行，附着装置的位置和支撑点的强度应符合要求。

（7）塔式起重机的独立高度、悬臂高度应符合使用说明书的要求。

（8）雨雪、浓雾天气严禁进行安装作业。安装时塔式起重机最大高度处的风速应符合使用说明书的要求，且风速不得超过 12m/s。

（9）塔式起重机不宜在夜间进行安装作业；当需在夜间进行塔式起重机安装和拆卸作业时，应保证提供足够的照明。

（10）当遇特殊情况安装作业不能连续进行时，必须将已安装的部位固定牢靠并达到安全状态，经检查确认无隐患后，方可停止作业。

（11）电气设备应按使用说明书的要求进行安装，安装所用的电源线路应符合现行行业标准《施工现场临时用电安全技术规范》JGJ 46 的要求。

（12）塔式起重机的安全装置必须齐全，并应按程序进行调试合格。

（13）连接件及其防松防脱件严禁用其他代用品代用。连接件及其防松防脱件应使用力矩扳手或专用工具紧固连接螺栓。

（14）安装完毕后，应及时清理施工现场的辅助用具和杂物。

6. 审查拆卸作业的安全保证措施中是否包括下列措施：

（1）塔式起重机拆卸作业宜连续进行；当遇特殊情况拆卸作业不能继续时，应采取措施保证塔式起重机处于安全状态；

（2）当用于拆卸作业的辅助起重设备设置在建筑物上时，应明确设置位置、锚固方法，并应对辅助起重设备的安全性及建筑物的承载能力等进行验算；

（3）拆卸前应检查主要结构件、连接件、电气系统、起升机构、回转机构、变幅机构、顶升机构等项目。发现隐患应采取措施，解决后方可进行拆卸作业；

（4）附着式塔式起重机应明确附着装置的拆卸顺序和方法；

（5）自升式塔式起重机每次降节前，应检查顶升系统和附着装置的连接等，确认完好后方可进行作业；

（6）拆卸完毕后，为塔式起重机拆卸作业而设置的所有设施应拆除，清理场地上作业时所用的吊索具、工具等各种零配件和杂物；

（7）拆卸作业在人员管理、安全技术交底、辅助设备及起重机具、起重指挥信号、起重机塔身悬臂高度、作业气候气象条件、夜间作业、中途暂停作业和动力电源等方面，应采取与安装过程相同的措施；

（8）在降塔过程中应采取与安装过程顶升加节中类似的措施。

（六）安装（拆卸）作业人员配备和分工的审查要点

1. 审查施工总承包单位和安装拆卸单位专职安全生产管理人员、安装拆卸施工现场安全监管人员的数量是否满足要求，职责是否明确。核查有关人员的安全生产考核合格证书。

2. 审查各类特种作业操作人员的配置是否满足作业要求，对特种作业操作证书进行核实。

（七）验收要求的审查要点

1. 审查塔吊基础的验收组织和验收标准是否符合《塔式起重机混凝土基础工程技术标准》JGJ 187、《建筑工程施工质量验收统一标准》GB 50300 和《建筑地基基础工程施工质量验收标准》GB 50202 的有关规定。

2. 审查塔式起重机结构、机构及零部件、安全装置、电气系统、操作系统、液压系统及整机的自检标准是否符合《塔式起重机安全规程》GB 5144 的规定。

3. 审查使用单位组织验收前是否委托有资质的检测单位对塔式起重机进行检测。

4. 使用单位是否按《建筑起重机械安全监督管理规定》（建设部令第 166 号）第十六条的规定组织验收。

（八）应急处理措施的核查要点

1. 起重机安装拆卸工程应编制包括危险源分析、应急救援组织机构及职责、预防与预警、应急响应、应急保障、应急措施等内容完整的应急救援预案，应要求现场操作人员熟悉出现紧急情况时上报、联络方式等应急救援预案的内容。

2. 审核其是否针对起重机械安装拆卸作业的各类安全事故风险，分类制定了应急处理措施。

3. 审核应急处理措施时，应在分析辨识起重机安装拆卸作业过程中的危险源的基础上，重点审核专项方案中的各专项应急处理措施是否具有针对性。

4. 审核其是否安排应急措施交底，是否编制应急救援预案的演练计划。

（九）计算书及相关图纸的审查要点

1. 塔机基础通常采用混凝土基础，塔机地基与基础的设计计算应符合《塔式起重机混凝土基础工程技术标准》JGJ 187 的规定。

塔机基础设计计算书虽不一定作为塔式起重机安装与拆卸专项施工方案的组成部分，但项目监理机构仍应重点审查计算书是否经过设计人员签字，是否有审核（或复核）人员签字；计算所依据的基础参数是否正确；地基承载力特征值是否与详细勘察的报告是否一致；计算过程与计算结果是否存在明显错误；基础施工图与计算书是否吻合。

2. 审查附墙装置设置与计算书

当塔机使用高度超过独立高度时，常规附墙按设备使用说明书要求设置安装即可，无需计算。对于特殊附墙设置需由原制造厂家按《钢结构设计标准》GB 50017 要求进行计算。

3. 审查附墙锚固点与建筑物的相互关系与计算书

（1）附墙锚固点的布置需满足拉杆角度和长度要求（超常规时应由生产厂家重新计算和设计附墙框、拉杆截面、布置角度及材料要求）。

（2）附着预埋件的制作与安装应考虑其与建筑物相连的梁、板、柱的受力是否满足《混凝土结构设计规范》GB 50010 要求，应对支承处的建筑主体结构进行验算。

五、其他类型的起重机械安装（拆卸）工程专项施工方案的审查

塔式起重机是起重机械中应用最为广泛且安装拆卸作业内容最为复杂、安全风险较大的一类。施工现场常用的起重机械还有龙门架、井字架等，其安装和拆卸工程专项施工方案也应经过项目监理机构审查后方可实施。项目监理机构可以从安全风险分析入手，在了解施工现场条件和起重机械设备工作要求，学习掌握相关安全技术标准的基础上，对施工单位报审的专项施工方案从编审程序、内容的针对性和可操作性方面进行全面审查。应依据相关安全技术规范规程确定安全技术要求和要点，审查重点是专项施工方案是否违反工程建设强制性标准。

第八节 脚手架工程专项施工方案的审查

脚手架是指由杆件或结构单元、配件通过可靠连接而组成，支承于地面、建筑物上或附着于工程结构上，为建筑施工提供作业平台和安全防护的结构架体。在建筑施工中，脚手架面临的安全隐患和安全风险也不可忽视。随着高层建筑和大型公共设施建筑建设规模的不断增加，脚手架的类型和搭设方式也不断更新。近年来，由于施工单位安全生产管理上的疏忽，致使脚手架的安全事故时有发生，造成不同程度的人员伤亡和财产损失，给项目施工也造成严重影响。

项目监理机构应督促施工单位在脚手架的准备、搭设、使用、拆除的全过程中，采取有效措施加强安全生产管理，防止安全事故发生。对脚手架工程专项施工方案的审查，是项目监理机构履行职责，督促施工单位加强安全生产管理工作的有效手段之一。

一、脚手架工程的特点

建筑工程中使用的脚手架种类很多。按照材料可分为钢管脚手架、木脚手架、竹脚手架等，按照节点形式可分为扣件式、碗扣式、门式、承插型盘扣式等；按照搭设方式可分为落地作业脚手架、悬挑脚手架、附着式升降脚手架等。危险性较大的脚手架工程在安全方面具有如下主要特点：

（一）构配件材质对脚手架安全影响很大

搭设脚手架所用的各类材料，如型钢、钢管、扣件等，目前生产厂家多，供应渠道复杂，而工程中用量一般较大，各类材料的规格及材质常常不符合规范要求；周转使用的型钢、钢管、构配件经常出现弯曲、变形和锈蚀现象；为保证脚手架的安全，必须对进场的各类架料扣件进行检测和验收，以确保用于工程施工的各类脚手架材料的技术性能符合标准。

（二）脚手架安装拆卸操作人员的技能、素质十分重要

脚手架搭设作业的质量直接影响脚手架的安全。脚手架安装和拆除作业往往需要高处作业，作业人员自身安全也需要保障。因此脚手架安装拆卸操作人员的技能、素质，对于施工安全十分重要。按规定，脚手架安装和拆除作业，必须由持特种作业操作证的专业架子工承担，且作业前必须经过安全生产教育和安全技术交底。

（三）脚手架架体需要根据实际工况进行结构设计计算

脚手架在施工中承受多种荷载，不同类型的脚手架，不同的材料其工程力学性能指标差异也很大，脚手架在安装、使用和拆除过程中将处于不同的状态。因此，脚手架施工方案中须包括架体的结构设计计算，计算必须考虑到脚手架的各种工况。仅依靠经验来搭设脚手架将带来巨大的安全风险。

（四）立杆基础或悬挑脚手架的悬挑构件的承载能力是脚手架安全的重要条件

立杆基础需平整、密实、立杆底部应按规定设底座、垫板，应设置纵、横向扫地杆，应采取排水措施；悬挑式脚手架的悬挑钢梁，截面高度、截面形式、钢梁固定段长度、外端与上一层建筑结构拉结、钢梁锚固处结构强度、锚固措施、钢梁间距及材料性能均严重影响脚手架的安全。

（五）杆件间距、连墙件、剪刀撑是架体杆件和架体整体稳定的重要保障

脚手架中的杆件间距、连墙件、剪刀撑、扫地杆等构造措施是脚手架长期使用经验的总结，是架体杆件和架体整体稳定的重要保障，也是保证脚手架受力计算模型可信性的物理基础。从某种意义上说，这些措施的作用强于脚手架架体结构计算。

（六）脚手板、防护栏杆及防护网、层间防护和通道，是脚手架使用安全的必备条件

脚手架是供施工人员使用的工作平台，不仅需要保证架体的安全，还必须保障使用者和周边环境的安全。脚手板的铺设，防护栏杆及防护网、层间防护和通道的设置，都必须满足安全使用的要求。

（七）脚手架长期使用对安全有不利影响

脚手架在长期使用中，会受到各种因素的影响，可能遭遇各种损伤。为保证脚手架的使用安全，除了平时注意观察之外，必须定期和不定期地对脚手架进行检查，特别是在经历特殊情况（如地震、暴雨、大风、凝冻等）以后或较长时间停用重新启用之前，必须对脚手架进行全面的安全检查。

（八）脚手架拆除作业仍存在各种安全风险

脚手架拆除过程中，架体的整体性和稳定性会受到一定影响。拆除作业工人往往处于高处作业。拆除后的材料下运过程也会对周边环境安全造成一定影响。脚手架拆除作业中的安全风险不容忽视。必须制定周密的方案并严格按方案执行，特别要加强对拆除作业的监控和作业环境的警戒。

二、脚手架工程专项施工方案的主要内容

（一）脚手架工程专项施工方案的编审规定

《住房城乡建设部办公厅关于实施〈危险性较大的分部分项工程安全管理规定〉有关问题的通知》中，明确规定了脚手架工程中属于危险性较大的分部分项工程的范围。

搭设高度24m及以上的落地式钢管脚手架工程（包括采光井、电梯井脚手架）；附着式升降脚手架工程；悬挑式脚手架工程；高处作业吊篮；卸料平台；操作平台工程和异型脚手架工程，属于危大工程。项目监理机构应督促施工单位编制专项施工方案，并在脚手架工程施工前对该专项施工方案进行审查。

搭设高度50m及以上的落地式钢管脚手架工程、提升高度在150m及以上的附着式升降脚手架工程或附着式升降操作平台工程和分段架体搭设高度20m及以上的悬挑式脚手架工程属于超过一定规模的危大工程。施工单位应根据安装、使用及拆除过程的危险源分析结果编制脚手架工程专项施工方案，并组织专家论证。项目监理机构应在专家论证前对方案进行审查。若专家论证意见为"修改后通过"，项目监理机构应审查施工单位按专家论证意见修改后的专项施工方案。

（二）脚手架工程专项施工方案的主要内容包括：

1. 工程概况

应包括建设项目的主要指标和建筑、结构设计特点，施工平面布置特点和施工要求，

采用的脚手架类型和主要技术指标等。

2. 编制依据

相关法律、法规、规范性文件、标准、规范及图纸（国标图集）、施工组织设计等。特别应列明与本脚手架工程施工有关的规范、标准等。

3. 施工计划

应包括脚手架搭设与拆除进度计划安排、脚手架材料供应计划、脚手架使用期间维护检查工作计划安排等。

4. 施工工艺技术

应包括脚手架的搭设构造要求，搭设与拆除的施工技术要求（包括自升式脚手架的升降技术要求）以及检查要求等。

5. 施工安全保证措施

应包括脚手架搭设区域管理、人员组织机构、脚手架安装和拆除的安全技术措施，脚手架使用过程中的安全管理措施，自升式脚手架升降过程中的安全措施，以及使用过程中的监测监控措施等。

6. 施工管理及作业人员配备和分工

应包括专职安全生产管理人员、特种作业人员的配置等。

7. 验收要求

应明确规定对脚手架材料质量进场验收，搭设前对脚手架地基进行检查验收，脚手架使用前对搭设施工质量进行验收。均应明确验收标准、验收程序、验收内容、验收人员等。因脚手架使用时间较长，可能遇到较长时间停工或特殊气候条件，还应有特殊情况下对脚手架进行检查的要求。

8. 应急处置措施

应根据可能出现脚手架坍塌、高处坠落、物体打击、触电等事故风险，分别制定应急预案和应急预案的交底、演练措施。

9. 计算书及相关施工图纸

应按正常搭设和正常使用条件进行脚手架设计。按脚手架承载能力极限状态设计时，应采用荷载设计值和强度设计值进行计算；按脚手架正常使用极限状态设计时，应采用荷载标准值和变形限值进行计算。应根据架体构造、搭设部位、使用功能、荷载等因素确定脚手架设计计算内容。

脚手架施工图纸包括脚手架平面布置图、立面图、剖面图，脚手架立杆、纵横向水平杆布置图，剪刀撑布置投影图等。

三、审查脚手架工程专项施工方案的准备工作

项目监理机构对施工单位报审的脚手架工程专项施工方案进行审查，应熟悉与脚手架工程有关情况，包括：

（一）工程建设项目的基本情况

通过阅读施工图了解工程建设项目的基本情况，包括平面图、立面图、总高及主要结构形式。

通过阅读施工组织设计了解工程建设项目的施工技术特点和工期安排。

（二）脚手架架设材料的规格和性能。

（三）脚手架工程的环境条件。

包括支架地基或支撑结构的基本情况（主要是承载能力）、施工期间的气候气象条件等。

（四）与该脚手架工程施工有关的国家标准和行业标准，如：

《建筑施工脚手架安全技术统一标准》GB 51210

《建筑施工扣件式钢管脚手架安全技术规范》JGJ 130

《建筑施工碗扣式钢管脚手架安全技术规范》JGJ 166

《建筑施工承插型盘扣式钢管脚手架安全技术规范》JGJ 231

《建筑施工门式钢管脚手架安全技术规范》JGJ/T 128

《建筑施工工具式脚手架安全技术规范》JGJ 202

《建筑施工高处作业安全技术规范》JGJ 80 等。

（五）该工程施工单位的基本情况

包括工程项目施工承包合同结构体系，施工承包单位及脚手架工程分包单位的工程经验和技术、管理能力。

四、脚手架工程专项施工方案的审查要点

项目监理机构对施工单位报审的脚手架工程专项施工方案的审查，应按照本章第一节所述的审查基本要求，对报审材料的真实性、针对性、时效性和专项施工方案内容的完整性以及编审程序进行审查。还应重点审查脚手架专项施工方案以下内容：

（一）工程概况的描述是否真实、全面

脚手架平面布置、架设高度和步距能否满足工程施工的要求。

（二）编制依据的技术标准

编制依据的技术标准是否涵盖专项方案的全部内容，是否正确，所依据的技术标准是否是现行有效版本。

（三）审查脚手架搭设计划

脚手架搭设计划安排是否满足施工进度要求并确保施工安全。

季节性气候条件、特定的自然和社会环境条件是否对脚手架及其使用安全具有不利影响。材料供应计划中对脚手架工程的各类材料的品种、规格、型号和主要性能指标是否有明确要求，是否符合相关技术标准规范要求且能满足脚手架在搭设、使用和拆除过程中的安全要求。

（四）重点审查脚手架施工工艺

脚手架工程施工工艺是否满足以下构造和技术要求：

1. 脚手架的搭设场地应平整、坚实，场地排水应顺畅不应有积水。脚手架附着于建筑结构处的混凝土强度应满足安全承载要求。

2. 脚手架的构造和组架工艺应能满足施工需求，并应保证架体牢固、稳定。

3. 脚手架杆件连接节点应满足其强度和转动刚度要求，应确保架体在使用期内安全，

节点无松动。

4. 脚手架所用杆件、节点连接件、构配件等应能配套使用，并应能满足各种组架方法和构造要求。

5. 脚手架的竖向和水平剪刀撑应根据其种类、荷载、结构和构造设置，剪刀撑斜杆应与相邻立杆连接牢固，可采用斜撑杆、交叉拉杆代替剪刀撑。门式钢管脚手架设置的纵向交叉拉杆可替代纵向剪刀撑。

6. 作业脚手架的宽度不应小于 0.8m，且不宜大于 1.2m。作业层高度不应小于 1.7m，且不宜大于 2.0m。

7. 作业脚手架应按设计计算和构造要求设置连墙件，并应符合下列规定：

（1）连墙件应采用能承受压力和拉力的构造，并应与建筑结构和架体连接牢固；

（2）连墙点的水平间距不得超过 3 跨，竖向间距不得超过 3 步，连墙点之上架体的悬臂高度不应超过 2 步；

（3）在架体的转角处、开口型作业脚手架端部应增设连墙件，连墙件的垂直间距不应大于建筑物层高，且不应大于 4.0m。

8. 在作业脚手架的纵向外侧立面上是否设置竖向剪刀撑，并符合下列规定：

（1）每道剪刀撑的宽度应为 4～6 跨，且不应小于 6m，也不应大于 9m；剪刀撑斜杆与水平面的倾角应在 45°～60°之间；

（2）搭设高度在 24m 以下时，应在架体两端、转角及中间每隔不超过 15m 各设置一道剪刀撑，并由底至顶连续设置；搭设高度在 24m 及以上时，应在全外侧立面上由底至顶连续设置；

（3）悬挑脚手架、附着式升降脚手架应在全外侧立面上由底至顶连续设置。

9. 当采用竖向斜撑杆、竖向交叉拉杆替代作业脚手架竖向剪刀撑时，应符合下列规定：

（1）在作业脚手架的端部、转角处应各设置一道；

（2）搭设高度在 24m 以下时，应每隔 5～7 跨设置一道；搭设高度在 24m 及以上时，应每隔 1～3 跨设置一道；相邻竖向斜撑杆应朝向对称呈八字形设置（图 3-6）；

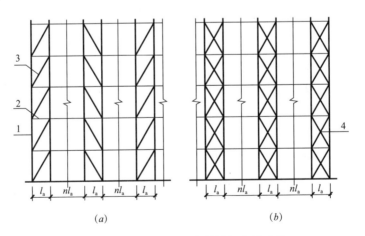

图 3-6　作业脚手架竖向斜撑杆布置示意

（a）竖向斜撑杆布置；（b）竖向交叉拉杆布置

1—立杆；2—水平杆；3—斜撑杆；4—交叉拉杆

（3）每道竖向斜撑杆、竖向交叉拉杆应在作业脚手架外侧相邻纵向立杆间由底至顶按步连续设置。作业脚手架底部立杆上应设置纵向和横向扫地杆。

10. 悬挑脚手架立杆底部应与悬挑支承结构可靠连接；应在立杆底部设置纵向扫地杆，并应间断设置水平剪刀撑或水平斜撑杆。

11. 附着式升降脚手架应符合下列规定：

（1）竖向主框架、水平支承桁架应采用桁架或刚架结构，杆件应采用焊接或螺栓连接；

（2）应设有防倾、防坠、超载、失载、同步升降控制装置，各类装置应灵敏可靠；

（3）在竖向主框架所覆盖的每个楼层均应设置一道附墙支座；每道附墙支座应能承担该机位的全部荷载；在使用工况时，竖向主框架应与附墙支座可靠固定；

（4）当采用电动升降设备时，电动升降设备连续升降距离应大于一个楼层高度，并应有可靠的制动和定位功能；

（5）防坠落装置与升降设备的附着固定应分别设置，不得固定在同一附着支座上。

12. 脚手架的作业层上应满铺脚手板，并采取可靠的连接方式与水平杆固定。当作业层边缘与建筑物间隙大于 150mm 时，应采取防护措施。作业层外侧应设置栏杆和挡脚板。

13. 脚手架应按顺序搭设，并应符合下列规定：

（1）落地作业脚手架、悬挑脚手架的搭设应与工程施工同步，一次搭设高度不应超过最上层连墙件两步，且自由高度不应大于 4m；

（2）支撑脚手架应逐排、逐层进行搭设；

（3）剪刀撑、斜撑杆等加固杆件应随架体同步搭设，不得滞后安装；

（4）构件组装类脚手架的搭设应自一端向另一端延伸，自下而上按步架设，并应逐层改变搭设方向；

（5）每搭设完一步架体后，应按规定校正立杆间距、步距、垂直度及水平杆的水平度。

14. 作业脚手架连墙件的安装必须符合下列规定：

（1）连墙件的安装必须随作业脚手架搭设同步进行，严禁滞后安装；

（2）当作业脚手架操作层高出相邻连墙件 2 个及以上步距时，在上层连墙件安装完毕前，必须采取临时拉结措施。

15. 悬挑脚手架、附着式升降脚手架在搭设时，其悬挑支承结构、附着支座的锚固和固定应牢固可靠。

16. 附着式升降脚手架组装就位后，应按规定进行检验和升降调试，符合要求后方可投入使用。

17. 脚手架的拆除作业应符合下列规定：

（1）架体的拆除应从上而下逐层进行，严禁上下同时作业；

（2）同层杆件和构配件应按先外后内的顺序拆除；剪刀撑、斜撑杆等加固杆件应拆卸至该杆件所在部位时再拆除；

（3）作业脚手架连墙件应随架体逐层拆除，严禁先将连墙件整层或数层拆除后再拆架体。拆除作业过程中，当架体的自由端高度超过 2 个步距时，必须采取临时拉结措施。

18. 脚手架的拆除作业不得重锤击打、撬别。拆除的杆件、构配件应采用机械或人工运至地面，严禁抛掷。

19. 当在多层楼板上连续搭设支撑脚手架时，应分析多层楼板间荷载传递对支撑脚手架、建筑结构的影响，上下层支撑脚手架的立杆宜对位设置。

20. 脚手架在使用过程中应分阶段进行检查、监护、维护、保养。

21. 应根据脚手架类型，分别满足《建筑施工扣件式钢管脚手架安全技术规范》JGJ 130、《建筑施工碗扣式钢管脚手架安全技术规范》JGJ 166、《建筑施工承插型盘扣式钢管支架安全技术规范》JGJ 231、《建筑施工门式钢管脚手架安全技术标准》JGJ/T 128、《建筑施工工具式脚手架安全技术规范》JGJ 202 等标准的构造和技术要求。

（五）施工安全保证措施

专项施工方案应明确以下施工安全保证措施：

1. 脚手架的搭设和拆除作业应由专业架子工担任，并应持证上岗。

2. 搭设和拆除脚手架作业应有相应的安全设施，操作人员应佩戴个人防护用品，穿防滑鞋。

3. 制定脚手架在使用过程中定期检查计划，明确检查项目及标准。

4. 明确规定脚手架遇有下列情况之一时，应进行检查，确认安全后方可继续使用：

（1）遇有 6 级及以上强风或大雨过后；

（2）冻结的地基土解冻后；

（3）停用超过 1 个月；

（4）架体部分拆除；

（5）其他特殊情况。

5. 明确脚手架作业层上的设计允许荷载，规定不得超载使用，作业脚手架同时满载作业的层数不应超过 2 层。

6. 严禁将支撑脚手架、缆风绳、混凝土输送泵管、卸料平台及大型设备的支承件等固定在作业脚手架上。严禁在作业脚手架上悬挂起重设备。

7. 雷雨天气、6 级及以上强风天气应停止架上作业；雨、雪、雾天气应停止脚手架的搭设和拆除作业；雨、雪、霜后上架作业应采取有效的防滑措施。

8. 作业脚手架外侧和支撑脚手架作业层栏杆应采用密目式安全网或其他措施全封闭防护。密目式安全网应为阻燃产品。

9. 作业脚手架临街的外侧立面、转角处应采取硬防护措施，硬防护的高度不应小于 1.2m，转角处硬防护的宽度应为作业脚手架宽度。

10. 在脚手架作业层上进行电焊、气焊和其他动火作业时，应采取防火措施，并应设专人监护。

11. 脚手架使用期间立杆基础下及附近不宜进行挖掘作业。当因施工需要进行挖掘作业时，应对架体采取加固措施。

12. 在搭设和拆除脚手架作业时，应设置安全警戒线、警戒标志，并应派专人监护，严禁非作业人员入内。

13. 脚手架与架空输电线路的安全距离、工地临时用电线路架设及脚手架接地、防雷措施，应按现行标准《施工现场临时用电安全技术规范》JGJ 46 执行。

14. 当脚手架在使用过程中出现安全隐患时应及时排除；当出现可能危及人身安全的

重大隐患时，应停止架上作业，撤离作业人员，并由工程技术人员组织检查、处置。

（六）施工管理及作业人员配备和分工

专项施工方案应明确配置足额的专职安全生产管理人员，明确其岗位职责和在脚手架工程阶段的具体工作，设专人负责安全检查，发现问题应报告项目部安全生产负责人或项目经理及时处理。应明确规定当发生险情时应立即停工和采取应急措施，待修复或排除险情后方可继续施工。

脚手架搭设与拆除人员属于特种作业人员（架子工），方案应明确需要持特种作业操作证书上岗的架子工数量。

（七）验收要求

专项施工方案应明确下列验收环节的验收内容、验收标准、验收要求以及验收程序。

1. 脚手架搭设之前，对搭设场地、支承结构或附着结构进行检查、验收。

2. 搭设脚手架的材料、构配件和设备应按进入施工现场的批次分品种、规格进行检验，检验合格后方可搭设施工，并应符合下列规定：

（1）新产品应有产品质量合格证，工厂化生产的主要承力杆件、涉及结构安全的构件应具有型式检验报告；

（2）材料、构配件和设备质量应符合本标准及国家现行相关标准的规定；

（3）按规定应进行施工现场抽样复验的构配件，应经抽样复验合格；

（4）周转使用的材料、构配件和设备，应经维修检验合格。

3. 在对脚手架材料、构配件和设备进行现场检验时，应采用随机抽样的方法抽取样品进行外观检验、实量实测检验、功能测试检验。抽样比例应符合下列规定：

（1）按材料、构配件和设备的品种、规格应抽检 1%～3%；

（2）安全锁扣、防坠装置、支座等重要构配件应全数检验；

（3）经过维修的材料、构配件抽检比例不应少于 3%。

4. 脚手架在搭设过程中和阶段使用前，应进行阶段施工质量检查，确认合格后方可进行下道工序施工或阶段使用，在下列阶段应进行阶段施工质量检查：

（1）搭设场地完工后及脚手架搭设前；附着式升降脚手架支座、悬挑脚手架悬挑结构固定后；

（2）首层水平杆搭设安装后；

（3）落地作业脚手架和悬挑作业脚手架每搭设一个楼层高度，阶段使用前；

（4）附着式升降脚手架在每次提升前、提升就位后和每次下降前、下降就位后。

5. 在落地作业脚手架、悬挑脚手架达到设计高度后，附着式升降脚手架安装就位后，应对脚手架搭设施工质量进行完工验收。脚手架搭设施工质量合格判定应符合下列规定：

（1）所用材料、构配件和设备质量应经现场检验合格；

（2）搭设场地、支承结构件固定应满足稳定承载的要求；

（3）阶段施工质量检查合格，符合与脚手架相关的国家现行标准及专项施工方案的要求；

（4）观感质量检查应符合要求；

（5）专项施工方案、产品合格证及型式检验报告、检查记录、测试记录等技术资料应完整。

（八）应急处置措施

项目监理机构应审查专项施工方案是否编制了应急处置措施；应急措施是否全面覆盖了脚手架工程施工过程中脚手架坍塌、物体打击、操作人员高处坠落、触电、火灾等安全事故风险；是否有交底安排和定期演练计划。

（九）计算书及相关施工图纸

1. 脚手架设计应采用以概率理论为基础的极限状态设计方法，分别按承载能力极限状态和正常使用极限状态进行设计计算。

2. 脚手架应根据架体构造、搭设部位、使用功能、荷载等因素确定设计计算内容，落地式作业脚手架计算应包括下列内容：

（1）水平杆件抗弯强度、挠度，节点连接强度；

（2）立杆稳定承载力；

（3）地基承载力；

（4）连墙件强度、稳定承载力、连接强度；

（5）缆风绳承载力及连接强度。

3. 脚手架结构设计时，应先对脚手架结构进行受力分析，明确荷载传递路径，选择具有代表性的最不利杆件或构配件作为计算单元。计算单元的选取应符合下列要求：

（1）应选取受力最大的杆件、构配件；

（2）应选取跨距、间距增大和几何形状、承力特性改变部位的杆件、构配件；

（3）应选取架体构造变化处或薄弱处的杆件、构配件；

（4）当脚手架上有集中荷载作用时，尚应选取集中荷载作用范围内受力最大的杆件、构配件。

4. 对于计算书的审核，应将重点放在以下五个方面：

（1）应依据《建筑施工脚手架安全技术统一标准》GB 51210 第 6 章的规定，完成水平杆件抗弯强度、挠度，节点连接强度，立杆稳定承载力，地基承载力，连墙件强度、稳定承载力、连接强度，缆风绳承载力及连接强度的计算，每项计算列出计算简图和截面构造大样图，注明材料尺寸、规格等。

（2）脚手架上的各类荷载取值及其组合、模板及支架的最大变形限值均应符合《建筑施工脚手架安全技术统一标准》GB 51210 第 5 章的规定。

（3）承载能力的极限状态和正常使用的极限状态计算应满足《建筑施工脚手架安全技术统一标准》GB 51210 第 6.2 节和 6.3 节的有关规定。

（4）各类材料的截面几何参数应考虑工程使用材料的实际情况。如当前市场上供应的钢管壁厚与规范要求的壁厚往往有很大的负偏差，验算所使用的截面积和尺寸应符合实际。

（5）如采用计算机辅助设计，应使用经过住房和城乡建设部鉴定的施工安全设施计算软件。

5. 除依据《建筑施工脚手架安全技术统一标准》GB 51210 对计算书及图纸进行审核之外，尚应根据脚手架类型分别依据《建筑施工扣件式钢管脚手架安全技术规范》JGJ 130、《建筑施工碗扣式钢管脚手架安全技术规范》JGJ 166、《建筑施工承插型盘扣式钢管支架安全技术规范》JGJ 231、《建筑施工门式钢管脚手架安全技术标准》JGJ/T 128、《建筑施工工具式脚手架安全技术规范》JGJ 202等标准对计算书和脚手架施工图纸进行审核。

6.应认真审查相关施工图纸，核对立杆、纵横水平杆平面布置图，支撑系统立面图、剖面图，脚手架监测平面布置图及连墙件布置及节点大样图等。如发现有错漏，应要求施工单位整改后重新报审。

五、其他类型的脚手架工程

按照《住房和城乡建设部办公厅关于实施〈危险性较大的分部分项工程安全管理规定〉有关问题的通知》的规定，高处作业吊篮、卸料平台、操作平台工程和异型脚手架工程，属于危险性较大的脚手架工程，应编制专项施工方案。

项目监理机构应充分了解高处作业吊篮、卸料平台、操作平台工程和异型脚手架的使用环境，在分析搭设、使用和拆除过程中存在安全风险的基础上，依据《高处作业吊篮》GB/T 19155、《高处作业吊篮安装、拆卸、使用技术规程》JB/T 11699、《建筑施工高处作业安全技术规范》JGJ 80、《建筑施工工具式脚手架安全技术规范》JGJ 202及其他有关国家标准、行业标准对专项施工方案进行审查。

第九节　拆除工程专项施工方案的审查

拆除工程是指房屋建筑工程、市政基础设施等整体或局部拆除施工。拆除工程包括人工拆除、机械拆除、爆破拆除及静力破碎拆除。随着城市建设的发展，拆迁改造房屋拆除工程的数量在增多，规模在增大。由于拆除工程危险因素多、对周边环境影响大，《建设工程安全生产管理条例》规定，业主应将拆除工程发包给具有相应资质等级的施工单位，并与其签订施工合同和安全生产管理协议。

在拆除工程施工前，项目监理机构应审查施工单位编制的施工组织设计或专项施工方案和生产安全事故应急预案，保障拆除工程施工安全和施工过程中的人身安全，加强环境保护。

一、拆除工程施工的特点

拆除工程中的拆除对象不同，周边环境不同，拆除施工工艺不同，其面临安全风险也不同。拆除工程施工主要有以下特点：

（一）需要掌握拆除对象的现实结构状态

若盲目施工或采用不正确的拆除方法有可能导致结构失效意外坍塌。

（二）拆除施工前需要完全切断电气管线

避免拆除工程施工过程中电路短路或燃气泄漏，或因易燃易爆物品未彻底清除，导致火灾、爆炸事故发生。

（三）需要强化拆除现场管理

特别是要明确物料、渣土的堆放和清运方案。避免堆料坍塌、物体打击事故的发生。

（四）需要确保临时设施的安全

脚手架、操作平台等临时搭设的辅助设施必须符合安全标准。避免发生坍塌事故。

（五）施工机械的安全管理不可忽视

拆除施工机械必须符合安全标准，机械操作人员必须经过安全培训并持证上岗，必须遵守施工机械的安全操作规程。避免机械伤害事故。

（六）爆破施工安全要特别重视

必须加强对爆破拆除施工和爆炸物品管理，严防意外爆炸事故。

（七）要加强对施工人员的安全教育

要做好安全技术交底。杜绝违章操作，正确使用防护设施、用具，避免物体打击、高处坠落等事故。

（八）要加强施工现场安全管理

要完善场地围护，加强拆除施工监管和现场警戒，避免拆除现场和周边无关人员受到各类事故伤害。

二、拆除工程专项施工方案的主要内容

（一）拆除工程专项施工方案的编审规定

住房城乡建设部办公厅《关于实施〈危险性较大的分部分项工程安全管理规定〉有关问题的通知》（建办质〔2018〕31号）中，明确规定了拆除工程中属于危险性较大的分部分项工程的范围。

1. 可能影响行人、交通、电力设施、通信设施或其他建、构筑物安全的拆除工程属于危大工程。项目监理机构应督促施工单位编制专项施工方案，并应在拆除工程工程施工前对该专项施工方案进行审查。

2. 码头、桥梁、高架、烟囱、水塔或拆除中容易引起有毒有害气（液）体或粉尘扩散、易燃易爆事故发生的特殊建、构筑物的拆除工程；文物保护、优秀历史建筑或历史文化风貌区影响范围内的拆除工程属于超过一定规模的危大工程。项目监理机构应督促施工单位编制工程拆除工程专项施工方案并组织专家论证，应在专家论证前对方案进行审查。若专家论证意见为"修改后通过"，项目监理机构应审查施工单位按专家论证意见修改后的专项施工方案。

（二）拆除工程专项施工方案的主要内容应包括：

1. 工程概况

拆除工程的建筑、结构特点，包括总平面图、平面图、立面图；拆除工程的环境特点，包括周边地形地物、周边和地下管线基本情况等。

建设单位的拆除施工要求。

所采用的拆除施工方式及拆除施工单位的技术与安全施工保证条件。

2. 编制依据

相关法律、法规、规范性文件，包括《建筑拆除工程安全技术规范》JGJ 147在内的有关工程建设标准、规范等。

建设单位相关主管部门有关该工程的拆除文件或拆除决定。

拟拆除工程的施工图设计文件及竣工图；拆除工程范围内及周边电力、热力、通信、燃气、给水排水等线路管网图。相关建设工程的施工组织设计等。

3. 施工计划

应包括拆除施工准备工作计划、拆除施工进度计划、拆除施工机械进退场计划、旧料及废弃物堆放、运输计划等。

4. 施工工艺技术

应包括拆除施工技术参数、工艺流程、施工方法、操作要求、检查要求等。

5. 施工安全保证措施

包括组织保障措施、技术措施、监测监控措施等。

6. 施工管理及作业人员配备和分工

包括施工管理人员、专职安全生产管理人员的配备和职责分工，特种作业人员及其他作业人员的配备计划等。

7. 验收要求

拆除工程施工准备工作、施工过程中及施工完毕的验收环节、验收标准、验收程序、验收内容、验收人员等。

8. 应急处置措施

针对拆除工程中存在的安全风险制定的应急处理措施。

9. 计算书及相关施工图纸。

应包括拆除工程临时加固结构设计计算书及施工图，拆除施工中所使用的脚手架、操作平台、支架等临时设施的设计计算书及施工图纸，拆除施工现场平面布置图等。

危险性较大的拆除工程专项施工方案应结合工程实际情况编制，应满足《建筑拆除工程安全技术规范》JGJ 147 及住房城乡建设部的有关规定。

三、审查拆除工程专项施工方案的准备工作

为对施工单位报审的拆除工程专项施工方案进行有效审查，项目监理机构应由具有爆破作业经验的专业监理工程师负责审查爆破拆除专项施工方案。项目监理机构人员应掌握与该拆除工程有关情况及有关资料，包括：

（一）拆除工程的基本情况

应要求建设单位提供拟拆除工程的施工图设计文件及竣工图，拆除工程范围内及周边电力、热力、通信、燃气、给水排水等线路管网图，拆除工程及周边的地形图等资料。应熟悉周边环境，熟悉可能受拆除施工影响的周边建筑物使用情况和周边交通情况，了解拆除施工期间的气象条件等。

应了解建设单位对拆除工程的拆除要求，建设单位相关主管部门有关该工程的拆除文件或拆除决定。

应掌握施工方案中拟采用的拆除方法及所采用的施工机械和设施的主要技术指标和特点。

（二）与该拆除工程施工有关的国家标准和行业标准

《建筑拆除工程安全技术规范》JGJ 147

《爆破安全规程》GB 6722

《建筑施工脚手架安全技术统一标准》GB 51210

《建设工程施工现场消防安全技术规范》GB 50720

《建筑施工高处作业安全技术规范》JGJ 80

《建筑施工起重吊装安全技术规范》JGJ 276

《建筑机械使用安全技术规程》JGJ 33

以及拆除施工中所使用的施工机械的安全操作规程等。

（三）该拆除工程施工单位的基本情况

拆除施工单位人员的技术水平、管理能力，本拆除工程和承包分包关系，拆除施工单位的技术装备水平和工人的技能水平。

四、拆除工程专项施工方案审查要点

项目监理机构对施工单位报审的拆除工程专项施工方案的审查，应按照本章第一节所述的审查基本要求，对报审材料的真实性、针对性、时效性和专项施工方案内容的完整性以及编审程序进行审查。

拆除专项施工方案应重点审查以下内容：

（一）工程概况的描述是否真实、全面

对拟拆除工程的结构特点描述是否正确。对拆除工程的环境特点，周边地形地物、周边和地下管线等基本情况描述是否正确。施工单位是否具备所采用的拆除施工方法的能力与资质，采用爆破拆除时，应审查施工单位是否具有公安部门核发并在有效期内的相应等级的《爆破作业单位许可证》。

（二）编制依据的技术标准是否正确

所列出的技术标准是否涵盖专项方案的全部内容，是否正确，所依据的技术标准是否是现行有效版本。

对采用爆破拆除的工程，公安部门核发的《爆破作业项目行政许可决定书》也应作为专项施工方案的编制依据。

（三）拆除施工准备工作计划是否完善，是否保证拆除工程的顺利进行

拆除工程施工进度计划的安排是否满足合同要求并确保施工安全，是否考虑可能影响拆除工程安全施工的气候气象因素。拆除施工机械进退场计划、旧料及废弃物堆放、运输计划等是否与拆除工程施工进度计划相协调。

（四）拆除工程施工工艺应按人工拆除、机械拆除、爆破拆除和静力拆除分别从施工安全角度进行审查

1. 人工拆除施工工艺技术的审查要点

（1）审查该工程的结构形式是否适合采用人工拆除。

人工拆除适用于木结构、砖木结构、檐口高度10m以下的砖混结构等民用建筑的拆除，以及因环境不允许采用爆破、机械拆除，必须采用人工拆除方法的情况。

（2）审查拆除施工作业顺序是否明确、是否正确。

人工拆除作业应按建造施工工序的逆顺序自上而下、逐层、逐个构件、杆件进行；屋檐、外楼梯、挑阳台、雨篷、广告牌和铸铁落水管道等，在拆除工程施工中容易失稳的外挑构件应先行拆除；栏杆、楼梯、楼板等构件拆除应与结构整体拆除同步进行，严禁先行拆除；承重墙、梁、柱应在其所承载的全部构件拆除后再进行拆除。严禁垂直交叉作业。

（3）是否设置了施工现场作业通道，作业通道是否符合以下设置要求：

1）平面通道宽度应适合运输工具和施工人员通行的需要；

2）上、下通道宜利用原建筑通道，无法利用原通道的应搭设临时施工通道。

（4）脚手架设置方案是否符合相关安全技术标准，是否满足拆除工程需要。

对拆除物的檐口高度大于2m或屋面坡度大于30°的拆除工程，应搭设施工脚手架，落地脚手架首排底笆应选用不漏尘的板材铺设；脚手架应经验收合格后方可使用；拆除工程施工中应检查和采取相应措施，防止脚手架倒塌；脚手架应随建（构）筑物的拆除进程同步拆除。

（5）回收材料和废弃物的垂直运输方案是否明确、合理。

应规定拆卸下的材料、构件、杆件等应由垂直升降设备或在流放槽中卸下，或通过楼梯搬运到地面；建筑垃圾可通过原电梯井道或设置的垃圾井道卸下，在楼板上开设的垃圾井道洞口不宜过大，且洞口边缘下部应有梁或墙支撑以确保洞口稳固，洞口四周应采取牢固的防护栏等防坠落安全措施。

（6）是否具有需要使用起重设备辅助拆除的较大较重构件，如有，是否制定起重方案以及起重方案是否满足《建筑施工起重吊装安全技术规范》JGJ 276等有关安全技术规范的要求。

（7）是否明确楼板（屋面板）、次梁、主梁、墙体、立柱各类构件的破解、拆除方式和操作要求，破解、拆除操作方式和操作平台是否满足安全生产的要求。上层较重构件拆解后应采用起重设备缓慢下放，如无整体缓慢下放条件则应设置相应支架，在支架上进行粉碎性拆除。墙体必须自上而下粉碎性拆除，禁止采用开墙槽、砍凿墙脚、人力推倒或拉倒墙体的方法拆除墙体。楼层以上的构件在拆解过程中应控制倒塌方向，对倒塌撞击点应采取缓冲减震措施。

（8）钢筋混凝土建、构筑物在特定噪声、扬尘控制区域是否采用低噪声切割方式拆除。使用金刚石链锯、碟锯、水钻等切割工具，其作业应符合下列要求：

1）切割放线作业前应验算被切割构件的重量和体积；

2）切割前先在被切割构件底部搭设钢管支撑架，支撑架应具有足够的支承力以保证被切割构件割断后的稳定；

3）钢筋混凝土立柱和楼板切割前应先在被切割构件上钻起吊孔，用起重设备起吊，立柱的吊点应布置在重心以上部位；

4）根据附属设施、非承重结构、次承重结构和主承重结构的先后顺序，按照放线的位置分块切割，并逐一吊至指定地点；

5）切割过程中产生的污水要设置接收及处理设施。

2. 机械拆除施工工艺的审查要点

（1）该工程是否适合采用机械拆除。机械拆除适用于砖木结构、砖混结构、框架结构、框剪结构、排架结构、钢结构等各类建（构）筑物和各类基础、地下工程。

（2）是否明确规定拆除机械应具有产品合格证及有关技术主管部门对该机械检验合格的证明；是否明确规定按机械操作人员手册要求和《建筑机械使用安全技术规程》JGJ 33有关规定使用和进行日常保养、定期保养、维护和维修，确保机械完好、使用安全。

（3）是否明确规定拆除机械使用前或交接使用时应对各种安全防护装置、监测、报警装置、升降、变幅、旋转、移动等系统进行调试检查，机械各项性能应安全、完好方可使用或交接。

（4）是否明确规定拆除工程施工现场机械作业的道路、水电、停机场地等应满足机械拆除作业要求，夜间作业的照明灯光应满足施工要求；强光照明灯应配防眩光罩，照明光束应俯射施工作业面，照明灯光不得直射工地外道路及其他建筑物。

（5）所选择的拆除机械有效作业高度是否超过被拆除建、构筑物的高度。

（6）是否制定机械设备在作业时与架空线保持安全距离的措施；是否设置保护地下管线的路基箱或钢板保护体。

（7）是否制定确保未拆除部分结构的完整和稳定的措施。

（8）为提高拆除机械的作业高度而用渣土铺设的坡道和作业平台是否符合下列要求：

1）坡道前后的坡度应在机械操作手册规定的范围以内；

2）坡道的最高点不得高于 3m；

3）坡道坡面的宽度不得小于拆除机械机身两履带间宽度的 1.5 倍；

4）坡道两侧的坡度不得大于 45°；

5）坡道、作业平台应用机械填平、压实，不得在未经填平压实的渣土堆上作业；

6）作业平台的大小应满足拆除机械操作、调头、换位和危险时撤离的需要；

7）拆除机械不得横穿斜坡或在斜坡上转换方向。

（9）是否制定了禁止拆除机械在架空预制楼板上作业的措施；现浇楼板的承载能力是否满足拆除机械在楼板上作业的要求，当承载能力不足时是否采取了适当的加固措施。

（10）采用机械翻渣时，是否规定了铲斗与保留的建筑物墙体的距离不得小于 2m，作业时机身的中心位置距离保留建筑物墙体不得小于 4m。

（11）机械拆除作业时现场是否安排了专人指挥，机械操作人员以外的其他人员不得进入机械作业范围。

（12）多台拆除机械作业时，是否规定了不得上下、立体交叉作业；拆除机械作业与停放时是否置于被拆除物有倒塌可能的范围以外；两台拆除机械平行作业时，两机的间距是否大于于拆除机械有效操作半径的 2 倍。

（13）在机械拆除工程施工过程中需要人工拆除配合时，应制定严禁人、机上下交叉作业的措施；人工配合拆除作业操作应符合人工拆除工程施工的规定。

（14）应制定自上而下、逐段、逐跨、逐层进行的拆除顺序，不得数层整体拆除；应制定拆至边跨时防止结构失稳的有效防护措施。

机械拆除应按照以下步骤顺序进行：

1）建（构）筑物的铸铁落水管、外墙上的附属物、外挑结构、水箱等；

2）楼板（屋面板）；

3）墙体；

4）次梁、主梁、立柱；

5）清理下层楼面；并重复 2）～4）的步骤顺序。

砖木结构、砖混结构、框架结构、钢结构等不同结构类型，均应根据上述原则明确具体拆除顺序。

（15）机械拆除高层框架或框剪结构建筑物，可将拆除机械吊至屋面，自上而下、逐层进行拆除。应明确施工前对屋面板（楼板）结构的承载能力的要求及其加固措施；明确选用的拆除机械、机械起吊方法、用电设备、脚手架、旧材料和建筑垃圾的水平和垂直运输、拆除工程施工顺序。拆除顺序应符合下列要求：

1）搭设全封闭钢管脚手架时，脚手架应超过屋面1.5m，并应遵守国家行业标准《建筑施工扣件式钢管脚手架安全技术规范》JGJ 130和相应的技术规范；

2）人工配合拆除门窗、装饰物、广告牌等；

3）根据屋面板（楼板）承载能力的计算结果，当屋面板（楼板）承载能力不足时应对屋面板（楼板）进行支撑加固；

4）根据起吊方案，用起重机械、机具将拆除机械吊至屋面；

5）使用拆除机械逐间、逐跨破碎拆除数跨屋面板（楼板），待有足够的渣土堆在下一层楼面后沿坡道行驶到下一层，再逐间、逐跨拆除内隔墙、内剪力墙、上一层楼面板、梁、柱，并采取缓冲减震措施防止材料散落。拆除外墙和电梯井道时保留1.2m以上高度的墙体作为围栏，待拆除机械转入下一层楼面后拆除。

6）做好垃圾从电梯井道高处下落到底层垃圾出口的防飞溅措施，及时清理散落到楼面及脚手架上的建筑垃圾，按照运输方案运送至底层。

7）脚手架应与建筑物同步拆除；脚手架的保留部分应高出未拆除建筑物1.5m。

（16）起重机起吊建（构）筑物构件顺序应符合下列要求：

1）作业前对施工现场环境、行驶道路、架空电线、地下管线、拆除建、构筑物的结构和构件重量等情况进行查勘，并制定起吊拆除构件的顺序和拆除构件的堆放和清运方案；

2）按照起重机的性能表选配起重机；

3）选用的钢丝绳、卸扣以及起吊绳索与拆除构件水平面的夹角，应按相关规定先进行计算；

4）起重机起吊拆除构件时，应先用绳索绑扎被拆除构件，待起重机吊稳后，方可进行气割、切割作业；吊运过程中应采用辅助绳索控制被吊构件处于正常状态；

5）使用起重机双机抬吊拆除构件时，双机应选用起重性能相似的起重机；双机抬吊拆除构件应有专职起吊指挥人员统一指挥，保持两台起重机的起吊速度同步，每台起重机起吊载荷不得超过80%的允许载荷。

（17）拆除地下工程、深基础时，应采取放坡或其他稳定土层的措施；对施工周边的建筑及管线进行监测；排出地下水应采取集水井等措施；建筑垃圾应及时清理；地下空间应及时回填。

3. 爆破拆除施工工艺的审查要点

（1）该工程是否适合采用爆破拆除。

爆破拆除适用于砖混结构、框架结构、排架结构、钢结构等各类建、构筑物、各类基础、地下及水下构筑物以及高耸建、构筑物。采用爆破拆除的工程项目应具有公安部门核发的《爆破作业项目行政许可决定书》。

（2）是否编制爆破设计书。

爆破设计书应根据拆除爆破工程分级标准由具备相应设计资质的单位和设计人员编

制，并按规定完成审核。

（3）是否编制爆破施工准备工作方案。

爆破施工准备工作方案一般应包括下列内容：

1）成立爆破指挥部负责全面指挥和统筹安排爆破各项工作；明确指挥部和下属各职能组的职责和分工；

2）根据不同的结构形式，制定有针对性的爆破预拆除方案。爆破预拆除设计应征求结构工程师意见并保证建（构）筑物的整体稳定。预拆除作业采用机械和人工拆除方式进行，应符合机械拆除、人工拆除作业的有关规定。预拆除作业在技术人员指导下进行并应在装药前完成；

3）装药前要对炮孔进行测量验收，验收应有设计人员参加；

4）爆破前三天应发布爆破公告并在现场张贴；

内容包括：工程名称、建设单位、监理单位、施工单位、爆破作业时间、安全警戒范围、警戒标志、起爆信号及联系方式等。

5）制定试爆破方案。通过试爆破了解结构及材质，核定爆破设计参数。

（4）爆破实施方案应包括下列要求：

1）爆破前应在警戒区域设置严密的警戒线，警戒人员应佩戴值勤标志，配备专用无线通信器材，并封锁一切可接近爆区的道路以及出入口，避免行人、车辆误入；

2）施爆过程中应实行三次警报：预备警报、起爆警报和解除警戒警报；

3）施爆后应及时检查，排除可能存在的盲炮，保证后续施工的安全。

（5）应编制包括下列内容的盲炮处理预案：

1）拆除爆破实施后，爆破作业人员应进行检查，发现盲炮应划定警戒区域并及时处理；

2）盲炮处理应指派经验丰富的爆破员实施；

3）盲炮处理后，爆破员应将残余的爆破器材收集后及时销毁；

4）爆破作业人员应跟踪爆破体的二次破碎及渣土清理作业的全过程，及时处理可能出现的盲炮及残留的爆破器材。

（6）是否具有有效控制粉尘的措施和控制噪声的措施。

4. 静力破碎拆除施工工艺的审查要点

（1）审查拟拆除工程是否适合采用静力破碎拆除。

静力破碎拆除宜用于建筑基础、局部块体拆除及不宜采用爆破技术拆除的大体积混凝土结构。对建筑物、构筑物的整体拆除或承重构件拆除，均不得采用静力破碎的方法。

（2）审查是否有明确的静力破碎拆除施工工艺流程。

静力破碎拆除施工工艺流程一般为：

施工前准备工作→设计布孔→测量定位→钻孔→装药→药剂反应、清渣

1）破碎前应对构筑物构造、性质、作业环境、工程量、破碎程度、工期要求、气候条件、配置钢筋规格及布筋情况进行详细调查；

2）钻孔参数、钻孔分布和破碎顺序则需要根据破碎对象的实际情况（材质种类、钢筋配置情况等）确定。要确定至少一个临空面，钻孔方向应尽可能做到与临空面平行。同一排钻孔应尽可能保持在一个平面上。要根据破碎对象的强度和配筋数量合理确定孔距和

排距。要确定钻头直径、钻孔深度和钻孔方向；

3）要根据设计测量定位钻孔位置；

4）应按设计要求完成钻孔，钻孔内余水和余渣应用高压风吹洗干净，孔口旁应干净无土石渣。应制定控制钻孔温度的有效措施；

5）应确定破碎药剂拌和水灰比，明确药剂搅拌、温度控制、装药和封堵的方式；

6）要考虑药剂反应时间，安排好清渣工作。

（3）应具有施工质量控制措施。

1）对进场破碎药剂进行检验，确保其符合《无声破碎剂》JC 506 强制性行业标准，不合格产品不得使用。

2）按方案中的设计孔位布置图进行测量放线，严格控制孔深、角度等技术参数。

3）严格控制装药工序。禁止边打孔边装药，打孔要一次完成，装药要一次完成。禁止打孔完成后立即装药，应用高压风将孔清洗完成后，待孔壁温度降到常温度后方可装药。灌装过程中，已经开始发生化学反应的药剂不允许装入孔内。

4）控制药剂反应时间，根据现场的施工条件试验测定相关的施工控制参数。

（五）施工安全保证措施

专项施工方案应明确以下施工安全保证措施：

1. 安全管理组织健全。项目部应成立以项目经理为组长、项目技术负责人为副组长，各专业施工员、专职安全员和施工作业班组长参加的现场安全生产管理小组。

2. 坚持特种作业人员持证上岗制度。

3. 拆除工程施工前，应对作业人员进行岗前安全教育和培训，考核合格后方可上岗作业；应对施工作业人员进行书面安全技术交底，应有记录并签字确认。

4. 对拆除工程施工的区域，应设置硬质封闭围挡及安全警示标志，严禁无关人员进入施工区域。

5. 对影响作业的管线、设施和树木等进行迁移。需保留的管线、设施和树木应采取相应的防护措施。施工前对影响作业的管线、设施和树木的挪移或防护措施等进行复查，确认安全后方可施工。

6. 严格按经审定的施工方案进行拆除作业，不得垂直交叉作业。

7. 当进行人工拆除作业时，水平构件上严禁人员聚集或集中堆放物料，作业人员应在稳定的结构或脚手架上操作。

8. 人工拆除建筑墙体时严禁采用底部掏掘或推倒的方法；拆除建筑的栏杆、楼梯、楼板等构件时，应与建筑结构整体拆除进度相配合，不得先行拆除。建筑的承重梁柱，应在其承载的全部构件拆除后再进行拆除；拆除梁或悬挑构件时，应采取有效的控制下落措施。

9. 拆除管道或容器时应查清残留物的性质，并应采取相应措施方可进行拆除施工。对生产、使用、储存危险品的拟拆除物，拆除施工前应先进行残留物的检测和处理，合格后方可进行施工。

10. 对有限空间拆除施工应先采取通风措施，经检测合格后再进行作业。进入有限空间拆除作业时，应采取强制性持续通风措施，保持空气流通。严禁采用纯氧通风换气。

11. 拆除施工使用的机械设备应符合施工组织设计要求，严禁超载作业或任意扩大使用范围。供机械设备停放、作业的场地应具有足够的承载力。

拆除作业的起重机司机应执行吊装操作规程，信号指挥人员应按现行国家标准的规定执行。拆除作业采用双机同时起吊同一构件时，每台起重机载荷不得超过允许载荷的80%，且应对第一吊次进行试吊作业，施工中两台起重机应同步作业。

12. 机械拆除需人工拆除配合时，人员与机械不得在同一作业面上同时作业。

13. 爆破拆除作业的分级和爆破器材的购买、运输、储存及爆破作业应按现行国家标准《爆破安全规程》GB 6722 执行。

14. 爆破拆除设计前应对爆破对象进行勘测，对爆区影响范围内地上、地下建筑物、构筑物、管线等进行核实确认。对高大建筑物、构筑物的爆破拆除设计，应控制倒塌的触落地振动及爆破后坐、滚动、触地飞溅、前冲等危害，并应采取相应的安全技术措施。

15. 采用爆破拆除时，爆破震动、空气冲击波、个别飞散物等有害效应的安全允许标准，应按现行国家标准《爆破安全规程》GB 6722 执行。

16. 爆破拆除施工时应按设计要求进行防护和覆盖，起爆前应由现场负责人检查验收；防护材料应有一定的重量和抗冲击能力，应透气、易于悬挂并便于连接固定。

17. 爆破拆除可采用电力起爆网路、导爆管起爆网路或电子雷管起爆网路。电力起爆网路的电阻和起爆电源功率应满足设计要求；导爆管起爆网路应采用复式交叉闭合网路；当爆区附近有高压输电线和电信发射台等装置时，不宜采用电力起爆网路。装药前应对爆破器材进行性能检测。试验爆破和起爆网路模拟试验应在安全场所进行。

18. 爆破拆除应设置安全警戒，安全警戒的范围应符合设计要求。爆破后应对盲炮、爆堆、爆破拆除效果以及对周围环境的影响等进行检查，发现问题应及时处理。

19. 采用静力破碎剂作业时，施工人员应佩戴防护手套和防护眼镜。当静力破碎作业发生异常情况时应立即停止作业，查清原因，并应采取相应安全措施后方可继续施工。

20. 孔内注入破碎剂后，作业人员应保持安全距离，严禁在注孔区域行走或停留。静力破碎剂严禁与其他材料混放，应存放在干燥场所不得受潮。

21. 拆除工程应在拆除施工现场划定危险区域，设置警戒线和相关的安全警示标志，并应由专人监护。

22. 拆除工程施工作业人员应按现行行业标准《建筑施工作业劳动防护用品配备及使用标准》JGJ 184 的规定，配备相应劳动防护用品。

23. 遇大雨、大雪、大雾或六级及以上风力等影响施工安全的恶劣天气时，严禁进行露天拆除作业。

24. 拆除工程施工应建立消防管理制度。应根据施工现场作业环境制定相应消防安全措施。现场消防设施应按现行国家标准《建设工程施工现场消防安全技术规范》GB 50720 的规定执行。

拆除作业遇有易燃易爆材料时应采取有效的防火防爆措施。

管道或容器进行切割作业前，应检查并确认管道或容器内无可燃气体或爆炸性粉尘等残留物。

25. 施工现场临时用电应按现行行业标准《施工现场临时用电安全技术规范》JGJ 46 的规定执行。

26. 拆除工程施工应采取节水措施；应采取控制扬尘和降低噪声的措施；施工现场严禁焚烧各类废弃物；气焊作业应采取防光污染和防火等措施。

27. 拆除工程的各类拆除物料应分类，宜回收再生利用；废弃物应及时清运出场。施工现场应设置车辆冲洗设施，运输车辆驶出施工现场前应将车轮和车身等部位清洗干净。运输渣土的车辆应采取封闭或覆盖等防扬尘、防遗撒措施。

28. 拆除工程完成后应将现场清理干净。裸露的场地应采取覆盖、硬化或绿化等防扬尘措施。对临时占用的场地应及时腾退并恢复原貌。

（六）施工管理及作业人员配备和分工

1. 专项施工方案应明确符合有关规定数量的专职安全员，并配备满足现场管理要求的现场安全监督人员。应明确专职安全员和现场安全监督人员的职权。

2. 明确拆除工程中各专业特种作业操作人员的需求量及进退场时间。

拆除工程内容繁杂，专项施工方案应根据不同的施工对象和施工方式有针对性地配备作业人员。

（七）验收要求

专项施工方案应明确下列验收环节的验收内容、验收标准、验收要求以及验收程序。

1. 应明确拆除前的验收准备工作。包括电力线路、燃气管道、给水管道等管线的迁改或拆除工作，拆除工程所需通道、场地、施工围挡等设施的准备工作。

2. 应明确拆除施工中所使用的各类材料，包括脚手架架料、防护材料、静力破碎药剂等均应安排进场验收。

3. 拆除施工若需要脚手架、操作平台等，脚手架、操作平台搭设完毕应通过验收方可投入使用。

4. 拆除过程中使用的施工机械应经过检验检测方可进场，应经过试运行方可正式投入使用。

5. 爆破拆除和静力破碎拆除装药前应对每一个炮孔的位置、间距、排距和深度等进行验收。

6. 爆破拆除起爆前应由现场负责人对防护和覆盖进行检查验收。

7. 拆除工程完工后应由建设单位组织验收。专项施工方案应根据拆除工程施工合同制定验收标准。

（八）应急处置措施

应重点审查是否编制了应急处置措施；应急措施是否全面覆盖拆除工程施工过程中坍塌、物体打击、操作人员高处坠落、机械伤害、火灾、爆炸等安全事故风险；是否有交底安排和定期演练计划。

（九）计算书及相关施工图纸

1. 拟拆除工程若需临时加固，项目监理机构应重点审查临时加固设计计算内容的完整性和针对性，以及设计人员的资格和能力。专项施工方案应附具临时加固结构设计计算书。必要时需要委托有资质的设计单位对临时加固体系进行结构设计。

临时加固结构设计的成果还包括临时加固结构施工图，该施工图应能全面准确地反映设计意图，并作为临时加固施工的依据。

2. 拆除工程中使用的脚手架、操作平台和支架应根据架体构造、搭设部位、使用功能、荷载等因素进行设计，并对架体的水平杆件抗弯强度、挠度，节点连接强度，立杆稳定承载力，地基承载力，缆风绳承载力及连接强度等内容进行计算。脚手架、操作平台和支架的设计计算应附必要的平面布置图、立面图和构造详图。项目监理机构对脚手架、操作平台和支架设计计算书和图纸的审查要点参见本章第八节。

3. 爆破拆除方式，专项施工方案应附具爆破设计计算书。

项目监理机构审查的重点应包括下列几个方面：

（1）根据拆除物的结构和周边环境，审查方案所确定倒塌方向和方式是否安全可靠；

（2）方案选择的爆破参数是否能够实现预定的倒塌方式；

（3）所设计的起爆网路是否安全可靠；

（4）所确定的一次起爆药量能否保证周围建筑物、构筑物的安全。

4. 拆除工程专项施工方案应绘制施工现场平面图。

项目监理机构对拆除工程施工现场平面图的审查要点为：

（1）拟拆除工程平面位置、尺寸及其与周边建筑物、构筑物、道路等地物之间的空间关系是否正确。拆除施工过程中需要保护的供电、给水排水、燃气、通信等管网线路是否标注清楚。

（2）拆除施工中搭设的脚手架、操作平台的位置是否已明确，是否合理。

（3）拆除施工中回收的构件、材料的堆场，拆除施工的废料垃圾的临时堆场是否已明确，是否合理。

（4）拆除施工过程中场内运输道路是否已明确，是否合理。

（5）施工机械特别是大型施工机械的工作位置、停放场地、进退场路线是否已安排，是否合理。

（6）现场各类临时设施和道路布置是否满足现场消防要求。

（7）现场围挡、警戒线的设置是否满足安全生产的要求。

第十节　暗挖工程专项施工方案的审查

当前各项工程建设涉及暗挖的项目越来越多，如市政道路暗挖隧道、地铁工程暗挖隧道、电力工程暗挖隧道、人防工程暗挖隧道坑道等。隧道开挖过程中会遇到隧道旁甚至隧道顶部有构筑物、建筑物时，也会遇到地质状况复杂、变化大等情况，开挖过程中危险源多，风险越来越大，极易发生安全事故。项目监理机构应高度重视暗挖工程施工安全生产管理的监理工作，认真履行监理职责。

一、暗挖工程施工的特点

项目监理机构审查人员应熟悉以下暗挖工程的特点。

1. 暗挖工程一般都是在地下或山体内进行开挖，地勘工作不可能详细到具体的点位。在开挖过程中会遇到各种复杂地质情况，会遇到深埋、浅埋、穿越不同地质构造的状况，土质、岩层的变化大，还会存在孔顶塌方、水涌等风险，某些部位还会受到有毒有害气体侵袭。

2. 受暴雨影响可能出现地表水、岩层间水涌入暗挖施工区域的现象，可能因表层土层及临时堆土含水量增加、抗剪强度指标降低而导致坍塌和沉降，影响施工安全。

3. 在城市中暗挖还会遇到建筑物（构筑物）地下室、桩基、埋设于地下的各类管线等。

4. 地下结构设计与地质条件紧密相关，施工工艺较为复杂且存在变化，施工的不确定因素多，安全风险大。

5. 在施工过程中，作业环境可能不满足安全生产的要求，如光线照明不足、通风条件未达标、新风输送不足等。

6. 施工机械在作业中可能因机械故障或因操作人员违规操作造成伤害事故。

7. 施工用电。暗挖工程一般都处在潮湿状态，因此有设备漏电和人员触电的风险。

8. 暗挖施工对于上部的建筑物构筑物的安全可能带来不利影响。

二、暗挖工程专项施工方案的主要内容

（一）暗挖工程专项施工方案的编审规定

《住房城乡建设部办公厅关于实施〈危险性较大的分部分项工程安全管理规定〉有关问题的通知》（建办质〔2018〕31号）中，明确规定了暗挖工程中属于危险性较大的分部分项工程的范围。

1. 采用矿山法、盾构法、顶管法施工的隧道、洞室工程，属于危大工程。项目监理机构应督促施工单位编制专项施工方案，并应在工程施工前对该专项施工方案进行审查。

2. 对采用矿山法、盾构法、顶管法施工的隧道、洞室工程施工中风险较大的暗挖工程专项施工方案，应要求施工单位组织专家论证，并应在专家论证前对方案进行审查。若专家论证意见为"修改后通过"，项目监理机构应审查施工单位按专家论证意见修改后的专项施工方案。

（二）暗挖工程专项施工方案的主要内容

1. 工程概况

项目工程特点，如结构特点、工艺特点、工程地质水文、周围环境状况；

城市中周边（洞顶）建（构）筑物状况、地下各类管线状况等。

2. 编制依据

相关法律、法规、规范性文件、标准、规范及施工图设计文件、施工组织设计等。应列明与本工程施工有关的施工规范、操作规程、安全规范、验收规范等。

3. 施工计划

在施工进度计划中，需要明确季节性施工，特别是雨期施工的时段。在材料与设备计划中，需要明确各类施工机械的规格、数量和进退场时间安排，还应制定监测仪器设备配置计划、劳动力计划。

应分析施工进度计划实施的风险，制定施工进度保证措施。

4. 施工工艺技术

应明确暗挖工程开挖方式（如矿山法、盾构法）、支护方式（如初期支护、二次衬砌）、降水排水方式，应明确相关技术参数、工艺流程和操作要求。应明确各项施工的质

量检查标准。应明确暗挖工程的难点、重点和关键点。

5. 施工安全保证措施

组织保障措施。主要应体现施工单位和施工项目经理部安全生产管理机构和管理制度建设情况。

技术措施。是专项施工方案的核心内容，应体现方案实施过程中的安全技术措施，降水排水方案及其实施过程中的安全技术措施，开挖方案及其实施过程中的安全技术措施，还应包括施工机械安全、洞顶防护、安全用电和施工人员个人防护等安全技术措施。

经济措施。主要针对本工程具体情况所采取的安全技术措施费专款专用保障措施，遵章守纪安全生产奖励措施和违反安全生产规定的经济处罚措施等。

监测监控措施。应明确隧道（坑道）变形的监测措施，明确各类变形监测的预警值，以及变形达到预警值后的处理措施。

6. 施工管理及作业人员配备和分工

应明确施工管理人员、专职安全生产管理人员、特种作业人员、其他作业人员等的配备数量及责任。

7. 验收要求

包括验收标准、验收程序、验收内容、验收人员等。

8. 应急处置措施

应根据可能出现洞体坍塌、机械伤害、高处坠落、触电等事故风险，分别制定应急预案和应急预案的交底、演练措施。

9. 计算书及相关施工图纸

包括施工平面布置图、环境平面图、典型地质剖面图及土工指标一览表；围护设计平面图、典型剖面图及节点大样图；隧道（坑道）降、排水平面布置图；土石方开挖平面流向图、剖面图、工况图、运输组织图、支护体系设计计算书等。

三、审查暗挖工程专项施工方案的准备工作

为对施工单位报审的暗挖工程专项施工方案进行有效审查，项目监理机构应掌握该暗挖工程有关基本情况及相关标准规范，包括：

1. 暗挖工程的基本情况

详细的地形地貌和周边环境资料；

各类地下管线，特别是地下高压电缆和地下燃气管网的情况；

该工程的工程地质详细勘察报告；

该工程施工期间的气候、气象情况。

2. 暗挖工程相关设计情况

该工程项目的功能；

该工程项目结构设计的基本情况；

该工程暗挖支护和排水降水方案及其设计情况；

隧道（坑道）监测方案及各类变形报警值。

3. 与暗挖工程施工相关的国家标准和行业标准，如：

《岩土工程勘察规范》GB 50021

《岩土锚杆与喷射混凝土支护工程技术规范》GB 50086

《施工企业安全生产管理规范》GB 50656

《混凝土结构工程施工规范》GB 50666

《混凝土结构工程施工质量验收规范》GB 50204

《施工现场临时用电安全技术规范》JGJ 46

《建筑施工安全检查标准》JGJ 59 等。

4. 工程施工单位的基本情况

包括工程项目施工承包合同结构体系、施工承包单位及基坑开挖、支护、排水降水工程分包单位的工程经验和技术、管理能力。

5. 机械设备性能

暗挖施工中使用的各类施工机械、降水设备设施、支护施工所用各类机具的性能参数和安全指标。

上述各项可以通过向建设单位和施工单位索取，开展调查研究工作和向监理单位技术部门寻求支持获得。

四、暗挖工程专项施工方案的审查要点

项目监理机构对施工单位报审的暗挖工程专项施工方案的审查，应按照本章第一节所述的审查基本要求，对报审材料的真实性、针对性、时效性、和专项施工方案内容的完整性以及编审程序进行审查。

对暗挖专项施工方案应重点审查以下内容：

1. 对工程概况应审查所描述的工程状况与设计施工图、现场状况是否一致，地质状况的描述是否与《工程地质勘察报告》一致，施工平面布置图设置是否合理，施工要求和技术保证条件是否满足施工的需要。

2. 对编制依据应审查施工单位使用的技术标准、规范、验收规范，应是现行技术标准、规范和验收规范，发现已废止的应要求整改。审查使用的法律、法规文件也应是现行版本。

3. 对施工计划，应审查本专项方案的施工进度计划与施工组织设计确定的进度计划是否相适应，材料与设备计划是否匹配，并须满足施工合同要求，若出现不匹配不适应情况，应与施工单位沟通，尽量满足建设单位要求。

4. 对施工工艺技术，应审查本专项方案中确定的技术参数是否与设计规范一致，工程流程、施工方法、技术要求是否和施工组织设计（施工方案）及相关技术标准、规范一致，检查要求是否与验收规范一致。

5. 对施工安全保证措施，应从以下方面审查

组织保障措施。主要审查其组织机构是否健全，是否与需要匹配，人员安排是否满足要求。

技术措施。主要审查其实施方案是否满足规范要求，是否符合实际需要。

经济措施。主要审查其措施是否有效，是否能落实。

6. 对施工管理及作业人员配备和分工，应审查各类人员数量是否满足工程需要，是否持证，其分工是否合理。

7. 对验收要求，应审查使用的标准、规范及其表格是否是现行标准规范及表格，方案编制的验收程序、验收内容、验收人员的条件是否满足规范要求。

8. 对应急处理措施，应审查应急处理措施是否可行，预定的救援医院及电话号码预定的救援路线、救援车辆、救援人员是否已全部设定。

9. 对计算书与相关施工图纸，应审查以下内容：

计算使用的规范是否是现行规范。

设计取值是否与规范规定的标准一致。

计算公式是否与规范规定的标准一致。

计算结果是否正确。

相关施工图纸，特别是大样图是否满足施工的需要。

由于暗挖工程多属于超过一定规模的危险性较大的工程，按规定其专项施工方案应通过专家论证。项目监理机构在专家论证前对专项施工方案的审查可侧重于形式方面。专业监理工程师对专项施工方案的意见可提供给总监理工程师。总监理工程师可在专项施工方案的专家论证会上，提出自己的意见供论证会讨论，最终形成专家论证意见。

在专项施工方案在专家论证后，专家论证意见为"修改后通过"的，项目监理机构对施工单位修改后的专项施工方案审查重点，应是施工单位是否正确理解专家论证意见，是否按专家论证意见对专项施工方案进行了修改。在这个阶段，项目监理机构不宜针对专项施工方案的内容提出与专家论证意见不一致的其他意见。

第十一节　其他危大工程专项施工方案的审查

在住房城乡建设部办公厅《关于实施〈危险性较大的分部分项工程安全管理规定〉有关问题的通知》中，危险性较大的分部分项工程范围包括基坑工程、模板工程及支撑体系、起重吊装及起重机械安装拆卸工程、脚手架工程、拆除工程和暗挖工程，还有"其他"一类（详见本书第一章第一节）。这类工程施工之所以危险性较大，是因为专业性较强，工艺技术复杂，或需要使用特殊的设备，或缺少成熟的施工和管理经验等因素。由于这类危大工程具有不同的施工工艺技术特点和不同的施工安全风险，项目监理机构对其专项施工方案的审查工作，除应满足本章第一节所述的基本要求之外，尚应把握以下要点：

一、项目监理机构一定要做好审查的准备工作

对专项施工方案不能仅限于形式审查，必须审查实质内容的针对性、合规性和可操作性。因此，项目监理机构应由掌握相应专业知识并具有相关工程经验的专业技术人员负责专项施工方案的审查。

审查人员要理解掌握所有相关的工程建设安全技术标准，特别是其中的强制性条文。要注意使用现行的版本。必要时，总监理工程师应组织有关人员学习相关工程建设安全技

术标准。

审查人员要熟悉相关的地质勘察报告、施工图设计文件、施工组织设计和相关的施工工艺技术，把握施工过程中危险源及其风险程度。

对于采用新技术、新工艺、新材料、新设备可能影响工程施工安全，尚无国家、行业及地方技术标准的分部分项工程，项目监理机构应与建设单位、施工单位、有关设计单位、检测单位和材料设备供应单位等进行协商，共同制定相应的安全技术标准，作为编制和审查专项施工方案的依据，同时应要求施工单位组织专家论证时将其一并提交专家组论证。

二、需要专业承包资质的工程，应特别关注专项施工方案的编制与审批

其他危大工程中的一些工程的施工需要专业承包资质的，项目监理机构在审查需要专业承包资质的工程的专项施工方案时，应注意审查方案是否是由具备专业承包资质的施工企业的技术人员负责编制的，以及该企业技术负责人负责或参与方案审批的情况。

三、慎重对待限制使用的施工工艺的使用

对于人工挖孔桩等限制使用的施工工艺，由于其安全风险较大，项目监理机构应结合工程的具体条件，从提高效益确保安全出发，可向建设单位和施工单位提出更改施工工艺的建议。

四、以安全风险分析为基础，以是否符合工程建设强制性标准为重点

要以施工特点和施工安全风险分析为基础，围绕人员、机械、材料、工艺技术和环境因素，对照工程建设安全技术标准，重点审查专项施工方案中的安全技术措施是否符合工程建设强制性条文，是否针对工程施工中可能存在的问题，是否涵盖工程施工中的各种安全风险进行审查，发现问题，提出问题，要求施工单位整改。

五、理解并尊重专家论证意见

对于经过专家论证的专项施工方案，项目监理机构要理解专家意见，尊重专家论证意见，审查施工单位是否按专家论证意见进行了整改。

其他类别的危大工程内容很多，工程特性差异大，需要分专题进行研究，本书无法涉及过多的具体内容，以上意见，仅供读者参考。

第四章　施工现场安全生产的监督检查工作

由于施工单位在施工现场的作业和管理活动直接影响到施工过程中的施工安全，项目监理机构在施工现场安全生产管理的监理工作应围绕影响施工安全的主要因素进行，并应体现在对施工单位施工过程中的作业和管理活动的监督上。项目监理机构应正确把握影响现场施工安全的关键工序和关键环节，对施工单位在施工现场的安全生产管理体系及其运行情况和危险性较大的分部分项工程施工进行巡视和监督检查。

第一节　施工现场安全生产管理的监理工作

《建设工程安全生产管理条例》规定了监理单位安全生产管理的法定职责，住建部《关于落实建设工程安全生产监理责任的若干意见》（建市〔2006〕248号）文件要求，在施工阶段，监理单位应对施工现场安全生产情况进行监督检查，并明确了施工阶段安全生产管理的监理工作的具体内容。项目监理机构应依据相关文件要求履行以下施工现场安全生产管理的监理工作职责。

一、监督施工单位的安全生产管理体系正常运行

《中华人民共和国建筑法》第四十五条明确规定"施工现场安全由建筑施工企业负责。实行施工总承包的，由施工总承包单位负责。分包单位向总承包单位负责，服从总承包单位对施工现场的安全生产管理。"

《建设工程安全生产管理条例》规定施工单位从事建设工程活动，应当建立健全安全生产责任制度和安全生产教育培训制度，制定安全生产规章制度和操作规程，保证本单位安全生产条件所需资金的投入，对所承担的建设工程进行定期和专项安全检查，并做好安全检查记录。施工单位主要负责人应依法对本单位的安全生产工作全面负责。

依据《建设工程安全生产管理条例》及相关文件规定，施工现场监理单位安全生产管理的监理工作职责，主要是按照法律、法规、工程建设强制性标准及监理合同实施监理，监督施工单位安全生产管理体系正常运行，对所监理工程的施工安全生产进行监督检查。具体内容包括：

（一）核查现场施工管理人员和特种作业人员资格

在施工过程中，项目监理机构应核查施工单位以下人员的资格：

1. 项目经理；
2. 专职安全生产管理人员；
3. 特种作业人员。包括建筑电工、建筑焊工、架子工、起重信号司索工、起重机械

司机、起重机械安装拆卸工、高处作业吊篮安装拆卸工等。

核查的重点是上述人员是否具备合法资格，人员配备是否与投标文件、施工组织设计等文件一致，特种作业人员操作证书是否合法有效，人、证是否相符。

施工单位不得随意变更上述人员。变更项目经理应符合施工合同约定。变更其他相关人员应办理变更手续，变更人员应具备相应资格。

（二）检查施工单位安全生产责任制、安全生产规章制度的落实情况

项目监理机构检查施工单位安全生产责任制、安全生产规章制度的落实情况，应重点检查以下几个方面：

1. 应督促检查施工单位在工程项目上的安全生产管理机构、安全生产规章制度的建立及专职安全生产管理人员配备情况。督促施工单位检查各分包单位的安全生产规章制度的建立情况；

2. 检查施工单位项目经理是否到岗履行安全生产责任，是否在布置安排施工生产任务的同时落实施工安全管理工作；

3. 检查施工单位专职安全生产管理人员是否到岗履职，是否对施工现场进行安全巡视检查，是否发现现场存在的安全隐患，是否制止违章作业违章指挥等不安全行为；

4. 检查施工项目经理部管理人员和有关操作人员是否遵守安全生产规章制度，是否遵守有关安全技术标准和操作规程。

（三）检查施工单位安全技术交底的情况

根据《建筑施工安全技术统一规范》GB 50870 规定，施工过程中的"安全技术交底"是指交底方向被交底方对预防和控制生产安全事故发生及减少其危害的技术措施、施工方法进行说明的技术活动，用于指导建筑施工行为。

施工单位安全技术交底是提升现场施工人员安全意识和安全生产技能的重要途径，是施工现场安全生产管理的基础性工作，对现场施工安全影响极大。在分部分项工程施工前，项目监理机构应监督施工单位现场项目技术负责人或管理人员向作业人员进行安全技术交底。

安全技术交底应依据有关标准、工程设计文件、施工组织设计中的安全技术措施和专项施工方案等的要求进行。安全技术交底应有书面记录，并由交底双方和项目专职安全生产管理人员共同签字确认。

1. 项目监理机构应监督施工单位按照下列规定进行安全技术交底：

（1）安全技术交底的内容应针对施工过程中潜在危险因素，明确安全技术措施内容和作业程序要求；

（2）危险性较大的分部分项工程、机械设备及设施安装拆卸的施工作业，应单独进行安全技术交底；

（3）施工单位安全技术交底应分级、分层次进行，并由交底人、被交底人和项目专职安全生产管理人员共同签字确认。

2. 项目监理机构应检查施工单位安全技术交底记录并对其进行核实。如发现问题，应及时签发监理通知单要求施工单位整改，并在监理例会上明确要求施工单位重视安全技术交底工作，记入监理例会纪要，并注意留存工作记录和有关佐证材料。

二、督促施工单位进行施工现场安全自查工作

按照《中华人民共和国建筑法》第四十四条规定："建筑施工企业必须依法加强对建筑安全生产的管理，执行安全生产责任制度，采取有效措施，防止伤亡和其他安全生产事故的发生。"第四十五条规定："施工现场安全由建筑施工企业负责。"因此，施工单位是施工现场安全生产的主体责任单位，其主要负责人应依法对本单位的安全生产工作全面负责，项目经理作为项目负责人应按有关规定对工程项目安全施工负责。施工单位对施工项目进行包括安全检查的安全生产管理是其重要工作职责。项目监理机构应督促施工单位进行安全自查工作，并对施工单位的自查情况进行抽查。

1. 项目监理机构应了解并熟悉施工单位的安全检查形式和类型

（1）施工单位安全检查的形式应包括各管理层的自查、互查以及上级对下级管理层的抽查。

（2）安全检查的类型应包括日常巡查、专项检查、季节性检查、定期检查、不定期抽查等。

（3）施工单位应结合施工动态每天进行安全巡查。总承包单位应组织各分包单位每周进行安全检查，每月至少进行一次定期检查。

（4）施工单位每月应对施工现场安全职责落实情况至少进行一次检查。

（5）施工单位应针对工程所在地区的气候与环境特点，组织季节性的安全检查。

（6）施工单位应对检查中发现的安全事故隐患以及安全生产状况较差的工程项目组织专项检查。

2. 应督促施工单位明确安全检查内容和检查标准

项目监理机构应检查施工单位安全自查的内容和标准，了解施工单位安全检查的深度和对问题的处理方案，必要时向施工单位提出书面要求。

3. 应核查施工单位安全自查中发现问题的处理情况

施工单位对安全检查中发现的问题和隐患，应定人、定时间、定措施组织整改，并跟踪复查。项目监理机构应督促施工单位定期统计、分析，确定多发和重大隐患，制定并实施治理措施；应核查施工单位在安全自查中发现问题的处理情况，检查发现的安全隐患是否已经按要求整改。

4. 项目监理机构应核查施工单位的安全检查记录

项目监理机构可通过核查施工单位的安全检查记录，了解施工单位的安全检查情况。

三、监督施工单位按已批准的施工组织设计中的安全技术措施或专项施工方案组织施工

施工过程中，项目监理机构应注意检查以下问题：

1.《建设工程安全生产管理条例》规定，施工单位编制的施工组织设计和专项施工方案应按规定进行内部审查，并经施工单位技术负责人、总监理工程师审核签字后方可实施。施工单位未编制施工组织设计、专项施工方案或施工组织设计、专项施工方案未经总

监理工程师审核签字认可，施工单位擅自组织施工的，项目监理机构应及时下达工程暂停令，并及时书面报告建设单位。

在实施过程中，若发现施工组织设计和专项施工方案仍有疏漏甚至错误之处，应要求施工单位进行修改和补充并重新报审；

2. 项目监理机构巡查发现现场施工与施工组织设计或专项施工方案不符，或存在不符合强制性标准要求的情况时，应立即制止并签发监理通知单或工程暂停令要求施工单位进行整改或停止施工。当施工单位拒不整改或拒不停止施工时，应及时向建设单位和当地建设行政主管部门报告；

3. 施工过程中，安全技术措施或专项施工方案需修改或调整时，应要求施工单位修改后，按程序重新提交项目监理机构审查。

四、对危险性较大的分部分项工程作业情况进行专项巡视检查

危险性较大分部分项工程施工具有较大安全事故风险，容易发生群死群伤的重大安全事故，项目监理机构应高度重视施工现场危大工程安全生产管理的监理工作，应按住建部令第 37 号《危险性较大分部分项工程安全管理规定》要求，对现场危大工程施工作业情况实施专项巡视检查，并做好专项巡视检查记录。项目监理机构如发现施工单位违规作业，要及时下达整改通知单或工程暂停令。

项目监理机构对危险性较大分部分项工程进行专项巡视检查的主要内容为：

（1）施工单位是否按经审核签认的危大工程专项施工方案组织实施；

（2）项目经理和专职安全生产管理人员是否在岗履职，是否具备合法资格；

（3）现场特种作业人员是否具有相应的特种作业操作资格证书，证书是否合法有效；

（4）现场安全防护设施是否到位，施工人员的安全防护用品是否正确使用；

（5）施工单位对施工现场的安全生产管理是否持续有效，是否按照规定对危大工程进行施工监测和安全巡视，发现施工过程中存在的安全事故隐患是否及时进行整改；

（6）施工现场是否存在违反工程建设强制性标准的情况；

（7）特殊情况下，施工单位的应对措施是否得力。如阴雨、大风天气，施工单位是否采取了对应的安全措施；

（8）施工单位是否按照监理通知单的要求进行整改；总监理工程师签发工程暂停工令后，施工单位是否停工整改。

五、核查施工现场施工起重机械、整体提升脚手架、模板等自升式架设设施和安全设施的验收手续

项目监理机构应按照有关规定核查进入施工现场的施工起重机械、整体提升脚手架、模板等自升式架设设施和安全设施的验收手续，并由监理人员签收备案。并在施工过程中检查施工机械和安全设施的使用情况。

1. 监督施工单位组织对建筑起重机械进行验收和办理使用登记

《建筑起重机械安全监督管理规定》规定："建筑起重机械安装完毕后，使用单位应当

组织出租、安装、监理等有关单位进行验收，或者委托具有相应资质的检验检测机构进行验收。建筑起重机械经验收合格后方可投入使用，未经验收或者验收不合格的不得使用。实行施工总承包的，由施工总承包单位组织验收。""建筑起重机械在验收前应当经具有相应资质的建筑起重机械安装检验检测机构安装检验合格。"

"使用单位应当自建筑起重机械安装验收合格之日起 30 日内，将建筑起重机械安装验收资料、建筑起重机械安全管理制度、特种作业人员名单等，向工程所在地县级以上人民政府建设行政主管部门办理建筑起重机械使用登记。登记标志置于或者附着于该设备的显著位置。"

项目监理机构应在施工起重机械投入使用前，监督施工单位组织完成验收工作，并按规定办理使用登记。未经验收的建筑起重机械，不得同意施工单位投入使用。如施工单位强行使用，总监理工程师应及时签发工程暂停令。

2. 核查施工现场施工机械和各类安全设施的验收手续

由于各类施工机械和安全设施的重要性不同，验收手续也不尽相同。

（1）督促施工单位对一般施工机械和设施进行安全验收。如对现场电焊设备、木工设备等，由施工单位组织验收。

（2）建筑施工起重机械等需由具有相应资质的部门进行检测。项目监理机构除核查验收手续外，还应核查检测报告。

项目监理机构对施工现场施工起重机械、整体提升脚手架、模板等自升式架设设施和安全设施验收手续的核查方式，可以采取查看证明原件并保留复印件方式进行，并应将有关核查资料进行归档管理。

3. 在施工过程中，项目监理机构应检查各类施工机械及安全设施的使用情况。发现安全隐患时，应及时签发监理通知单或工程暂停令要求施工单位整改。

六、检查施工现场安全防护措施和各种安全标志是否符合强制性标准

监理机构在巡视检查过程中，应注意检查施工现场各种安全标志和安全防护措施，如存在不符合强制性标准的情况，应书面要求施工单位限时整改。

1. 施工现场安全防护措施的检查

项目监理机构应检查施工现场各种安全防护措施是否符合强制性标准要求。包括以下内容：

（1）基础工程施工安全防护。包括超过 2m 深的基坑、基槽的临边防护，人工挖孔桩时的防孔壁塌方的防护、边坡支护等；

（2）脚手架、物料提升机（井字架、龙门架）作业安全防护；

（3）高处作业安全防护、"三宝""四口"和临边防护；

（4）临时用电和施工机械安全防护。施工机械包括塔式起重机、外用电梯、电动吊篮、打夯机、搅拌机等工程用机械和电动吊篮等易发事故的施工机械和临时用电的安全防护检查；

（5）特殊情况下的安全防护。应督促施工单位根据不同施工阶段和周围环境及季节、气候的变化，在施工现场采取相应的安全施工措施；

（6）办公、生活区的安全防护。应监督施工单位将施工现场的办公、生活区与作业区分开设置，并保持安全距离；办公、生活区的选址应当符合安全性要求。职工的膳食、饮水、休息场所等应符合卫生标准。不得在尚未竣工的建筑物内设置员工集体宿舍。施工现场临时搭建的建筑物应当符合安全使用要求。使用装配式活动房屋应具有产品合格证。现场布置需符合《建筑施工现场环境与卫生标准》中的强制性条文要求；

（7）对毗邻建筑物、构筑物和地下管线的安全防护。督促施工单位对因建设工程施工可能造成损害的毗邻建筑物、构筑物和地下管线等应采取专项防护措施。在城市市区内的建设工程，施工单位应对施工现场实行封闭围挡。

2. 现场安全标志的检查

项目监理机构应依据《建设工程安全生产管理条例》等法规、部门规章和《安全标志及其使用导则》GB 2894 检查现场安全标志的设置，该导则的全部技术内容均为强制性条文。项目监理机构应重点检查以下内容：

（1）安全标志的位置及数量。《建设工程安全生产管理条例》第二十八条规定："施工单位应当在施工现场入口处、施工起重机械、临时用电设施、脚手架、出入通道口、楼梯口、电梯井口、孔洞口、桥梁口、隧道口、基坑边沿、爆破物及有害危险气体和液体存放处等危险部位，设置明显的安全警示标志。安全警示标志必须符合国家标准。"

（2）安全标志的外观样式、型号大小、设置高度和使用要求是否与《安全标志及其使用导则》规定相符；

（3）安全标志的检查与维修。安全标志牌每半年至少检查一次，如发现有破损、变形、褪色等不符合要求的现象时应及时修整或更换。

七、核查施工单位的安全生产费用的使用情况

监督施工单位按经审批的安全生产费用使用计划落实及使用，安全生产措施费用的使用应有相应记录。项目监理机构对于施工现场安全生产措施费用投入不足、不到位的情况要做出分析和判断，并根据存在问题签发监理通知单。

1. 项目监理机构对施工单位安全生产措施费的核查要点

（1）安全生产措施费是否专款专用。

施工单位应当确保安全防护、文明施工措施费专款专用，在财务管理中单独列出安全生产措施项目费用清单备查。施工单位挪用安全防护、文明施工措施费用的，项目监理机构应及时向有关主管部门报告。

（2）工程总承包单位对建筑工程安全生产措施费用的使用负总责。

项目监理机构应审核总承包单位是否按照有关规定及合同约定及时向分包单位支付安全防护、文明施工措施费用并监管使用。

（3）施工单位对安全生产措施费的管理。

督促施工单位建立安全生产费用分类使用台账，定期统计上报；应对安全生产费用的使用情况进行年度汇总分析，及时调整安全生产费用的使用比例；安全生产资金使用计划，应经财务、安全部门等相关职能部门审核批准后执行。

2. 项目监理机构应检查安全生产措施费使用情况

（1）检查施工单位是否按经审批的安全生产措施费使用计划使用。

对违背安全生产措施费用计划的行为，应及时向施工单位提出整改要求。

（2）检查施工单位落实安全防护、文明施工措施情况。

对施工单位已经落实的安全防护、文明施工措施，总监理工程师或造价工程师应当及时审查并签认所发生的费用。监理单位发现施工单位未落实施工组织设计及专项施工方案中安全防护和文明施工措施的，有权责令其立即整改；对施工单位拒不整改或未按期限要求完成整改的，工程监理单位应当及时向建设单位和建设行政主管部门报告，必要时责令其暂停施工。

八、参加有关单位组织的安全生产专项检查

项目监理机构应参加建设单位组织的安全生产专项检查，发现问题及时签发监理通知单并督促施工单位整改。应参与政府有关主管部门组织的安全生产专项检查，督促施工单位按检查意见及时整改，复查整改结果，并签署复查意见。督促施工单位向有关部门进行回复。对于检查中发现的安全隐患，项目监理机构应将其作为巡视检查的重点，必要时召开安全专题会议，督促施工单位制定整改方案，并监督整改落实情况。

第二节　施工现场安全生产管理的监理工作要求

施工现场安全生产管理的监理工作，是体现项目监理机构履行安全生产管理的法定职责工作成效的关键阶段。项目监理机构要围绕"监督、检查、落实、记录"四方面工作履行职责，实现监理工作的价值。

一、项目监理机构要做到人员到位，责任落实

住建部《关于落实建设工程安全生产监理责任的若干意见》（建市〔2006〕248号）文件规定："监理单位的总监理工程师和安全生产管理的监理工作人员需经安全生产教育培训方可上岗。"

项目监理机构应安排经过安全生产教育培训的监理人员负责施工现场安全生产管理的监理工作。负责安全生产管理的监理工作的监理人员可以是专业监理工程师，也可以是监理员，但应具有与工程规模和安全生产特点相适应的专业知识和业务能力，能在安全生产管理的监理工作中发现问题和正确处置问题。

项目监理机构要做到人员到位，杜绝监理人员挂名不到岗的现象。

安全生产管理的监理工作程序应明确、可行，具体工作责任应落实到个人。总监理工程师要定期或不定期地对项目监理机构安全生产管理的监理工作进行检查，对负责施工现场安全生产管理的监理工作的监理人员进行监督和指导，以确保监理规划、监理实施细则等文件得到贯彻实施。

二、要重视施工单位的安全生产主体责任

在建设工程施工安全生产管理方面，监理单位有自己的法定职责。监理单位关于安全生产管理的监理工作，既不能替代施工单位的安全生产管理，也不是施工单位安全生产管理工作的补充。施工现场的监理人员决不能承担或替代施工单位安全生产管理人员的工作，要避免施工单位将自己应该承担的责任推卸给监理单位。

现场施工安全生产的责任主体是施工单位，项目监理机构履行安全生产管理的法定职责时，不得越权管理、越俎代庖、直接指挥施工人员。要重视施工单位管理人员和安全生产管理体系的作用，督促和支持其对施工现场进行行之有效的管理。

项目监理机构监督施工单位按已审核签认的专项施工方案施工时，不得以自己的主观臆断向施工单位提要求。若施工单位的行为不符合已审批的专项施工方案，但并不违反工程建设强制性标准，如果施工单位有充分理由，项目监理机构应要求施工单位按规定程序对专项施工方案进行修改后重新报审。

三、项目监理机构要重视对施工现场进行巡视检查的工作

巡视检查是项目监理机构履行施工现场安全生产管理法定职责的主要工作方式之一，尤其对危险性较大的分部分项工程的专项巡视检查。通过巡视检查可以及时发现施工中的违规行为，及时向施工单位发出监理指令，避免安全事故的发生。项目监理机构应高度重视对施工现场进行定期或不定期巡视检查，应从以下几方面做好巡检工作。

1. 项目监理机构应做好巡视检查的准备工作

监理人员要熟悉项目特点、施工各阶段的重大危险源和施工安全事故风险所在，要理解并掌握相关工程建设标准特别是其中的强制性条文，要熟悉施工单位的施工组织设计中的安全技术措施或专项施工方案，按照有关规定履行巡视检查的工作职责。

2. 项目监理机构要认真对待巡视检查工作

巡视检查的时间要保证，巡检线路的重要观察点要到位，必要的观测、检查要进行。要避免偷奸耍滑、弄虚作假。发现巡检人员不履行职责，总监理工程师应立即采取有效措施予以纠正。

3. 项目监理机构应如实记录巡视检查情况

巡视检查记录是现场安全生产管理的监理工作的第一手资料，也是判断施工现场安全事故原因、划分责任的重要依据。巡检人员应及时如实记录巡视检查情况。总监理工程师应定期检查巡检记录，并通过检查记录了解、指导巡检工作。

监理人员应具备能发现施工现场存在安全事故隐患的专业水平和能力。不具备相关专业水平和能力的监理人员不能单独承担巡视检查工作。

巡视检查不是履行施工现场安全生产管理的监理责任唯一工作方式，安全生产管理的监理工作也不能与其他监理工作隔离开来，在项目监理机构的各项工作中都应该高度重视安全生产管理的监理工作。

四、发现安全生产事故隐患，项目监理机构应及时发出明确指令

在施工过程中，项目监理机构发现安全生产事故隐患应及时下达明确的指令。从事安全生产管理的监理工作的监理员发现施工现场存在安全事故隐患时，应及时向专业监理工程师报告。专业监理工程师巡检发现安全事故隐患，或接到监理员发现施工现场存在安全事故隐患的报告，应及时签发《监理通知单》要求施工单位整改，必要时可先口头发出指令，随后补发书面《监理通知单》。情况严重时应报告总监理工程师，由总监理工程师签发《工程暂停令》，情况紧急时，总监理工程师可口头发出指令再补发书面《工程暂停令》。

负责安全生产管理的监理工作的监理人员如果对发现问题的性质拿不准，可在项目监理机构内提出讨论，也可向监理公司技术部门寻求支持，必要时还可以和施工单位的技术人员进行讨论。总之，不要因为任何原因忽视存在的安全事故隐患问题。

五、监督施工单位整改是项目监理机构的重要工作环节

项目监理机构发出《监理通知单》或《工程暂停令》后，安全生产管理的监理工作职责并未完全履行，还应重视监督施工单位的整改工作。监督施工单位整改的工作要做到人员落实、责任落实。

项目监理机构应做好与施工单位沟通协调工作，使施工单位认识到安全事故隐患的严重性，理解项目监理机构不是在故意刁难，而是与施工单位围绕安全生产的共同目标协同工作。项目监理机构也要理解施工单位在资源和工期等方面的困难，积极配合施工单位的整改工作。

六、与建设单位的沟通协调是履行安全生产职责的工作基础

部分建设单位对于建设工程施工安全不够重视，对施工现场的安全生产造成一定影响。主要原因是建设单位作为投资主体在工程建设中居主导地位，对自身在建设工程中的施工安全生产责任认识不到位；其次是建设单位有关人员缺少施工安全生产的有关专业知识。

建设单位对施工现场安全生产的理解和支持，是项目监理机构履行安全生产管理法定职责的基础条件。因此，项目监理机构应重视与建设单位的沟通协调工作，要主动向建设单位有关人员介绍现场施工的安全风险、事故危害后果。要主动向建设单位汇报施工现场安全生产管理工作情况和项目监理机构履行安全生产监理职责的工作情况，使建设单位理解施工现场安全生产的重要性，理解项目监理机构的工作，为项目监理机构履行安全生产管理法定职责创造良好的工作环境和条件。

对于建设单位要求降低安全标准进行施工的，项目监理机构在应告知建设单位按强制性标准进行施工的重要性，在让其了解不当行为后果的基础上予以制止和纠正。

当建设单位赶工期的要求可能影响施工安全时，总监理工程师应及时向建设单位提出

确保施工安全的有关措施的意见。必要时，应建议建设单位召集勘察、设计、施工、监理等单位的有关技术人员，共同分析赶工期可能带来的安全风险，研究制定确保施工安全的措施和方案。要避免在不具备安全生产条件的情况下盲目追赶工期。

项目监理机构和总监理工程师要认清自己的责任，通过耐心细致的沟通与协调工作，在坚持安全第一原则的同时，切实维护建设单位的权益。

七、向政府主管部门报告质量安全，既是责任，也是权利

《建设工程安全生产管理条例》规定，当工程监理单位要求施工单位整改或暂时停止施工，施工单位拒不整改或不停止施工时，工程监理单位应当及时向有关主管部门报告。

近年来，为强化工程监理单位履行质量安全的监理工作责任，住房和城乡建设部开展了工程监理单位向政府主管部门报告质量安全监理工作情况的试点，部分省市在试点结束后，已将监理单位向政府主管部门报告质量安全的工作常态化。

向政府主管部门报告质量安全的监理工作情况是监理单位的责任，监理单位应高度重视，认真履行报告责任。当工程安全事故有可能发生，项目监理机构已无力督促施工单位采取措施避免发生安全事故时，监理单位应及时向政府主管部门报告，请求公权力及时介入，是避免安全事故发生或减小安全事故损失的最后手段。向政府主管部门报告质量安全监理工作情况是工程监理人员履行职责的重要环节，是监理单位为履行安全生产管理的监理工作职责的一项权利，也是政府主管部门对项目监理机构的工作进行监督的一项制度。

工程监理单位作为咨询服务机构是没有任何强制权的，借助于向政府主管部门报告制度获得主管部门的支持，可以使监理指令具有一定强制力，对项目监理机构有关安全生产管理的监理工作是一项有力的支持。

监理单位向政府主管部门报告质量安全监理情况，确实存在来自内部和外部的各种阻力和困难，项目监理机构应充分认识其重要性，通过与各方的沟通和协调，让这项工作发挥其应有的作用。

八、及时形成真实的监理工作记录是工作成果的体现，也是对监理工作过程的监督

工程监理单位不是工程建设项目的生产经营单位，不对建设工程质量和施工安全承担直接责任，工程施工质量和施工安全成果也不直接反映监理的工作成效。工程监理单位属于咨询服务单位，监理单位的工作成果体现在监理工作过程中，最直接的反映就是监理工作记录，即项目监理机构在监理工作过程中形成的监理文件资料。

项目监理机构履行安全生产管理的监理工作职责的工作记录包括：巡视记录、监理日志、各类核查、检查、检测、验收记录、会议纪要，还包括签发的《监理通知单》及施工单位的《监理通知回复单》《工程暂停令》及《工程复工报审表》《工作联系单》和各类报审报验表等。这些文件资料，既体现了项目监理机构的工作过程和工作成果，也是对项目监理机构工作过程的有效监督，项目监理机构要及时收集、编制、整理安全生产管理的监理工作相关的文件资料，并按规定适时归档保存。

第三节　基坑工程的安全检查

随着城市建设中高层建筑、超高层建筑所占比例逐年增多，如何解决高层建筑深基坑施工中的安全问题也越来越突出。为避免基坑工程施工中安全事故的发生，项目监理机应监督施工单位按照基坑工程的安全技术措施或专项施工方案组织施工，督促施工单位加强对基坑施工过程进行安全自查。项目监理机构要对施工单位的安全检查情况进行抽查，对属于危大工程范围的深基坑工程要进行专项巡视检查，通过巡查可以加强对施工单位违规施工的监督和督促，尽量减少安全事故的发生。

项目监理机构要履行对基坑工程安全进行监督检查的职责，现场监理人员就应掌握与基坑工程相关的技术规范、规程的要求，了解基坑工程施工中存在的安全风险，熟悉施工单位编制的基坑工程专项施工方案的内容。

一、基坑工程施工中的主要安全风险

1. 基坑坑壁形式不合理导致基坑坍塌的风险

施工单位在确定基坑开挖施工方案时考虑不周，对存在边坡坍塌隐患的基坑未采取支护措施，对采用放坡开挖时的坡率超限，均有可能导致基坑坍塌。

2. 基坑支护方案设计缺陷导致基坑坍塌的风险

由于设计单位对工程地质、水文地质条件把握错误，或由于设计人员工作失误，导致基坑支护方案存在重大缺陷，不能保证基坑开挖和基础施工过程中的坑壁稳定。

3. 降水排水措施不当导致坍塌、管涌、涌水、周边地面下沉的风险

当基坑开挖深度范围内有地下水，未采取有效的降水排水措施，基坑边沿地面未设排水沟或设置不当，放坡开挖时对坡顶、坡面、坡脚未采取降排水措施，基坑底四周未设排水沟和集水井或排除积水不及时，都可能导致基坑坍塌、管涌、涌水，或可能导致基坑周边地面下沉，影响周边建筑物、构筑物、道路和各类管线的安全。

4. 基坑开挖过程中导致坍塌的风险

施工单位在支护条件尚不具备的情况下开挖基坑土方，开挖分层、分段不合理，开挖不均衡，开挖过程中未采取防止碰撞支护结构的有效措施，或土方机械在软土场地作业等，都可能导致土体或支护结构坍塌。

5. 作业环境导致的安全风险

基坑内土方机械、施工人员的安全距离不符合要求，上下垂直作业未采取防护措施，在各种管线范围内开挖作业未设专人监护，作业区域光线不良等原因可能导致机械伤害、物体打击和高处坠落等事故发生。

6. 基坑垂直出土导致起重伤害的风险

采用垂直运输出土时起吊物件坠落，运行中的吊斗或吊斗未使用时若悬挂于高处，都可能导致现场人员遭受起重伤害或物体打击。

7. 施工人员高处坠落的风险

基坑周边未设置符合安全要求的临边防护栏杆，未设置供施工人员上下专用梯道或梯道设置不符合安全标准，降水井口等洞口未设置围栏或盖板等，可能导致施工人员高处坠落。

8. 基坑支撑结构拆除过程中的风险

基坑支撑结构拆除方式和拆除顺序不满足安全要求，采用人工拆除作业时未设置符合安全标准的防护设施，采用机械拆除时施工荷载大于支撑结构承载能力，采用非常规拆除方式时不符合国家有关规范标准等，都可能导致物体打击、起重伤害、高处坠落等事故发生。

9. 施工用电的风险

基坑工程的潮湿环境加大了用电设备和用电机具漏电和人员触电的风险。

二、基坑工程的安全检查项目及基本要求

1. 按照《建筑施工安全检查标准》JGJ 59 规定，施工单位对基坑工程的安全检查保证项目应包括：施工方案、基坑支护、降排水、基坑开挖、坑边荷载、安全防护；一般项目应包括：基坑监测、支撑拆除、作业环境、应急预案等。

2. 基坑工程的安全检查应由施工单位项目负责人组织，专职安全生产管理人员及相关专业人员参加，定期进行检查并及时填写检查记录。督促施工单位对检查中发现的事故隐患应下达隐患整改通知单，并应定人、定时间、定措施进行整改。

3. 对属于危大工程的基坑工程施工，项目监理机构应监督施工单位严格按照专项施工方案组织施工，不得擅自修改专项施工方案，应督促施工单位项目专职安全生产管理人员对专项施工方案实施情况进行现场监督。

4. 项目监理机构应对属于危大工程的基坑工程施工实施专项巡视检查，发现施工单位未按照专项施工方案施工的，应当要求其立即整改；情节严重的，应当要求其暂停施工，并及时报告建设单位。施工单位拒不整改或不停止施工的，应当及时报告建设单位和工程所在地建设主管部门。

5. 督促施工单位应按规定对危大工程进行施工监测和安全巡视，发现危及人身安全的紧急情况，应立即组织作业人员撤离危险区域。

6. 基坑工程施工前，督促施工单位对相关管理人员、施工作业人员进行书面安全技术交底，并应由交底人、被交底人、专职安全员进行签字确认。项目监理机构应检查施工单位的安全技术交底记录。

7. 督促施工单位对属于危大工程的基坑工程作业人员进行登记，项目负责人应当在施工现场履职。

三、基坑工程的安全检查要点

项目监理机构应督促施工单位按照现行国家标准《建筑基坑工程监测技术标准》GB 50497 及现行行业标准《建筑基坑支护技术规程》JGJ 120 和《建筑施工土石方工程安全

技术规范》JGJ 180 及相关文件的规定，并结合基坑工程专项施工方案，按照《建筑施工安全检查标准》JGJ 59 规定的检查项目，对基坑工程的施工进行安全检查。项目监理机构应按规定对施工单位的自查情况进行抽查。

针对基坑工程，项目监理机构应督促施工单位检查以下内容。

（一）施工方案的检查

1. 基坑工程工程施工前，应检查施工单位是否在施工组织设计中编制基坑工程的施工安全技术措施，对属于危大工程的基坑工程是否编制专项施工方案，施工单位内部是否按规定进行审核、审批。

2. 对开挖深度超过 5m（含 5m）的基坑（槽）的土方开挖、支护、降水工程施工作业，应检查施工单位是否组织专家对专项施工方案进行论证。专家论证前专项施工方案是否通过施工单位审核和总监理工程师审查。

（二）基坑支护的安全检查

对于不同深度的基坑和作业条件，所采取的支护方式也不同。一般基坑深度小于 3m 时可采用一次性放坡，当深度达到 4～5m 时，应采用分级放坡。明挖放坡应保证边坡的稳定，较浅的基坑可采用原状土放坡，对于深基坑可采用排桩、土钉墙或地下连续墙等方式确保边坡的稳定。针对基坑支护方式，施工单位应按已审定的（专项）施工方案执行，不得随意更改。基坑支护应检查以下内容：

1. 人工开挖的狭窄基槽，开挖深度较大并存在边坡塌方危险时，应检查是否按施工方案要求采取了支护措施；基坑支护结构施工是否与降水、开挖相互协调，各工况和工序是否符合设计要求。应督促施工单位在支护结构施工及使用期内，对基坑支护结构的状况随时进行巡查，重点检查有无下列现象及其发展情况：

（1）挡土构件表面、土质边坡是否有开裂，是否有可能滑坡等危险；

（2）支撑构件有无变形、开裂现象；有无土钉墙土钉滑脱，土钉墙面层开裂和错动情况。

2. 检查地质条件良好、土质均匀且无地下水的自然放坡的坡率是否符合规范要求。土质边坡的坡率应符合设计施工图、（专项）施工方案所确定的坡率。

3. 检查基坑支护结构水平位移是否在设计允许范围内。

4. 检查基坑支护结构是否符合设计要求。施工单位采取锚杆结构护坡、排桩护坡、坑外拉锚护坡、坑内支撑护坡、混凝土格构护坡、地下连续墙护坡等方式进行基坑支护时，基坑支护结构应符合设计要求。

（1）对锚杆结构支护进行安全检查。

锚杆结构支护是指坑壁采用锚杆加挂钢筋网并浇灌混凝土的方式进行加固处理。

坑壁采用锚杆结构支护应检查边坡坡率是否与设计施工图、施工组织设计或专项施工方案所确定的坡比一致；检查锚杆的锚固长度、锚杆的灌浆、钢筋网所使用的钢筋规格、间距是否符合相关规范、施工组织设计或专项施工方案要求；有无锚杆锚头松动，锚具夹片滑动，腰梁及支座变形，连接破损等情况。

（2）对排桩支护进行安全检查。

排桩支护是指当基坑周边无条件放坡时，可采用沿基坑侧壁排列设置的由前、后排支护桩和梁连接成的刚架及梁冠组成的支挡式结构。根据土层性质、地下水条件及基坑周边环境要求等选择混凝土灌注桩、型钢桩、钢管桩、钢板桩、型钢水泥土搅拌桩等桩型。

基坑壁采用排桩支护方式时，应检查桩的平面位置（轴线、标高）是否符合设计施工图要求；检查桩底沉渣厚度是否符合有关验收规范要求。

采用混凝土灌注桩时，检查支护的桩身桩混凝土强度等级、钢筋配置和混凝土保护层厚度是否满足设计和规范要求；检查桩顶部混凝土冠梁的宽度、高度的设置是否符合设计要求，冠梁钢筋设置是否现行国家标准要求；检查桩身是否有位移、下沉、上浮等情况。

（3）对坑外拉锚与坑内支撑支护进行安全检查。

坑外拉锚是指用锚具将锚杆固定在桩的悬臂部分，将锚杆的另一端伸向基坑边坡上层内锚固，以增加桩的稳定性。锚杆由锚头、自由段和锚固段三部分组成，锚杆必须有足够长度，锚固段不能设置在土层的滑动面内。

采用坑外拉锚方式时，应检查桩的平面位置（轴线、标高）是否符合设计施工图要求；检查桩底沉渣厚度是否符合验收规范要求；检查桩钢筋笼及桩混凝土强度是否满足设计和规范要求；检查桩身是否有位移、下沉、上浮等情况；如有桩锚索，应检查锚索的施工是否满足设计、规范要求。

坑内支撑是指为提高桩的稳定性，可采用在坑内加设支撑的方法。坑内支撑可采用单层平面或多层支撑，支撑材料可采用型钢或钢筋混凝土，对多层支撑要加强管理，混凝土支撑应在上层支撑强度达 80％时才可挖下层。对钢支撑严禁在负荷状态下焊接。

采用坑内支撑方式，应检查支撑所采用的材料及结构形式是否与设计一致；支撑的安装及拆除顺序是否与专项施工方案一致；钢支撑焊接时是否承受负荷；钢支撑焊缝质量是否进行了检测，检测结果是否符合规范要求。

（4）对钢筋混凝土格构支护进行安全检查。

采用钢筋混凝土格构式支护方式，应督促施工单位检查钢筋混凝土格构施工部位是否与设计施工图一致；格构模盒、钢筋数量、规格、混凝土强度等是否满足设计及规范要求；检查锚杆（锚索）的嵌岩深度是否达到设计要求；检查混凝土格构是否有开裂、露筋、变形等情况。

（5）对地下连续墙进行安全检查。

地下连续墙是在深层地下浇注一道钢筋混凝土墙，既可作为挡土护壁又可以起隔渗作用，可以成为工程主体结构的一部分，还可以代替地下室墙外模板。

对地下连续墙应督促施工单位检查墙体的施工位置是否与设计一致，是否牢固；检查墙体所使用的钢筋规格、数量、间距、保护层厚度、墙体混凝土强度等级等是否与设计一致。

（三）基坑降排水的安全检查

基坑工程的降水排水方式，应与经审定的专项施工方案一致。施工单位不得随意更改降水排水方式。确需更改，须重新编制专项施工方案并按规定重新报审。

1. 检查施工区域内的临时排水系统。临时排水不得破坏相邻建（构）筑物的地基和挖、填土方的边坡。场地周围出现地表水汇流、排泄或地下水管渗漏时，应督促施工单位组织排水，并对基坑采取保护措施。

2. 当基坑开挖深度范围内有地下水时，应督促施工单位按照专项施工方案要求采取有效的降排水措施。

3. 检查基坑边沿周围地面是否设置排水沟；放坡开挖时，应检查对坡顶、坡面、坡脚是否采取降排水措施。督促施工单位派专人随时对基坑工程的降水排水状况进行巡查，检查基坑侧壁和截水帷幕有无渗水、漏水、流砂等现象。

4. 检查基坑底四周是否按照专项施工方案设置排水沟和集水井，降水井抽水有无异常，基坑排水是否通畅，并应及时排除积水。

（四）基坑开挖的安全检查

1. 基坑开挖期间，应督促施工单位巡视检查基坑周边环境的状况，检查基坑外地面和道路有无开裂、沉陷现象；基坑周边建（构）筑物、围墙有无开裂、倾斜情况；基坑周边水管有无漏水、破裂，燃气管漏气情况。

2. 督促施工单位严格执行支护结构设计规定，须在基坑支护结构达到开挖阶段的设计强度时，方可按照施工顺序和开挖深度分层开挖下层土方，严禁提前开挖和超挖。对采用预应力锚杆的支护结构，应在锚杆施加预应力后，方可下挖基坑；对土钉墙，应在土钉、喷射混凝土面层的养护时间大于 2d 后，方可下挖基坑。

3. 督促施工单位在基坑开挖时，按照设计和施工方案规定的分层、分段、对称、均衡、适时的原则开挖。当基坑开挖面上方的锚杆、土钉、支撑未达到设计要求时，严禁向下超挖土方。

4. 督促检查是否采取防止碰撞支护结构、工程桩或扰动基底土层的措施。在基坑开挖过程中，应巡视检查挖土机械是否碰撞或损害锚杆、腰梁、土钉墙面、内支撑及其连接件等构件，是否损害已施工的基础桩。

5. 当采用机械在软土场地作业时，应督促施工单位按照施工方案要求采取铺设渣土或砂石等作业场地硬化措施。

6. 基坑开挖至坑底后，应督促施工单位及时进行混凝土垫层和主体地下结构施工。主体地下结构施工时，应检查结构外墙与基坑侧壁之间回填过程是否符合专项施工方案要求。

7. 当开挖揭露的实际土层性状或地下水情况与设计依据的勘察资料明显不符，或出现异常现象、不明物体时，应停止开挖，在采取相应处理措施后方可继续开挖。

（五）坑边荷载的安全检查

1. 督促施工单位对基坑周边堆放的施工材料、设施或车辆荷载进行检查。基坑边堆置土、料具等荷载应在基坑支护设计允许范围内，严禁超过设计要求的地面荷载限值。

2. 督促施工单位检查施工机械与基坑边沿的安全距离是否符合设计要求。

（六）基坑安全防护的检查

1. 当基坑施工深度超过 2m 时，督促施工单位检查现场是否按照专项施工方案和规范的规定搭设临边防护设施，基坑周边搭设的防护护栏的材料、搭设方式及牢固程度是否符合专项施工方案和相关规范的规定。

2. 检查基坑内是否设置了供施工人员上下的专用梯道。梯道应设置扶手栏杆，梯道的宽度不应小于 1m 的要求，梯道搭设应符合专项施工方案及规范要求。

3. 检查降水井口是否设置防护盖板或围栏，是否设置了明显的警示标志。

（七）基坑监测的安全检查

1. 基坑开挖前，项目监理机构应检查施工单位是否按规定编制了基坑支护变形监测方案，检查施工单位的监测项目、监测报警值、监测方法和监测点布置、监测周期、记录制度、信息反馈等是否符合经审定的变形监测方案。

2. 检查监测的时间间隔，监测的时间间隔应根据施工进度确定，当监测结果变化速率较大时，应加密观测次数。

3. 督促施工单位对安全等级为Ⅰ级、Ⅱ级的支护结构，在基坑开挖过程与支护结构使用期内，必须进行支护结构的水平位移监测和基坑开挖影响范围内建（构）筑物、地面的沉降监测。

4. 基坑开挖过程中，督促施工单位按监测方案对基坑变形情况进行监测，并及时进行地下结构和安装工程施工，基坑（槽）开挖或回填应连续进行。项目监理机构应随时检查坑（槽）壁的稳定情况。

5. 督促施工单位对支护结构开裂、位移情况进行监测。重点监测桩位、护壁墙面、主要支撑杆、连接点、挡土构件及坡顶是否有变形、裂缝等情况。

6. 基坑开挖监测工程中，项目监理机构应对施工单位的基坑监测情况进行检查，并督促施工单位根据设计要求提交阶段性监测报告。

（八）基坑支撑拆除的安全检查

1. 督促施工单位对基坑支撑结构拆除方式、拆除顺序进行检查，拆除方式、拆除顺序应符合专项施工方案的要求。

2. 采用机械拆除时，应督促施工单位检查施工荷载。施工荷载应小于支护结构承载能力。

3. 人工拆除时，督促施工单位检查防护设施是否符合专项施工方案和规范的规定。

4. 采用爆破拆除、静力破碎等拆除方式时，应符合专项施工方案和国家现行相关规范的要求。

5. 采用锚杆或支撑的支护结构，在未达到设计规定的拆除条件时，严禁施工单位拆除锚杆或支撑。

（九）现场作业环境的安全检查

1. 检查基坑内土方机械、施工人员的安全距离是否符合规范要求。机械作业不宜在有地下管线或燃气管道 2m 范围内进行。

2. 检查垂直运输作业及设备（通道、踏步、踢脚板、栏杆、安全网等）设置是否符合相关规范规定。上下垂直作业应按规定采取有效的防护措施，交叉作业、多层作业上下应设置隔离层。作业人员上下应设置专用通道。严禁作业人员沿坑壁、支撑或乘坐运土工具上下基坑。

3. 在电力、通信、燃气、上下水等管线 2m 范围内挖土时，应检查施工单位是否采取安全保护措施，是否设专人监护。

4. 检查施工作业区域的照明及电气设备。施工作业区域应采光良好，当光线较弱时应设置有足够照度的光源。深基坑施工的照明、电箱的设置、周围环境以及各种电气设备的架设、使用均应符合电气规范规定。

5. 督促施工单位加强对施工现场作业环境的检查监控，发现危及人身安全和公共安全隐患应立即停止作业，排除隐患后方可继续施工。

（十）基坑工程应急预案的检查

1. 项目监理机构应检查施工单位是否编制基坑工程应急预案。检查应急预案是否符合规范要求并结合工程施工过程中可能出现的支护变形、漏水等影响基坑工程安全的不利因素制定。

2. 督促施工单位建立施工项目的应急组织机构，应急组织机构应健全；检查应急的物资、材料、工具、机具等品种、规格、数量是否满足应急的需要，并应符合应急预案的要求。

3. 当基坑工程发生险情时，应监督施工单位立即启动应急响应，并向有关部门报告以下信息：

（1）险情发生的时间、地点；

（2）险情的基本情况及抢救措施；

（3）险情的伤亡及抢救情况。

4. 检查并督促施工单位的应急响应前的抢险准备工作，包括下列内容：

（1）应急响应需要的人员、设备、物资准备；

（2）增加基坑变形监测手段与频次的措施；

（3）储备截水堵漏的必要器材；

（4）清理应急通道。

5. 基坑工程变形监测数据超过报警值，或出现基坑、周边建（构）筑、管线失稳破坏征兆时，项目监理机构应要求施工单位立即停止施工作业，撤离人员，待险情排除后方可恢复施工。

第四节　模板支架的安全检查

模板支架特别是高大模板的支撑系统，一旦坍塌则可能造成群死群伤的重大或特别重大安全事故，项目监理机构应高度重视模板支架施工中的安全检查工作。为避免模板支架施工中安全事故的发生，应督促施工单位按照相关模板支架工程技术标准及专项施工方案要求组织施工，并应检查施工单位模板支架施工及使用过程中的安全自查工作。

按照相关文件规定，项目监理机构应对模板支架的施工安全生产进行监督检查，对属于危大工程的高大模板支撑体系工程进行专项巡视检查。

项目监理机构要履行对模板支架施工安全检查的职责，应了解模板支架施工中存在的安全风险，应熟悉施工单位编制的模板支架体系专项施工方案的内容，并应掌握与模板支架施工安全相关的技术规范、规程的要求。

一、模板支架工程施工的安全风险

模板支架体系特别是危险性较大的高大模板支撑体系在施工中的安全风险有以下方面：

1. 设计方案

模板支架体系未经设计计算，仅凭经验进行搭设或在设计计算过程中未考虑模板的各种工况，采用不正确的荷载值和材料的性能指标，采用不正确的计算方法或构造设计（包括独立支架体系整体高宽比超限），致使模板支架体系承载能力或稳定性不能满足工程施工要求而坍塌。

2. 材料

模板支架体系所使用的各类材料存在质量缺陷，致使模板支撑体系承载能力或稳定性不能满足工程施工要求而坍塌。

3. 立杆基础

基础不坚实平整、承载力不符合要求；支架底部未设置垫板或垫板的规格不符合规范要求，或未按规范要求设置底座及扫地杆，未采取排水措施；支架设在楼面结构时，未对楼面结构的承载力进行验算或楼面结构下方未采取加固措施等，导致立杆下沉、倾斜或失稳而造成模板支撑体系坍塌。

4. 构造与连接

立杆纵、横间距及水平杆步距大于设计和规范要求；水平杆未连续设置，未按规范要求设置竖向剪刀撑或专用斜杆、水平剪刀撑或专用水平斜杆，或剪刀撑或斜杆设置不符合规范要求，以及立杆、水平杆连接，剪刀撑斜杆接长、杆件各连接点的紧固不符合规范要求等，导致模板支架体系坍塌或零配件坠落导致高处坠落或物体打击事故。

5. 安装工程质量

模板支架安装工人不具备操作资格及相应技术能力，或不按设计及相关规范要求进行施工，模板支架安装质量不符合要求导致模板体系安全性不足。

6. 混凝土浇筑施工

未对混凝土堆积高度进行控制；未按规定的顺序进行浇筑；荷载堆放不均匀，施工荷载超过设计规定或造成支架受力不均匀导致支架体系坍塌。

7. 拆除

支架拆除前未确认混凝土强度达到设计要求；未按规定设置警戒区或未设置专人监护，导致支架体系坍塌或操作人员受到伤害。

8. 其他

在模板支架体系安装、使用和拆除过程中，操作人员违章操作可能导致各类伤害事故发生，包括高坠、机械伤害、物体打击、触电等。

二、模板支架体系的安全检查项目及基本要求

1. 依据《建筑施工安全检查标准》JGJ 59 规定，施工单位对模板支架安全检查保证项目应包括：施工方案、支架基础、支架构造、支架稳定、施工荷载、交底与验收。一般项目应包括：杆件连接、底座与托撑、构配件材质、支架拆除。

2. 督促施工单位项目安全生产管理人员对专项施工方案实施情况进行现场监督，对未按照专项施工方案施工的，应当要求立即整改，并及时报告项目负责人，项目负责人应当及时组织限期整改。

3. 督促施工单位对属于危大工程的模板支架施工作业人员进行登记，项目负责人应当在施工现场履职。

4. 施工单位应当按照规定对危大工程进行施工监测和安全巡视，发现危及人身安全的紧急情况，应当立即组织作业人员撤离危险区域。项目监理机构应按规定对属于危大工程的模板支架工程实施专项巡视检查。

5. 模板支架工程施工前，督促施工单位应对相关管理人员、施工作业人员进行书面安全技术交底，并应由交底人、被交底人、专职安全员进行签字确认。项目监理机构应检查安全技术交底记录。

6. 督促施工单位专职安全员或相关专业人员对模板支架工程施工进行安全检查，并填写检查记录。对检查中发现的事故隐患应下达隐患整改通知单，定人、定时间、定措施进行整改。项目监理机构应对施工单位的检查记录进行抽查。

三、模板支架体系的安全检查要点

项目监理机构应督促施工单位按照现行国家标准《建筑施工模板安全技术规范》JGJ 162、《建筑施工扣件式钢管脚手架安全技术规范》JGJ 130、《建筑施工门式钢管脚手架安全技术规范》JGJ 128、《建筑施工碗扣式钢管脚手架安全技术规范》JGJ 166 和《建筑施工承插型盘扣式钢管支架安全技术规程》JGJ 231 的规定，按照《建筑施工安全检查标准》JGJ 59 规定的检查项目，并结合模板支架体系专项施工方案，对模板支架体系施工进行安全检查。项目监理机构应对施工单位模板支架体系的安全自查情况进行抽查。

针对模板支架体系，项目监理机构应督促施工单位检查以下内容：

（一）施工方案的检查

1. 模板支架工程施工前，应检查施工单位是否在施工组织设计中编制模板支架体系的施工安全技术措施，对属于危大工程的模板及支撑体系是否编制专项施工方案，施工单位内部是否按规定进行审核、审批。

2. 对超过一定规模的模板及支撑体系施工作业，应检查施工单位是否组织专家对专项施工方案进行论证。专家论证前专项施工方案是否通过施工单位审核和总监理工程师审查签认。

以下高大模板及支撑体系除应编制专项施工方案外，应督促施工单位组织专家论证：

（1）各类工具式模板工程：包括滑模、爬模、飞模、隧道模等工程。

（2）混凝土模板支撑工程：搭设高度 8m 及以上，或搭设跨度 18m 及以上，或施工总荷载（设计值）15kN/m² 及以上，或集中线荷载（设计值）20kN/m 及以上。

（3）承重支撑体系：用于钢结构安装等满堂支撑体系，承受单点集中荷载 7kN 及以上。

（二）支架基础的安全检查

1. 检查支架基础。支架立杆基础应坚实、平整，承载力应符合设计要求，并应能承受支架上部全部荷载。对不能满足承载力要求的地基土层应进行加固处理，如为填土应分层夯实并浇筑混凝土垫层。

2. 检查支架底部是否按规范要求设置底座、垫板，垫板的规格是否符合专项施工方案要求。每根立杆底部宜设置底座或垫板，垫板长度不小于 2 跨立杆纵距，宽度不小于 200mm，厚度应不小于 50mm。立杆垫板或底座地面标高宜高于自然地坪 50～100mm。

3. 检查支架底部纵、横向扫地杆的设置。应在支架底部距立杆底端高度不大于

200mm 处应设置纵、横向扫地杆，并应用直角扣件固定在立杆上，横向扫地杆应设置在纵向扫地杆的下方。

4. 检查支架基础是否采取排水措施，排水是否通畅。

5. 当模板支架设在楼面结构上时，应督促施工单位对楼面结构强度进行验算，必要时应对楼面结构采取加固措施，立柱底部应设置木垫板。

（三）支架构造的安全检查

1. 检查立杆间距。支撑脚手架的立杆间距和步距应按设计计算确定，且间距不宜大于 1.5m，步距不应大于 2.0m。支撑脚手架独立架体高宽比不应大于 3.0。

2. 检查水平杆步距是否符合设计和规范要求。支撑脚手架的水平杆步距应沿纵向和横向通长连续设置，不得缺失。在立杆底部应设置纵向和横向扫地杆，水平杆和扫地杆应与相应立杆连接牢固。

3. 应按照规范要求检查竖向、水平剪刀撑或专用斜杆、水平斜杆的设置。

（1）安全等级为Ⅱ级的支撑脚手架应在架体周边、内部纵向和横向每隔不大于 9m 设置一道竖向剪刀撑；安全等级为Ⅰ级的支撑脚手架应在架体周边、内部纵向和横向每隔不大于 6m 设置一道竖向剪刀撑。竖向剪刀撑斜杆间的水平距离宜为 6～9m，剪刀撑斜杆与水平面的倾角应为 45°～60°。

（2）安全等级为Ⅱ级的支撑脚手架宜在架顶处设置一道水平剪刀撑；安全等级为Ⅰ级的支撑脚手架应在架顶、竖向每隔不大于 8m 各设置一道水平剪刀撑；每道剪刀撑应连续设置，剪刀撑的宽度宜为 6～9m。

（3）当采用水平斜撑杆、水平交叉拉杆代替支撑脚手架每层的水平剪刀撑时，安全等级为Ⅱ级的支撑脚手架应在架体水平面的周边、内部纵向和横向每隔不大于 12m 设置一道；安全等级为Ⅱ级的支撑脚手架应在架体水平面的周边、内部纵向和横向每隔不大于 8m 设置一道。水平斜撑杆、水平交叉拉杆在相邻立杆间连续设置。

（四）支架稳定的安全检查

1. 检查支架稳定的构造措施。

（1）当支架高宽比大于规定值时，为保证支架的稳定，应按规定设置连墙件或采取增加架体宽度的加强措施。

（2）立杆底部必须沿纵横水平杆方向按纵上横下的程序设置扫地杆。

（3）立杆接长应采用同心对接连接方式，采用对接连接，相邻两立杆的对接接头不得在同步内，且对接接头沿竖向错开的距离不宜小于 500mm，各接头中心距主节点不宜大于步距的 1/3。

（4）立杆顶部应设置 U 形可调支托，U 形可调支托主梁应对称放置，与楞梁两侧间如有间隙，必须楔紧。

（5）可调支托底部的立柱顶端应沿纵横向设置一道水平拉杆。扫地杆与顶部水平拉杆的间距，在满足模板设计所确定的水平拉杆步距要求条件下，顶部立杆自由端应≤500mm，在每一步距处纵横向各设一道水平拉杆。

2. 检查立杆伸出顶层水平杆中心线至支撑点的长度。碗扣式支架不应大于 700mm；承插型盘扣式支架不应大于 680m；扣件式支架不应大于 500mm。

3. 在浇筑混凝土时的检查。督促施工单位在混凝土浇筑时应安排专职安全管理监督人员对架体基础沉降、架体变形进行监控，基础沉降、架体变形应在规定允许范围内。

（五）施工荷载的安全检查

1. 检查施工均布荷载、集中荷载是否在设计允许范围内。当模板上荷载有特殊要求时，督促施工单位按施工方案或设计要求进行检查。

（1）严禁将支撑脚手架、缆风绳、混凝土输送泵、卸料平台及大型设备的支承件等固定在脚手架上。严禁在脚手架上悬挂起重设备；

（2）支撑结构严禁与起重机械设备、施工脚手架等连接；

（3）支撑结构作业层上的施工荷载不得超过设计允许荷载。

2. 检查混凝土的堆积高度。当浇筑混凝土时，督促施工单位对混凝土堆积高度进行控制，项目监理机构应进行巡视检查。

（六）对交底及验收的检查

1. 在支架搭设、拆除作业前，督促施工单位项目技术人员应以书面形式向作业班组进行施工操作的安全技术交底。项目监理机构应检查施工单位安全技术交底记录。

2. 支架搭设完成后，应督促施工单位按照施工方案及有关规定组织验收，验收应有量化内容并经责任人签字确认。项目监理机构应检查施工单位的验收资料并存档保存。

（七）杆件连接的安全检查

1. 检查支架立杆的连接方式。支架立杆接长严禁搭接，应采用对接、套接或承插式连接方式，并应符合规范要求。采用对接扣件连接时，相邻两个立杆的对接接头不得在同一步距内且不小于500mm高差；严禁将上段钢管立柱与下段钢管立柱错开固定在水平拉杆上。

2. 检查支架水平杆的连接方式，水平杆的连接应符合规范要求。钢管扫地杆、水平拉杆应采用对接连接，水平杆的对接扣件应交错布置，两相邻水平杆的接头不宜设置在同步或跨度内。所有水平拉杆端部应与四周已浇筑好的混凝土构件顶紧顶牢或抱接。

3. 检查支架剪刀撑斜杆的连接方式。当剪刀撑斜杆采用搭接时，搭接长度不得小于1m，应等间距设置3个旋转扣件固定。竖向剪刀撑斜杆应用旋转扣件固定在与相交的水平杆的伸出端或立杆上，底端应与地面顶紧，夹角宜为45°～60°。水平剪刀撑斜杆应用旋转扣件固定在与相交的立杆或水平杆上。

4. 对杆件各连接点的紧固进行检查，杆件各连接点的紧固应符合规范要求。采用钢管扣件搭设模板支撑系统时，督促施工单位对扣件螺栓的紧固力矩进行抽查，抽查数量应符合安全技术规范的规定，对梁底扣件紧固应进行100％的检查。

（八）底座与托撑的安全检查

1. 督促施工单位对可调托座、托撑螺杆直径进行检查。可调托座、托撑螺杆直径应与立杆内径匹配，配合间隙应符合规范要求。

2. 检查螺杆旋入螺母内的长度，不应小于5倍螺距。支撑脚手架的可调底座和可调托座插入立杆的长度不应小于150mm。

（九）构配件材质的检查

1. 督查施工单位检查钢管壁厚、构配件规格、型号、材质是否符合规范要求；杆件弯曲、变形、锈蚀量是否在规范允许范围内。

钢管应采用现行国家标准规定的普通钢管，其材质应符合现行国家标准《碳素结构钢》GB/T 700 中 Q235 级钢或《低合金高强度结构钢》GB/T 1591 中的 Q345 的规定。钢管外径、壁厚、外形允许偏差应符合表 4-1 规定。

钢管外径、壁厚、外形允许偏差　　　　　　　　　　　　表 4-1

偏差项目 钢管直径 （mm）	外径 （mm）	壁厚	外形偏差		
			弯曲度 （mm/m）	椭圆度 （mm）	管端截面
≤20	±0.3	$±10\% \cdot S$	1.5	0.23	与轴线垂直、 无毛刺
21～30	±0.5			0.38	
31～40					
41～50			2		
51～70	±			$7.5/1000 \cdot D$	

2. 项目监理机构应对支架体系使用的钢管、型钢、连接件和支托、铸铁或铸钢制作的购配件等材料的产品合格证、生产许可证、检测报告等进行核验和现场检查，检查出厂合格证或检验报告。

（十）支架拆除的安全检查

1. 模板拆除前，应督促施工单位完成拆除方案的审批手续，模板及支架拆除前结构的混凝土强度应满足设计要求。施工单位应将拆除手续报送项目监理机构审核同意后方可实施拆除作业。

（1）督促施工单位按照拆除方案规定的顺序实施拆除。先支的后拆，先拆非承重部分；同层杆件和构配件应按先外后内的顺序拆除，剪刀撑、斜撑杆等加固杆件应拆卸至该杆件所在部位时再拆除。

（2）在拆除大跨度梁支撑柱时，督促施工单位应先从跨中开始向两端对称进行。大模板拆除前，要用起重机垂直吊牢，然后再进行拆除。当立柱水平拉杆超过两层时，应先拆两层上的水平拉杆，最下一道水平杆与立柱模同时拆除，以确保柱模稳定。

（3）督促施工单位对高大模板支撑系统拆除作业进行巡视检查。拆除时严禁将拆卸的杆件向地面抛掷，不得留有未拆净的悬空模板。

2. 监督施工单位在模板支架系统拆除前设置警戒区，地面应设置围栏和警戒标志，并应设专人监护，严禁非操作人员进入作业范围。

第五节　脚手架工程的安全检查

近几年，随着建设规模的扩大和建筑技术的提高，脚手架在建设工程中的作用也越来越重要。同时，因脚手架的搭设或使用不符合要求造成的安全事故也大大增加，由于脚手架的特殊性，脚手架失稳倒塌及超过允许的变形、倾斜、摇晃、扭曲等容易造成安全事故。为此，保证脚手架体系的施工安全是施工现场安全管理的重要工作之一，项目监理机构应监督施工单位按照相关脚手架工程技术标准及专项施工方案要求组织施工，并督促施工单位对脚手架的搭设和使用过程进行巡视检查。

项目监理机构应对脚手架工程的施工安全生产进行监督检查，对属于危大工程的脚手架工程实施专项巡视检查。

项目监理机构要履行对脚手架工程进行安全监督检查的职责，就应了解脚手架工程施工中存在的安全风险，掌握与脚手架工程相关的技术规范、规程的规定，并应熟悉施工单位编制的脚手架工程施工组织设计或专项施工方案的相关内容。

一、脚手架工程施工的安全风险

1. 搭设方案

脚手架搭设方案不符合要求，架体结构设计未进行设计计算，架体搭设超过规范允许高度，可能会导致脚手架坍塌、高处坠落、物体打击事故。

2. 构配件材质

型钢、钢管、构配件规格及材质不符合规范要求；型钢、钢管、构配件弯曲、变形、锈蚀严重；扣件未进行复试或技术性能不符合标准，可能导致脚手架坍塌。

3. 立杆基础或悬挑钢梁

脚手架立杆基础不平、不实，立杆底部缺少底座、垫板或垫板的规格不符合规范要求；未设置纵、横向扫地杆或扫地杆的设置和固定不符合规范要求；未采取排水措施；悬挑钢梁截面高度未按设计确定或截面形式、钢梁锚固处结构强度、锚固措施不符合设计和规范要求；钢梁固定段长度小于悬挑段长度的 1.25 倍；钢梁外端未设置钢丝绳或钢拉杆与建筑结构拉结；钢梁间距未按悬挑架体立杆纵距设置等，可能导致脚手架坍塌。

4. 架体与建筑物间的拉结

落地式脚手架架体与建筑结构拉结方式或间距不符合规范要求；架体底层第一步纵向水平杆处未设置连墙件或未采取其他可靠措施固定；搭设高度超过 24m 的双排脚手架未采用刚性连墙件与建筑结构可靠连接；悬挑式脚手架立杆底部与悬挑钢梁连接处未采取可靠固定措施；承插式立杆接长未采取螺栓或销钉固定；纵横向扫地杆的设置不符合规范要求；未在架体外侧设置连续式剪刀撑或设置横向斜撑；架体未按规定与建筑结构拉结等，可能导致脚手架坍塌、高处坠落、物体打击事故。

5. 杆件间距与剪刀撑

立杆、纵向水平杆、横向水平杆间距超过设计或规范要求；未按规定设置纵向剪刀撑或横向斜撑；剪刀撑未沿脚手架高度连续设置或角度不符合规范要求；剪刀撑斜杆的接长或剪刀撑斜杆与架体杆件固定不符合规范要求等，可能导致脚手架坍塌、高处坠落、物体打击事故。

6. 脚手板与防护栏杆

脚手板未满铺或铺设不牢、不稳；脚手板规格或材质不符合规范要求；架体外侧未设置密目式安全网封闭或网间连接不严；作业层防护栏杆不符合规范要求、未设置挡脚板等，可能导致高处坠落、物体打击事故。

7. 层间防护

作业层脚手板下未采用安全平网兜底或作业层以下每隔 10m 未采用安全平网封闭；作业层与建筑物之间未按规定进行封闭。悬挑式脚手架架体底层沿建筑结构边缘、悬挑钢梁与悬挑钢梁之间未采取封闭措施或封闭不严，架体底层未进行封闭或封闭不严等，可能导致高处坠落、物体打击事故。

8. 通道

未设置人员上下专用通道或通道设置不符合要求，可能导致高处坠落事故。

9. 架空输电线

施工人员在架空输电线路下面工作未停电、不能停电时也未采用隔离防护措施，与架空输电线路的最近距离不符合规定等，可能导致触电事故。

10. 其他

在脚手架安装、使用和拆除过程中，操作人员违章操作可能导致各类伤害事故发生，包括高处坠落、物体打击、火灾、触电等。

二、各类脚手架工程安全检查的基本要求

1. 项目监理机构应督促施工单位按照现行国家标准《建筑施工安全检查标准》JGJ 59 的相关规定及专项施工方案要求，对各类脚手架工程施工进行安全检查。项目监理机构应对施工单位的安全检查情况进行抽查。

2. 项目监理机构应在各类脚手架作业前，检查施工单位是否结合施工实际情况编制脚手架工程的专项施工方案；施工方案是否按规定经施工单位内部审核、审批，并由技术负责人签字确认。

3. 对超过一定规模的脚手架工程，项目监理机构应检查施工单位是否组织专家对专项施工方案进行论证。专家论证前专项施工方案是否通过施工单位审核和总监理工程师审查。

以下脚手架工程除应编制专项施工方案外，还应组织专家论证：

（1）搭设高度 50m 及以上的落地式钢管脚手架工程；

（2）提升高度在 150m 及以上的附着式升降脚手架工程或附着式升降操作平台工程；

（3）分段架体搭设高度 20m 及以上的悬挑式脚手架工程。

4. 各类脚手架工程施工前，项目监理机构应监督施工单位对相关管理人员、施工作业人员进行书面安全技术交底，并应由交底人、被交底人、专职安全员进行签字确认。项目监理机构应检查施工单位的安全技术交底记录。

5. 督促施工单位的项目专职安全生产管理人员对（专项）施工方案实施情况进行现场监督检查，对未按照（专项）施工方案施工的应当要求立即整改。

6. 脚手架搭设完毕应监督施工单位按照相关规定分段进行逐项检查验收，验收应有量化内容并经责任人签字确认，符合要求后方可投入使用。项目监理机构应检查脚手架的验收手续，并将有关验收资料按规定进行归档保存。

7. 督促施工单位对构配件材质进行检查，项目监理机构进行抽查。

（1）钢管：脚手架钢管应采用相关国家标准规定的 Q235 普通钢管，外径 48.3mm、壁厚 3.6mm，每根钢管的最大质量不应大于 25.8kg。不同管径的钢管及不同型号的扣件不得混用。

（2）脚手板：脚手板可采用钢、木、竹材料制作，单块脚手板的质量不宜大于 30kg，

木脚手板厚度不应小于 50mm，两端应采用直径为 4mm 的镀锌钢丝各设两道箍。

（3）扣件：分为旋转、直角、对接扣件，扣件在螺栓拧紧扭力达到 65N·m 时不得发生破坏。

8. 督促施工单位对各类脚手架工程施工及使用过程进行安全检查，并填写检查记录，对检查中发现的事故隐患应下达整改通知单，定人、定时间、定措施进行整改。

9. 督促施工单位对属于危大工程的脚手架施工作业人员进行登记，项目负责人应当在施工现场履职。

10. 监督施工单位按照规定对危大工程进行施工监测和安全巡视，发现危及人身安全的紧急情况，应当立即组织作业人员撤离危险区域。项目监理机构应按有关规定实施专项巡视检查。

11. 督促施工单位按规范规定在下列阶段对脚手架工程进行安全检查：

（1）每搭设 10～13m 高度；

（2）达到设计高度；

（3）遇有 6 级及以上大风和大雨、大雪之后；

（4）停工超过 1 个月恢复使用前。

三、扣件式钢管脚手架的安全检查要点

扣件式钢管脚手架是指为建筑施工而搭设的、承受荷载的由扣件和钢管等构成的脚手架及支撑架；支撑架是为钢结构安装或浇筑混凝土构件等搭设的承力支架。有单排扣件式钢管脚手架、双排扣件式钢管脚手架和满堂扣件式钢管脚手架三种。

施工单位对扣件式钢管脚手架的检查应符合现行行业标准《建筑施工扣件式钢管脚手架安全技术规范》JGJ 130 的规定。扣件式钢管脚手架检查的保证项目应包括：施工方案、立杆基础、架体与建筑结构拉结、杆件间距与剪刀撑、脚手板与防护栏杆、交底与验收。一般项目应包括：横向水平杆设置、杆件连接、层间防护、构配件材质、通道。

项目监理机构应督促施工单位按照相关安全技术规范及专项施工方案组织扣件式钢管脚手架施工，并按照《建筑施工安全检查标准》JGJ 59 进行安全检查，项目监理机构应对施工单位的自查情况进行抽查。

（一）立杆基础的安全检查

1. 检查脚手架立杆基础。立杆基础应按施工方案要求平整、夯实，架体基础要有足够承载力，对不能满足承载力要求的地基土层应进行加固处理。脚手架外侧及周边要设置排水沟或其他排水措施。

2. 检查立杆底部是否设置底座、垫板。立杆垫板或底座地面标高宜高于自然地坪 50～100mm。每根立杆底部宜设置垫板，在立杆与垫板之间宜设置底座，搭设时应将底座置于垫板上，再将立杆放入底座内，不得将立杆直接置于垫板上。垫板长度应不少于 2 跨，厚度不小于 50 mm，宽度不小于 200mm。

3. 检查架体扫地杆的设置，扫地杆的设置应符合现行有关技术标准规定。脚手架架体应在距立杆底端高度不大于 200mm 处应设置纵、横向扫地杆，并应用直角扣件固定在立杆上，横向扫地杆应设置在纵向扫地杆的下方。

（二）架体与建筑结构拉结的安全检查

1. 督促检查脚手架架体与建筑结构的拉结。架体与建筑结构的拉结应符合规范及专项方案的要求。

2. 检查连墙件的设置。连墙件的设置的位置、数量应按专项方案确定。

（1）连墙件应从架体底层第一步纵向水平杆处开始设置，当该处设置有困难时应采取其他可靠措施固定。

（2）连墙件应靠近主节点设置，偏离主节点的距离不应大于 300mm；双排脚手架连墙件应与内、外排立杆相连接。

（3）连墙件的垂直间距不应大于建筑物的层高，并且不应大于 4m，水平距离不应超过 6m。开口型脚手架的两端必须设置连墙件。

（4）连墙件中的连接杆应呈水平设置，当不能水平设置时，应向脚手架一端下斜连接。

3. 对搭设高度超过 24m 的双排脚手架，应采用刚性连墙件与建筑结构可靠连接。当脚手架下部暂不能设连墙件时应采取防倾覆措施。

（三）杆件间距与剪刀撑的安全检查

1. 督促施工单位按照设计和规范要求检查架体架体立杆、纵向水平杆、横向水平杆间距。

（1）单、双排脚手架底层步距均不应大于 2m。脚手架立杆顶端栏杆宜高出女儿墙上端 1m，宜高出檐口上端 1.5m。

（2）纵向水平杆应设置在立杆内侧，单根杆长度不应小于 3 跨；纵向水平杆应采用直角扣件固定在横向水平杆上，并应等间距设置，间距不应大于 400mm。

（3）作业层上非主节点处的横向水平杆，宜根据支承脚手板的需要等间距设置，最大间距不应大于纵距的 1/2。

2. 按照规范规定检查架体剪刀撑及横向斜撑的设置。

（1）双排脚手架应设置剪刀撑与横向斜撑，单排脚手架应设置剪刀撑。

（2）高度在 24m 及以上的双排脚手架应在外侧全立面上由底至顶连续设置剪刀撑；高度在 24m 以下的单、双排脚手架，均必须在外侧立面的两端、转角及中间间隔不超过 15m 的立面上各设置一道剪刀撑，并由底至顶连续设置。

（3）每道剪刀撑的宽度不应小于 4 跨，且不应小于 6m，斜杆与地面的倾角应在 45°～60°之间。

（4）横向斜撑应在同一节间，由底至顶呈之字形连续布置，宜采用旋转扣件固定在与之相交的横向水平杆的伸出端上，旋转扣件中心线至主节点的距离不宜大于 150mm。

（5）高度在 24m 以下的封闭型双排脚手架可不设横向斜撑，高度在 24m 以上的封闭型双排脚手架，除拐角应设置横向斜撑外，中间应每隔 6 跨距设置一道横向斜撑。

3. 按规范要求检查剪刀撑杆件的接长、剪刀撑斜杆与架体杆件的固定。剪刀撑杆件的接长应采用搭接或对接，当采用对接接长时，对接扣件应交错布置，错开距离不宜小于 500mm。当采用搭接接长时，搭接长度不应小于 1m，并应采用不少于 2 个旋转扣件固定。端部扣件盖板的边缘至杆端距离不应小于 100mm。

4. 剪刀撑斜杆应用旋转扣件固定在与之相交的横向水平杆的伸出端或立杆上，旋转扣件中心线至主节点的距离不应大于 150mm。

（四）脚手板与防护栏杆的安全检查

1. 督促施工单位按照规范要求检查脚手板的材质、规格，作业层脚手板应满铺、铺稳、铺实。

（1）当使用冲压钢脚手板、木脚手板、竹串片脚手板时，纵向水平杆应作为横向水平杆的支座，用直角扣件固定在立杆上；当使用竹笆脚手板时，纵向水平杆应采用直角扣件固定在横向水平杆上，并应等间距设置，间距不应大于 400mm。

（2）脚手板对接平铺时，接头处应设两根横向水平杆，脚手板外伸长度应取 130～150mm，两块脚手板外伸长度之和不应大于 300mm；脚手板搭接平铺时，接头应支在横向水平杆上，搭接长度不应小于 200mm，其伸出横向水平杆的长度不应小于 100mm。

2. 检查脚手架架体外侧是否采用密目式安全网封闭，网间连接是否严密。密目式安全网宜设置在脚手架外立杆的内侧，并应与架体绑扎牢固。

3. 检查作业层是否按照规范要求设置防护栏杆及挡脚板。防护栏杆的高度应为 1.2m，挡脚板的设置高度应不小于 180mm。

（五）交底与验收的安全检查

1. 在架体搭设前，督促施工单位进行架体搭设的安全技术交底，并应有文字记录。项目监理机构应检查施工单位安全技术交底记录。

2. 当脚手架架体分段搭设、分段使用时，督促施工单位进行分段验收。

3. 架体搭设完毕，应监督施工单位按照施工方案及有关规定组织验收，验收应有量化内容并经责任人签字确认，符合要求后方可投入使用。项目监理机构应检查施工单位的相关验收资料并归档保存。

（六）横向水平杆设置的安全检查

1. 督促施工单位检查横向水平杆的设置。

（1）横向水平杆应设置在纵向水平杆与立杆相交的主节点处，两端应采用直角扣件固定在纵向水平杆上。作业层非主节点处的横向水平杆，宜根据支承脚手板的需要等间距设置，最大间距不应大于纵距的 1/2。

（2）横向水平杆伸出扣件盖板不应小于 100mm，且不宜大于 200mm。

2. 作业层应按铺设脚手板的需要增加设置横向水平杆。当使用竹笆脚手板时，横向水平杆的两端应用直角扣件固定在立杆上。

3. 单排脚手架横向水平杆插入墙内不应小于 180mm。

（七）杆件连接的安全检查

1. 督促施工单位检查脚手架杆件的连接。纵向水平杆杆件接长应采用对接扣件连接，若采用搭接，其搭接长度不应小于 1m，应等间距设置 3 个旋转扣件固定；端部扣件盖板边缘至搭接纵向水平杆杆端的距离不应小于 100mm。

2. 立杆除顶层顶步外，不得采用搭接。

3. 按照规范要求检查杆件对接扣件的布置，杆件的对接扣件应交错布置。

（1）纵向水平杆接长应采用对接扣件连接或搭接，两根相邻纵向水平杆的接头不应设置在同步或同跨内；不同步或不同跨两个相邻接头在水平方向错开的距离不应小于 500mm；各接头中心至最近主节点的距离不应大于纵距的 1/3。

（2）当立杆采用对接接长时，立杆的对接扣件应交错布置，两根相邻立杆的接头不应设置在同步内，同步内隔一根立杆的两个相隔接头在高度方向错开的距离不宜小于500mm；各接头中心至主节点的距离不宜大于步距的1/3。

4. 检查扣件紧固力矩。扣件紧固力矩不应小于40N·m，且不应大于65N·m。

（八）层间防护的安全检查

1. 在脚手架使用过程中，督促施工单位随时检查脚手架作业层层间防护措施。作业层脚手板下应采用安全平网兜底，以下每隔10m应采用安全平网封闭。

2. 作业层里排架体与建筑物之间应采用脚手板或安全平网封闭。

（九）构配件材质的安全检查

1. 督促施工单位按照现行相关国家标准规定，检查钢管直径、壁厚、材质。项目监理机构应按规定进行抽查。

2. 检查钢管弯曲、变形、锈蚀是否在规范允许范围内，钢管不得出现开裂、弯折、锈斑等情况。

3. 督促施工单位对扣件进行复试。项目监理机构应检查扣件的试验报告，扣件的技术性能应符合规范要求。

（十）对通道的安全检查

1. 检查脚手架架体是否设置供人员上下的专用通道。通道应附着外脚手架或建筑物设置。高度不大于6m的脚手架，宜采用一字形斜道；高度大于6m的脚手架，宜采用之字形斜道。

2. 检查专用通道的设置是否符合规范要求。

（1）人行专用通道宽度不应小于1m，坡度不应大于1：3；运料斜道宽度不应小于1.5m，坡度不应大于1：6；通道应设间距不大于300mm的防滑条。

（2）人行通道拐弯处应设平台，其宽度不应小于通道宽度，通道及平台应设置防护栏杆及挡脚板。栏杆高度应为1.2m，挡脚板高度不应小于180mm。

（3）运料斜道两端、平台外围均应按规范规定设置连墙件，每两步应加设水平斜杆，并应按规范规定设置剪力撑和横向斜撑。

四、门式钢管脚手架的安全检查要点

门式钢管脚手架是指以门架、交叉支撑、连接棒、水平架、锁臂、底座等组成基本结构，再以水平加固杆、剪刀撑、扫地杆加固，能承受相应荷载，具有安全防护功能，为建筑施工提供作业条件的一种定型化钢管脚手架。

施工单位对门式钢管脚手架进行安全检查应符合现行行业标准《建筑施工门式钢管脚手架安全技术标准》JGJ/T 128的规定。门式钢管脚手架检查的保证项目应包括：施工方案、架体基础、架体稳定、杆件锁臂、脚手板、交底与验收。一般项目应包括：架体防护、构配件材质、荷载、通道。

项目监理机构应督促施工单位按照相关安全技术规范及专项施工方案组织门式钢管脚手架施工，并按照《建筑施工安全检查标准》JGJ 59规定进行安全检查。项目监理机构应对施工单位的自查情况进行抽查。

（一）架体基础的安全检查

1. 督促施工单位检查门式钢管脚手架的立杆基础。立杆基础应按专项方案要求平整、夯实，回填土应逐层夯实。对高压缩性土质应夯实原土，铺设通长垫木；搭设高度超过24m时，应在搭设地面铺满C15混凝土，厚度应为150～200mm。基础地面标高应高于自然地坪50～100mm，并应采取排水措施。

2. 检查架体底部是否设置垫板和立杆底座。底部门架的立杆下端宜设置固定底座或可调底座，垫板和立杆底座的设置应符合规范要求。立杆底座应置于垫木上，垫木厚度应不小于50mm，宽度不小于200mm。当搭设高度超过40m时，立杆底座应置于长度不小于1500mm通长垫木上。

3. 监督施工单位在安装及使用过程中，随时检查架体扫地杆的设置。门式作业脚手架的底层门架下端应设置纵横向扫地杆。纵向通长扫地杆应固定在距门架立杆底端不大于200mm处的门架立杆上，横向扫地杆宜固定在紧靠纵向扫地杆下方的门架立杆上。

（二）对架体稳定的安全检查

1. 检查架体与建筑物结构拉结。架体与建筑物结构拉结方式和间距应符合专项方案和技术规范要求。

（1）门式作业脚手架应按设计计算和构造要求设置连墙件与建筑结构拉结，连墙件的位置和数量应按专项施工方案要求进行检查，并应检查是否设置预埋件。连墙件最大间距或最大覆盖面积应满足门式钢管脚手架安全技术标准的要求。

（2）连墙件应从作业脚手架的首层首步开始设置，连墙点之上架体的悬臂高度不应超过2步。连墙件应采用能承受压力和拉力的构造，并应与建筑结构和架体连接牢固。

（3）连墙件应靠近门架的横杆设置，并应固定在门架的立杆上。连墙件宜水平设置，当不能水平设置时，与门式作业脚手架连接的一端应低于建筑结构连接的一端，连接杆的坡度宜小于1∶3。

（4）门式脚手架的转角处和开口型脚手架端部应增设连墙件，连墙件的竖向间距不应大于建筑物的层高，且不应大于4.0m。

2. 应按照相关规范要求检查门式作业脚手架架体剪刀撑的设置。

（1）每道剪刀撑的宽度不应大于6个跨距，且不应大于9m；也不宜小于4个跨距，且不宜小于6m；每道竖向剪刀撑均应由底至顶连续设置；架体剪刀撑斜杆与地面夹角应为45°～60°，剪刀撑应采用旋转扣件与门架立杆及相关杆件扣紧。

（2）当作业脚手架安全等级为Ⅰ级时，宜在作业脚手架的转角处、开口型端部及中间间隔不超过15m的外侧立面上各设置一道剪刀撑。当作业脚手架的外侧立面上不设剪刀撑时，应沿架体高度方向每间隔2～3步在门架内外立杆上分别设置一道水平加固杆；当作业脚手架安全等级为Ⅱ级时，门式作业脚手架外侧立面可不设剪力撑。

（3）剪刀撑斜杆的接长应采用搭接，搭接长度不宜小于1000mm，搭接处宜采用2个及以上旋转扣件扣紧。

3. 检查门架立杆的垂直偏差，门架立杆的垂直偏差应符合规范要求。上下榀门架立杆应在同一轴线位置上，门架立杆轴线的对接偏差不应大于2mm。

4. 检查交叉支撑的设置。门式作业脚手架的外侧应按步满设交叉支撑，内侧宜设置交叉支撑。当内侧不设置交叉支撑时，应按步设置水平加固杆。当按步设置挂扣式脚手板或水平架时，可在内侧的门架立杆上每2步设置一道水平加固杆。门式脚手架设置的交叉支撑应与门架立杆上的锁销锁牢，交叉支撑、水平架或脚手板应紧随门架的安装及时设置。

（三）杆件锁臂的安全检查

1. 检查架体杆件、锁臂的组装是否符合规范要求。门式脚手架支架上下榀门架间应设置锁臂，连接门架与配件的锁臂、搭钩应处于锁住状态。上下榀门架的组装应设置连接棒，连接棒直径应小于立杆内径1~2mm。

2. 检查架体是否按规定要求设置纵向水平加固杆。每道纵向水平加固杆均应通长连续设置，水平加固杆应靠近门架横杆设置，并应采用扣件与相关门架立杆扣紧。水平杆的接长应采用搭接，搭接长度不宜小于1000mm，搭接处宜采用2个及以上旋转扣件扣紧。

3. 检查架体使用的扣件规格是否与连接杆件相匹配。架体使用的扣件质量和性能应符合现行国家标准的规定。

（四）对脚手板的安全检查

1. 检查脚手板的材质、规格。其材质和规格应符合相关规范要求。

2. 检查脚手板的铺设，铺设应严密、平整、牢固。门式作业脚手架作业层应连续满铺挂扣式脚手板，并应有防止脚手板松动或脱落的措施。当脚手板上有孔洞时，孔洞的内切圆直径不应大于25mm。

3. 挂扣式钢脚手板的挂扣必须完全挂扣在水平杆上，挂钩应处于锁住状态。

（五）交底与验收的安全检查

1. 在架体搭设前，督促施工单位进行安全技术交底，并应有文字记录。项目监理机构应检查安全技术交底记录。

2. 当架体分段搭设、分段使用时，项目监理机构应督促施工单位进行分段验收。搭设前，应对门式脚手架的地基与基础进行检查，经检验合格后方可搭设；门式作业脚手架每搭设2个楼层高度或搭设完毕，应对搭设质量及安全进行一次检查，经检验合格后方可交付使用或继续搭设。

3. 门式脚手架搭设完毕后，应督促施工单位办理验收手续，验收应有量化内容并经责任人签字确认。项目监理机构应检查施工单位的相关验收资料并归档保存。

（六）架体防护的安全检查

1. 检查作业层防护栏杆的设置。在脚手架施工作业层外侧周边应设置180mm高的挡脚板和两道防护栏杆，上道栏杆的高度应为1.2m，下道栏杆高度应居中设置。挡脚板和栏杆均应设置在门架立杆的内侧。

2. 检查架体外侧是否采用密目式安全网进行封闭，网间连接是否严密。

3. 督促施工单位随时检查架体作业层脚手板下是否采用安全平网兜底，以下每隔10m是否采用安全平网封闭。项目监理机构应进行抽查。

（七）对构配件的材质进行检查

1. 门架不应有严重的弯曲、锈蚀和开焊。

2. 检查门架及构配件的规格、型号、材质是否符合现行标准的规定。

（1）门架与配件规格、型号应统一，应具有良好的互换性，应有生产厂商的标志。不得使用带有裂纹、折痕、表面明显凹痕、严重锈蚀的钢管；冲压件不得有毛刺、裂纹、明显变形、氧化皮等缺陷；焊接件的焊缝应饱满，焊渣应清除干净，不得有未焊透、夹渣、咬肉、裂纹等缺陷。

（2）门架钢管不得接长使用，当门架钢管壁厚存在负偏差时，宜选用热镀锌钢管。门架立杆、横杆钢管壁厚的负偏差不应超过 0.2mm。

（3）门架立杆加强杆的长度不应小于门架高度的 70%，门架宽度外部尺寸不宜小于800mm，门架高度不宜小于 1700mm。

（4）加固杆钢管宜选用 $\Phi42\times2.5$mm 或 $\Phi48\times3.5$mm 钢管，相应的扣件应配套，并能与门架进行可靠连接。

（5）底座和托座应经设计计算后加工制作，其材质应符合相关现行国家标准中 Q235 级钢或 Q345 级钢的规定。底座的钢板厚度不应小于 6mm，托座 U 形钢板厚度不应小于5mm，钢板与螺杆应采用焊接，焊缝高度不应小于钢板厚度，并宜设置加劲板。

（6）可调托座和可调底座螺杆直径应与门架立杆钢管直径配套，插入门架立杆钢管内的间隙不应大于 2mm；可调托座和可调底座螺杆宜采用实心螺杆；当采用空心螺杆时，壁厚不应小于 6mm，并应进行承载力试验。

（八）施工荷载的安全检查

1. 督促施工单位巡视检查门架架体上的施工荷载。项目监理机构也应按有关规定进行巡查。

（1）门式脚手架作业层上的荷载不得超过设计荷载，同时满载作业的层数不应超过2层。

（2）严禁将支撑架、缆风绳、混凝土输送泵管、卸料平台及大型设备的支承件等固定在作业脚手架上；严禁在门式作业脚手架上悬挂起重设备。

（3）督促施工单位对门式脚手架与模板支架进行日常性的检查和维护，架体上的建筑垃圾或杂物应及时清理。

2. 施工均布荷载、集中荷载应在设计允许范围内。应避免装卸物料对门式脚手架或模板支架产生偏心、振动和冲击荷载。

（九）对通道进行安全检查

1. 检查门架架体是否设置供人员上下的专用通道。

2. 检查专用通道的设置是否应符合专项方案及规范要求。

（1）门式作业脚手架通道口高度不宜大于 2 个门架高度，对门式作业脚手架通道口应采取加固措施。

（2）当通道口宽度为 1 个门架跨距时，在通道口上方的内外侧应设置水平加固杆，水平加固杆应延伸至通道口两侧各一个门架跨距。当通道口宽度为多门架跨距时，在通道口上方应设置托架梁，并应加强两侧的门架立杆，托架梁及洞口两侧的加强杆应经专门设计和制作。应在通道口内上角设置斜撑杆。

五、碗扣式钢管脚手架的安全检查要点

碗扣式钢管脚手架是指采用碗扣方式连接的钢管脚手架和模板支撑架。立杆的碗扣节点应由上碗扣、下碗扣、横杆接头和上碗扣限位销等构成（图 4-1）。

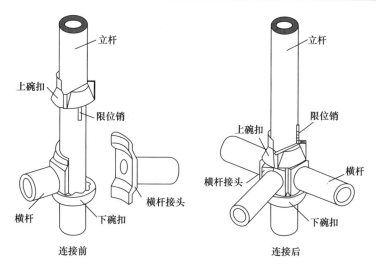

图 4-1 碗扣节点构造图

施工单位对碗扣式钢管脚手架的安全检查应符合现行行业标准《建筑施工碗扣式钢管脚手架安全技术规范》JGJ 166 的规定。对碗扣式钢管脚手架进行安全检查的保证项目应包括：施工方案、架体基础、架体稳定、杆件锁件、脚手板、交底与验收。一般项目应包括：架体防护、构配件材质、荷载、通道。

项目监理机构应督促施工单位按照相关安全技术规范及专项施工方案组织碗扣式钢管脚手架施工，并按照检查标准的规定进行检查。项目监理机构应对施工单位的自查情况进行抽查。

（一）架体基础的安全检查

1. 检查立杆基础。立杆基础应按施工方案要求平整、夯实，承载力应满足设计荷载要求。对不能满足承载力要求的地基土层应进行加固处理，并应采取排水措施。

2. 检查立杆底部是否设置底座、垫板。碗扣式式钢管脚手架土层上的立杆应采用可调底座和垫板，立杆底部设置的垫板和底座应符合规范要求。

3. 检查架体扫地杆的设置。脚手架架体纵横向扫地杆距立杆底端高度不应大于 350mm。扫地杆应用直角扣件固定在立杆上，横向扫地杆应设置在纵向扫地杆的下方。

（二）架体稳定的安全检查

1. 检查架体与建筑结构拉结及连墙件的设置是否符合规范要求。连墙件应从架体底层第一步纵向水平杆处开始设置，当该处设置有困难时应采取其他可靠措施固定。

（1）连墙件应呈水平设置，当不能呈水平设置时，与脚手架连接的一端应下斜连接；每层连墙件应在同一平面，其位置应由建筑结构和风荷载计算确定，且水平间距不应大于 4.5m。

（2）连墙件应设置在靠近有横向水平杆的碗扣节点处。当采用钢管扣件做连墙件时，连墙件应与立杆连接，连接点距碗扣节点距离不应大于 150mm。

（3）连墙件应采用可承受拉、压荷载的刚性结构，连接应牢固可靠。

（4）挡脚手架高度大于 24m 时，顶部 24m 以下所有的连墙件层必须设置水平斜杆，水平斜杆应设置在纵向横杆之下。

2. 检查架体拉结点。脚手架架体拉结点应牢固可靠。

3. 碗扣式脚手架连墙件应采用刚性杆件，双排脚手架连墙件应随架体升高及时在规定位置处设置，严禁任意拆除。

4. 检查架体竖向是否沿高度方向连续设置专用斜杆或八字撑。

(1) 专用斜杆应设置在有纵、横向横杆的碗扣节点上；在封圈的脚手架拐角处及一字型脚手架端部应设置竖向通高斜杆。

(2) 当架体搭设高度不大于 24m 时，每隔 5 跨应沿高度由底至顶连续设置一组竖向通高斜杆；当架体搭设高度大于 24m 时，应每隔 3 跨沿高度由底至顶连续设置一组竖向通高斜杆；各组斜杆应对称设置。

5. 检查专用斜杆两端的固定。专用斜杆两端应固定在有纵向及横向水平杆的碗扣节点处。

6. 专用斜杆或八字形斜撑的设置角度应符合规范要求。

(三) 对架体杆件锁件的安全检查

1. 督促施工单位检查架体立杆间距、水平杆步距是否符合设计和规范要求。

2. 检查是否按照专项施工方案设计的步距在立杆连接碗扣节点处设置纵、横向水平杆。

3. 当架体搭设高度超过 24m 时，督促检查顶部 24m 以下的连墙件是否按照规范要求设置水平斜杆，水平斜杆应设置在纵向水平杆之下。

4. 检查碗扣式脚手架架体的组装及碗扣紧固。架体组装及碗扣紧固应符合下列规范规定：

(1) 立杆的上碗扣应能上下串动转动灵活，不得有卡滞现象；碗扣节点上应在安装 1～4 个横杆时，上碗扣均能锁紧；立杆与立杆的连接孔处应能插入 $\phi10$mm 连接销；

(2) 当搭设不少于二步三跨 1.8m×1.8m×1.2m（步距×纵距×横距）的整体脚手架时，每一框架内横杆与立杆的垂直度偏差应小于 5mm；

(3) 当双排脚手架按曲线布置进行组架时，应按曲率要求采用不同长度的横杆组架，曲率半径应按几何尺寸计算确定；

(4) 当双排脚手架转角为直角时，宜将垂直两方向的架体用横杆直接组架搭设；当双排脚手架转角为非直角或者受尺寸限制不能直接用横杆组架时，应将两架体中间以杆件斜向连接，连接钢管应扣接在碗扣式钢管脚手架的立杆上。

(四) 对脚手板的安全检查

1. 检查脚手板的材质、规格是否符合有关规范要求。脚手板可以使用与碗扣式钢管脚手架配套设计的钢制脚手板，当采用竹、木脚手板时，其材质应符合规范要求。

2. 检查脚手板的铺设。铺设应严密、平整、牢固，并按脚手架的宽度满铺，板与板之间紧靠，与墙面的距离不应大于 150mm。冲压钢脚手板、木脚手板、竹串片脚手板两端应与横杆绑牢，作业层相邻两根横杆间应加设间横杆，脚手板探头长度应小于或等于 150mm。

3. 检查挂扣式钢脚手板的挂扣。挂扣式钢脚手板的挂扣应带有自锁装置，必须完全挂扣在水平杆上，挂钩应处于锁住状态。

（五）交底与验收的检查

1. 督促施工单位在架体搭设前进行安全技术交底，并应有文字记录。项目监理机构应检查安全技术交底记录。

2. 架体分段搭设、分段使用时，应督促施工单位进行分段验收。

3. 搭设完毕应督促施工单位办理验收手续，验收应有量化内容并经责任人签字确认，符合要求后方可投入使用。项目监理机构应检查其相关验收资料并归档保存。

（六）对架体防护的安全检查

1. 检查脚手架架体外侧是否采用密目式安全网进行封闭，网间连接是否严密。安全网应设置在外排立杆的里面，应用符合要求的系绳将密目网周边每隔450mm系牢在钢管上。

2. 检查作业层防护栏杆的设置。脚手架架体外侧应在大横杆与脚手板之间应设置1200mm高的两道防护栏杆。

3. 作业层外侧应设置高度不小于180mm的挡脚板，栏杆和挡脚板均应设在外立杆的内测。

4. 检查脚手架架体作业层脚手板下是否采用安全平网兜底，以下每隔10m是否采用安全平网封闭。

（七）对构配件材质的检查

1. 督促施工单位检查架体构配件的规格、型号、材质是否符合规范要求。应重点检查钢管壁厚、焊接、外观质量，可调底座和可调托撑材质及丝杆直径、与螺母配合间隙等是否符合规范要求。

2. 碗扣式脚手架钢管规格应为 $\phi48.3mm \times 3.5mm$，钢管壁厚应为3.5mm。不同管径的钢管及不同型号的扣件不得混用。

3. 检查钢管弯曲、变形、锈蚀是否在规范允许范围内。

4. 督促施工单位对扣件进行复试，项目监理机构应检查扣件的试验报告。

（八）对施工荷载的安全检查

1. 检查架体上的施工荷载。应督促施工单位对脚手架进行日常性的检查和维护，架体上的建筑垃圾或杂物应及时清理，架体作业层上严禁超载，严禁将缆风绳、混凝土泵管、卸料平台等固定在脚手架上。

2. 施工均布荷载、集中荷载应在设计允许范围内。应避免装卸物料对脚手架或模板支架产生偏心、振动和冲击荷载。

（九）对专用通道的安全检查

1. 脚手架架体应设置供人员上下的专用通道。督促施工单位检查架体供人员上下的专用通道是否符合相关规范要求。通道可附着在脚手架设置，也可靠近建筑物独立设置。

2. 专用通道的设置应符合以下规范要求：

（1）通道宽度不小于1m，坡度宜用1：3；运料斜道宽度不小于1.5m，坡度1：6；通道应设间距不大于300mm的防滑条；

（2）人行通道拐弯处应设平台，通道及平台应设置防护栏杆及挡脚板；

（3）脚手板横铺时，横向水平杆中间应增设纵向斜杆；脚手板顺铺时，接头采用搭接，下面板压住上面板。

六、承插型盘扣式钢管脚手架的安全检查要点

承插型盘扣式钢管脚手架是指立杆采用套管承插连接，水平杆和斜杆采用杆端扣接头卡入连接盘，用楔形插销连接，形成结构几何不变体系的钢管支架。承插型盘扣式钢管脚手架由立杆、水平杆、斜杆、可调底座及可调托座等构件组成。

施工单位对承插型盘扣式钢管脚手架的安全检查应符合现行行业标准《建筑施工承插型盘扣式钢管支架安全技术规程》JGJ 231 的规定。对承插型盘扣式钢管脚手架进行安全检查的保证项目应包括：施工方案、架体基础、架体稳定、杆件设置、脚手板、交底与验收。一般项目包括：架体防护、杆件连接、构配件材质、通道。

项目监理机构应督促施工单位按照相关安全技术规范及专项施工方案组织承插型盘扣式钢管脚手架施工，并按照检查标准的规定进行检查，项目监理机构应对施工单位的自查情况进行抽查。

（一）架体基础的安全检查

1. 检查立杆基础，基础应按施工方案要求平整、夯实，承载力应满足设计荷载要求。对不能满足承载力要求的地基土层应进行加固处理，并应采取排水措施。

2. 检查立杆底部是否设置可调底座和垫板。垫板的长度不宜少于 2 跨。当地基高差较大时，可利用立杆 0.5m 节点位差配合可调底座进行调整。

3. 检查架体纵、横向扫地杆设置，纵、横向扫地杆设置应符合规范要求。

（二）对架体稳定的安全检查

1. 按照规范要求检查架体与建筑结构拉结。架体与建筑结构应从架体底层第一步水平杆处开始设置连墙件，设置有困难时应采取其他可靠措施固定。

2. 检查架体拉结点，拉结点应牢固可靠。

3. 检查架体连墙件的设置。连墙件应采用可承受拉压荷载的刚性杆件，连墙件与脚手架立面及墙体应保持垂直，同一层连墙件宜在同一平面，水平间距不应大于 3 跨，与主体结构外侧面距离不宜大于 300mm。

4. 检查架体竖向斜杆、剪刀撑的设置。沿架体外侧纵向每 5 跨每层应设置一根竖向斜杆，或每 5 跨应设置扣件钢管剪刀撑，端跨的横向每层应设置竖向斜杆。

5. 竖向斜杆的两端应固定在纵、横向水平杆与立杆汇交的盘扣节点处。

6. 斜杆及剪刀撑应沿脚手架高度连续设置，角度应符合规范要求。

（三）杆件设置的安全检查

1. 检查架体立杆间距、水平杆步距，立杆间距、水平杆步距。用承插盘扣式钢管搭设双排脚手架时，搭设高度不宜大于 24m，相邻水平杆步距宜选用 2m，立杆纵距宜选用 1.5m 或 1.8m，且不大于 2.1m，立杆横距宜选用 0.9m 或 1.2m。

2. 检查架体是否按专项施工方案设计的步距在立杆连接插盘处设置纵、横水平杆。

3. 当双排脚手架的水平杆层未设挂扣式钢脚手板时，检查脚手架是否按规范要求设置水平斜杆。

（四）脚手板的安全检查

1. 检查脚手板材质、规格，其材质、规格应符合规范要求。

2. 检查脚手板的铺设。脚手板的铺设严密、平整、牢固，并按脚手架的宽度满铺，板与板之间紧靠，与墙面的距离不应大于 150mm。

3. 检查挂扣式钢脚手板的挂扣，挂扣式钢脚手板必须完全挂扣在水平杆上，挂钩应处于锁住状态。

（五）交底与验收的检查

1. 脚手架搭设前，督促施工单位进行安全技术交底，并应有文字记录。项目监理机构应检查施工单位的安全技术交底记录。

2. 架体分段搭设、分段使用时，应督促施工单位按进度进行分段验收。

3. 脚手架架体搭设完毕后，应督促施工单位办理验收手续，验收应有量化内容并经责任人签字确认，符合要求后方可投入使用。项目监理机构应检查施工单位的相关验收手续并归档保存。

（六）架体防护的安全检查

1. 检查脚手架架体的安全防护。架体外侧应采用密目式安全网进行封闭，网间连接应严密，安全网设置在外排立杆的里面。密目网应用符合要求的系绳将网周边每隔 450mm 在钢管上系牢。

2. 检查作业层防护栏杆的设置。脚手架架体外侧应按规范要求在大横杆与脚手板之间设置 1200mm 高的两道防护栏杆。

3. 检查作业层外侧是否设置高度不小于 180mm 的挡脚板。

4. 督促施工单位随时巡查脚手架架体作业层脚手板下是否采用安全平网兜底，以下每隔 10m 是否采用安全平网封闭。项目监理机构应进行抽查。

（七）杆件连接的安全检查

1. 检查立杆的接长位置。立杆应通过立杆连接套管连接，在同一水平高度内相邻立杆连接套管接头的位置宜错开，且错开高度不宜小于 75mm。

2. 检查剪刀撑的接长，剪刀撑的接长应符合规范要求。

（八）构配件材质

1. 检查架体构配件的规格、型号、材质。脚手架使用的钢管壁厚的允许偏差应为 ±0.1mm。不同管径的钢管及不同型号的扣件不得混用。承插型盘扣式钢管脚手架的构配件除有特殊要求外，其材质应符合现行国家标准的规定，主要构配件材质应符合表 4-2 的规定。

承插型盘扣式钢管脚手架主要构配件材质　　　　　　　　表 4-2

立杆	水平杆	竖向斜杆	水平斜杆	扣接头	立杆连接套管	可调底座、可调托座	可调螺母	连节盘插销
Q345A	Q235A	Q195	Q235B	ZG230-450	ZG230-450 或 20 号无缝钢管	Q235B	ZG270-500	ZG230-450 或 Q235B

2. 检查钢管是否有严重的开裂、弯曲、变形、锈蚀等情况。

（九）对专用通道的安全检查

1. 检查架体供人员上下的专用通道的设置是否符合规范要求。

2. 当设置双排脚手架人行通道时，应在人行通道上部架设支撑横梁，横梁截面大小应按跨度以及承受的荷载计算确定，通道两侧脚手架应加设斜杆；洞口顶部应铺设封闭的防护板，两侧应设置安全网；通行机动车的洞口必须设置安全警示和防撞设施。

七、满堂脚手架的安全检查要点

用扣件式钢管搭设的满堂脚手架，广泛用于单层厂房、展览大厅、体育馆等层高、开间较大的建筑顶部的施工，是保证安全施工作业的重要支撑结构，直接影响施工作业的安全进行。因此，满堂脚手架必须有足够的承载力、刚度和稳定性，在施工过程中受到各种荷载时才不会发生失稳倒塌、变形倾斜、摇晃或扭曲现象，以确保施工安全。

施工单位对满堂脚手架检查应符合现行行业标准《建筑施工扣件式钢管脚手架安全技术规范》JGJ 130、《建筑施工门式钢管脚手架安全技术标准》JGJ/T 128、《建筑施工碗扣式钢管脚手架安全技术规范》JGJ 166 和《建筑施工承插型盘扣式钢管支架安全技术规程》JGJ 231 的规定。

对满堂脚手架进行安全检查的保证项目应包括：施工方案、架体基础、架体稳定、杆件锁件、脚手板、交底与验收。一般项目应包括：架体防护、构配件材质、荷载、通道。

项目监理机构应督促施工单位按照相关安全技术规范及专项施工方案组织满堂脚手架施工，并按照检查标准的规定进行检查，项目监理机构应对施工单位的自查情况进行抽查。

（一）对满堂架架体基础的安全检查

1. 督促施工单位检查架体基础是否符合规范要求。架体基础应按施工方案要求对立杆基础土层进行平整、夯实，基础标高应高于自然地坪 50～100mm，并应采取可靠的排水措施，防止因雨水囤积导致地基不均匀沉降而危及脚手架的整体稳定。

2. 检查架体立杆底部是否设置垫板和底座，垫板的规格是否符合规范要求。垫板应采用长度不少于 2 跨，厚度不小于 50mm，宽度不小于 200mm 的木垫板。当脚手架搭设在永久性建筑结构混凝土楼面时，立杆下可不设垫板，但混凝土楼面的承载力必须满足全高架体及架体上的施工荷载的要求。

3. 检查架体是否按规定设置扫地杆。扫地杆应采用直角扣件固定在距钢管底端不大于 200mm 处的立杆上。

（二）对架体稳定的安全检查

1. 检查架体四周与中部是否按规范设置竖向剪刀撑或专用斜杆。用钢管扣件搭设满堂脚手架时，应在架体四周及内部纵横向每 6～8m 由底部至顶部连续设置竖向剪刀撑。

2. 检查架体是否按规范要求设置水平剪刀撑或水平斜杆。当架体搭设高度在 8m 以下时，应在架体顶部设置连续水平剪刀撑。当架体高度在 8m 及以上时，应在架体底部、顶部及竖向间隔不超过 8m 分别设置连续水平剪刀撑。水平剪刀撑设置在竖向剪刀撑斜杆相交平面内剪刀撑宽度应为 6～8m。

3. 用钢管扣件搭设满堂脚手架时，架体高宽比不宜大于 3。当架体高宽比大于 2 时，应在脚手架外侧四周和内部水平间隔 6～9m，竖向间隔 4～6m 设置连墙件与建筑结构拉结。当无法设置连墙件时，应采取增加架体宽度、设置钢丝绳张拉固定等稳定措施。

（三）对杆件锁件的安全检查

1. 督促施工单位按照设计和规范要求检查架体立杆件间距、水平杆步距。

（1）支撑脚手架立杆件间距和步距应按设计计算确定，且间距不宜大于 1.5m，步距并应大于 2.0m。

（2）支撑脚手架的水平杆应按步距沿纵向和横向通长连续设置，不得缺失。

2. 按规范要求检查杆件的接长。当立杆采用搭接接长时，搭接长度不应小于 1m，并应采用不少于 2 个旋转扣件固定。端部扣件盖板的边缘至杆端距离不应小于 100mm。各接头中心至主节点的距离不宜大于步距的 1/3，纵、横向水平杆接长应采用对接扣件连接或搭接。

3. 架体搭设应牢固，杆件节点应按规范要求进行紧固。立杆接长、接头必须采用对接扣件连接，立杆的对接扣件应交错布置，两根相邻立杆的接头不应设置在同步内，同步内隔一根立杆的两个相隔接头，在高度方向错开的距离不宜小于 500mm。

（四）对脚手板进行安全检查

1. 督促施工单位检查作业层脚手板的铺设。

（1）作业层脚手板应满铺，铺稳、铺牢，离开墙面 120～150mm。满堂脚手架操作层支撑脚手板的水平杆间距不应大于 1/2 跨距，冲压钢脚手板、木脚手板、竹串片脚手板等应设置在 3 根横向水平杆上。

（2）脚手板的铺设应采用对接平铺或搭接铺设，脚手板对接平铺时接头处应设置两根横向水平杆。当脚手板长度小于 2m 时，可采用两根横向水平杆支撑，但应将脚手板两端与横向水平杆可靠固定，严防倾覆。

2. 检查脚手板的材质、规格。脚手板可采用竹、木、冲压钢脚手板，其材质应符合规范要求。

3. 挂扣式钢脚手板的挂扣应完全挂扣在水平杆上，挂钩处应处于锁住状态。

（五）交底与验收

1. 架体搭设前，督促施工单位按照施工方案要求结合施工现场作业条件，对施工人员进行安全技术交底，并应有文字记录。项目监理机构应检查施工单位的安全技术交底记录。

2. 脚手架搭设完毕，督促施工单位应按照施工方案和规范分段逐项检查验收，架体分段搭设、分段使用时，应进行分段验收。

3. 搭设完毕应办理验收手续，验收应有量化内容并经责任人签字确认。确认符合要求后方可投入使用。项目监理机构应检查施工单位的验收手续。

（六）架体防护的安全检查

1. 检查作业层外侧防护栏杆及挡脚板的设置。栏杆和挡脚板均应搭设在外立杆内侧，防护栏杆的高度应为 1.2m，挡脚板高度应不小于 180mm。

2. 作业层脚手板下应采用安全平网兜底，以下每隔 10m 应采用安全平网封闭。

（七）对构配件材质的检查

1. 按照规范要求对架体构配件的规格、型号、材质进行检查。脚手架使用的钢管、扣件、安全网、支托等必须见证取样试验合格才能使用。

2. 杆件的弯曲、变形和锈蚀应在规范允许范围内。钢管不得出现开裂、弯折、锈斑等情况。

（八）对施工荷载进行检查

1. 对架体上的施工荷载进行检查。满堂脚手架的施工荷载不超过方案设计中的最大允许值，且应符合设计和规范要求。架体上的各类荷载应均匀布设，严禁物料集中堆放。

2. 施工均布荷载、集中荷载应在设计允许范围内。

（九）对专用通道进行检查

1. 检查专用通道的设置。满堂脚手架架体应设置供人员上下的专用通道。

2. 通道的设置应符合以下规范要求：

（1）通道可附着在脚手架设置，也可靠近建筑物独立设置；

（2）通道宽度不小于 1m，应设防滑条，间距不得大于 300mm；

（3）拐弯处应设平台，通道及平台按临边防护要求设置防护栏杆及挡脚板；

（4）脚手板横铺时，横向水平杆中间增设纵向斜杆；脚手板顺铺时，接头采用搭接，下面板压住上面板。

八、悬挑式脚手架的安全检查要点

悬挑式脚手架一般有两种类型：一种是每层一挑，将立杆底部顶在楼板、梁或墙体等建筑部位，向外倾斜固定后，在其上部搭设横杆、铺设脚手板形成一个层高的施工层，转入上层后再重新搭设。另一种多层悬挑，是将全高脚手架分成若干段，每段搭设高度不宜超过 20m，利用悬挑梁或悬挑架作为脚手架基础分段搭设。

施工单位对悬挑式脚手架的安全检查应符合现行行业标准《建筑施工扣件式钢管脚手架安全技术规范》JGJ 130、《建筑施工门式钢管脚手架安全技术标准》JGJ/T 128、《建筑施工碗扣式钢管脚手架安全技术规范》JGJ 166 和《建筑施工承插型盘扣式钢管支架安全技术规程》JGJ 231 的规定。

悬挑式脚手架安全检查保证项目应包括：施工方案、悬挑钢梁、架体稳定、脚手板、荷载、交底与验收。一般项目应包括：杆件间距、架体防护、层间防护、构配件材质。

项目监理机构应督促施工单位按照相关安全技术规范及专项施工方案组织悬挑式脚手架施工，并按照检查标准的规定进行检查，项目监理机构应对施工单位的自查情况进行抽查。

（一）对悬挑钢梁的安全检查

1. 检查悬挑钢梁截面尺寸。悬挑梁宜采用双轴对称截面的型钢（18～20 号工字钢），悬挑钢梁型号、截面尺寸及锚固件应经设计计算确定，钢梁的截面高度不应小于 160mm，且截面形式应符合设计和规范要求。

2. 督促施工单位重点检查悬挑钢梁锚固端长度是否符合规范要求。悬挑钢梁的悬挑长度应按设计确定，不宜超过 1.5m，锚固端长度不应小于悬挑端长度的 1.25 倍。

3. 检查钢梁锚固处结构强度、锚固措施是否符合设计和规范要求。

（1）型钢悬挑梁悬挑端应设置能使脚手架立杆与钢梁可靠固定的定位点，定位点离悬挑梁端部不应小于 100mm，当型钢悬挑梁与建筑物采用螺栓钢压板连接固定时，钢压板尺寸不应小于 100mm×10mm（宽×厚）；当采用螺栓角钢压板连接时，角钢的规格不应小于 63mm×63mm×6mm。锚固型钢悬挑梁的 U 形钢筋拉环螺栓直径不宜小于 160mm，应采用冷弯成型。

（2）锚固位置设置在楼板上时，楼板厚度不宜小于 120mm。如果楼板厚度小于

120mm，应采取加固措施。

4. 检查钢梁外端与上层建筑结构的拉结。钢梁外端应设置钢丝绳或钢拉杆与上层建筑结构拉结。建筑结构拉结吊环应使用 HPB235 级钢筋，直径不小于 20mm。

型钢悬挑脚手架构造见图 4-2，悬挑钢梁构造见图 4-3。

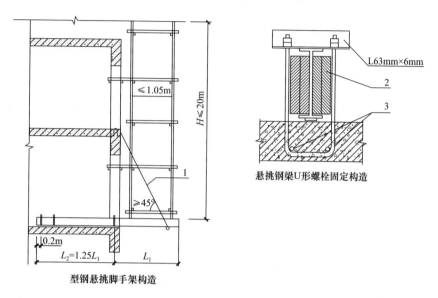

图 4-2　型钢悬挑脚手架构造

1—钢丝绳或钢拉杆；2—木楔侧向楔紧；3—两根 1.5m 长直径 18mm 的 HRB335 钢筋

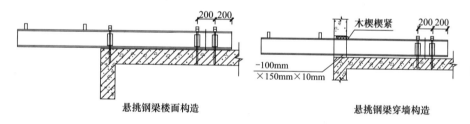

图 4-3　悬挑钢梁构造

5. 检查钢梁间距。钢梁间距应按悬挑架体立杆纵距设置，每一纵距设置一根。

（二）架体稳定的安全检查

1. 检查立杆底部与钢梁连接柱固定措施，固定措施应确保底部不发生位移。

2. 承插式立杆接长应采用螺栓或销钉固定。

3. 检查架体纵横向扫地杆的设置，纵横向扫地杆的设置应符合规范要求。

4. 检查架体剪刀撑的设置，剪刀撑应沿悬挑架体高度连续设置，角度应为 45°～60°。

5. 检查架体是否按规定设置横向斜撑。

6. 多层悬挑每段搭设的脚手架，应按照落地式脚手架搭设规定，架体应采用刚性连墙件与建筑结构拉结，设置的位置、数量应符合设计和规范要求。

（三）对脚手板的安全检查

1. 检查脚手板材质、规格，脚手板材质、规格应符合规范要求。

2. 检查脚手板的铺设。脚手板的铺设应严密、牢固，须按照脚手架的宽度满铺脚手板，板与板之间紧靠，脚手板平接或搭接应符合相关要求，探出横向水平杆长度不应大于150mm。

（四）对施工荷载的检查

督促施工单位巡视检查脚手架的施工荷载。悬挑脚手架架体上的施工荷载应均匀，并不应超过设计和规范要求。悬挑架上不准存放大量材料、过重的设备，施工人员作业时，尽量分散脚手架的荷载。

（五）对交底与验收的检查

1. 在架体搭设前，应督促施工单位进行安全技术交底，项目监理机构应检查施工单位安全技术交底文字记录。

2. 悬挑脚手架架体分段搭设、分段使用时，督促施工单位应进行分段验收。

3. 搭设完毕应督促施工单位办理验收手续，验收应有量化内容并经责任人签字确认，验收合格方可投入使用。

（六）杆件间距的安全检查

1. 检查立杆纵、横向间距、纵向水平杆步距是否符合设计和规范要求。

（1）立杆纵、横向间距、纵向水平杆步距应按施工方案的规定设置，立杆的间距及倾斜角度不得随意改变。

（2）单层悬挑脚手架的立杆应按照 1.5～1.8m 步距设置大横杆，并按照落地式脚手架作业层的要求设置小横杆。

（3）多层悬挑每段脚手架的搭设要求应按照落地式脚手架立杆、大横杆、小横杆及剪刀撑的规定设置。

2. 检查作业层脚手板的铺设。悬挑脚手架作业层应按脚手板铺设的需要增加横向水平杆。

（七）架体防护的安全检查

1. 检查悬挑脚手架作业层外侧的防护栏杆及挡脚板。悬挑脚手架作业层外侧应按照临边防护的规定设置防护栏杆和设置高度不小于 180mm 的挡脚板。

2. 检查架体外侧是否采用密目式安全网封闭，网间连接是否严密。单层悬挑脚手架包括防护栏杆及斜立杆应全部用密目网封闭；多层悬挑脚手架仍按照落地式脚手架的要求，用密目网封闭。

（八）层间防护的安全检查

1. 检查悬挑脚手架架体作业层脚手板下的防护措施。单层悬挑脚手架架体作业层脚手板下应采用安全平网兜底，以下每隔 10m 应采用安全平网封闭。多层悬挑脚手架应按照落地式脚手架的要求设置作业层防护，且应在作业层脚手板与建筑物墙体缝隙过大时增加防护，防止人员、物体坠落。

安全网做防护层必须封挂严密牢靠，密目网用于立网防护，水平防护时必须采用平网，不允许用立网代替平网。

2. 检查作业层里排架体与建筑物之间是否采用脚手板或安全平网封闭。

3. 检查架体底层沿建筑结构边缘在悬挑钢梁与悬挑钢梁之间是否采取措施封闭。

4. 悬挑脚手架架体底层应进行封闭。

（九）构配件材质

1. 检查型钢、钢管、构配件规格材质。悬挑脚手架采用的型钢、钢管、构配件规格材质要求同落地式脚手架，悬挑梁、悬挑架的材质应符合钢结构设计规范的有关规定，项目监理机构应检查试验报告资料。

2. 型钢、钢管弯曲、变形、锈蚀应在规范允许范围内。

九、附着式升降脚手架的安全检查要点

附着式升降脚手架是指搭设一定高度并附着于工程结构上，依靠自身的升降设备和装置，可随工程结构逐层爬升或下降，具有防倾覆、防坠落装置的脚手架。附着式升降脚手架在高层建筑主体施工及外装修作业中被广泛采用，主要形式有导轨式、悬挑式、吊拉式等。

由于附着式升降脚手架的使用具有较大的危险性，施工现场使用的附着式升降脚手架应由总承包单位统一监督，其安装、升降、使用、拆除等作业前，项目监理机构应督促施工单位向有关作业人员进行安全教育及安全技术交底，并应设专人随时进行巡视检查。

施工单位对附着式升降脚手架的安全检查应符合现行行业标准《建筑施工工具式脚手架安全技术规范》JGJ 202 的规定。附着式升降脚手架检查保证项目包括：施工方案、安全装置、架体构造、附着支座、架体安装、架体升降。一般项目包括：检查验收、脚手板、架体防护、安全作业。

项目监理机构应督促施工单位按相关技术规范、检查标准及施工方案对附着式升降脚手架的升降和使用工况进行安全检查，并对施工单位的自查情况进行抽查。主要检查以下内容：

（一）安全装置的安全检查

1. 检查附着式升降脚手架是否按照规范要求安装防坠落装置。附着式升降脚手架必须具有防倾覆、防坠落和同步升降控制的安全装置。防坠落装置技术性能除应满足承载能力要求外，还应符合表 4-3 的规定。

防坠落装置技术性能

表 4-3

脚手架类别	制动距离（mm）
整体式升降脚手架	≤80
单跨式升降脚手架	≤150

2. 检查防坠落装置与升降设备是否分别独立固定在建筑结构上。

3. 防坠落装置应设置在竖向主框架处并附着在建筑结构上，每一升降点不得少于一个防坠落装置，防坠落装置在使用和升降工况下都必须起作用。

防坠落装置必须采用机械式的全自动装置，应具有防尘、防污染的措施，并应灵敏可靠和运转自如。钢吊杆式防坠落装置，钢吊杆规格应由计算确定，且不应小于 Φ25mm。严禁使用每次都需重组的手动装置。

4. 为保障在升降时脚手架不发生倾斜、晃动，附着式升降脚手架应安装防倾覆装置，检查安装防倾覆装置技术性能是否符合规范要求。

（1）防倾覆装置中应包括导轨和两个以上与导轨连接的可滑动的导向件。在防倾导向

件的范围内应设置防倾覆导轨，且应与竖向主框架可靠连接。应采用螺栓与附墙支座连接，其装置与导轨之间的间隙应小于5mm。

（2）防倾覆装置应具有防止竖向主框架倾斜的功能。

5. 检查在升降和使用两种工况下，两个导向件的间距是否符合规范规定。最上和最下两个导向件之间的最小间距不得小于2.8m或架体高度的1/4。

6. 检查附着式升降脚手架是否配备限制荷载或水平高差的同步控制装置，同步控制装置应符合规范规定。同步控制装置应为自动显示、自动控制，从升降差和承载力两个方面进行控制。连续式水平支承桁架，应采用限制荷载自控系统；简支静定水平支承桁架，应采用水平高差同步自控系统；当设备受限时，可选择限制荷载自控系统。

（二）架体构造的安全检查

督促施工单位从以下方面检查架体构造。项目监理机构应进行抽查。

1. 附着式升降脚手架架体应按落地式脚手架的要求进行搭设，架体高度不应大于5倍楼层高度，宽度不应大于1.2m。

2. 直线布置的架体支承跨度不得大于7m，折线、曲线布置的架体，相邻两主框架支撑点处的架体外侧距离不大于5.4m。

3. 架体水平悬挑长度不应大于2m，且不应大于跨度的1/2。

4. 架体悬臂高度不应大于架体高度的2/5，且不应大于6m。

5. 附着式升降脚手架架体高度与支承跨度的乘积不应大于110m^2。

6. 重点检查架体结构是否在以下部位采取可靠的加强构造措施：

（1）与附墙支座的连接处；

（2）架体上提升机构的设置处；

（3）架体上防坠、防倾装置的设置处；

（4）架体吊拉点设置处；

（5）架体平面的转角处；

（6）架体因碰到塔吊、施工升降机、物料平台等设施而需要断开或开洞处；

（7）其他有加强要求的部位。

（三）附着支座的安全检查

1. 附着支座是附着式升降脚手架的主要承载传装置，应按规范要求检查附着支座数量、间距。竖向主框架所覆盖的每个楼层处应设置一道附墙支座。

2. 在使用工况时，应检查是否将竖向主框架与附墙支座固定。

3. 在升降工况时，应检查是否将防倾、导向装置设置在附墙支座上。

4. 检查附着支座与建筑结构连接固定方式，固定方式应符合规范要求。附墙支座应采用锚固螺栓与建筑物连接，受拉螺栓的螺母不得少于两个或应采用弹簧垫圈加单螺母，螺杆露出螺母端部的长度不应少于3扣，并不得小于10mm，垫板尺寸应由设计确定，且不得小于100mm×100mm×10mm。

（四）架体安装的安全检查

1. 检查主框架和水平支承桁架的节点的连接。附着式升降脚手架主框架和水平支承桁架的节点应采用焊接或螺栓连接。桁架各杆件的轴线应相交于节点上，并宜采用节点板构造连接，节点板的厚度不得小于6mm。

2. 检查内外两片水平支承桁架的上弦和下弦之间是否设置水平支撑杆件，各节点应采用焊接或螺栓连接。水平支撑桁架的两端与主框架的连接，可采用杆件连接交汇于一点，且为能活动的铰接点；或可将水平支承桁架放在主框架的底端的桁架底框中。

3. 检查架体立杆底端是否设置在水平桁架上弦杆的节点处。

4. 检查附着式升降脚手架竖向主框架组装高度是否与架体高度相等。

5. 检查附着式升降脚手架剪刀撑的设置。剪刀撑应沿架体高度连续设置，并应将竖向主框架、水平支承桁架和架体构架连成一体，剪刀撑斜杆水平夹角应为 45°～60°。

（五）架体升降的安全检查

1. 附着式升降脚手架每次升降前，应重点检查动力装置。两跨以上架体同时升降应采用电动或液压动力装置，不得采用手动装置。

2. 检查升降工况架体上的施工荷载。升降工况架体上不得有施工荷载，严禁人员在架体上停留。

3. 检查附着支座处建筑结构混凝土强度，升降工况附着支座处建筑结构混凝土强度应按设计要求确定，且不得小于 C10。

4. 督促施工单位对脚手架动力装置、主要结构配件进场应按规范和施工方案规定进行验收。项目监理机构应检查动力装置、主要结构配件的验收记录。

5. 督促施工单位在架体分区段安装、分区段使用时，应进行分区段验收。

6. 架体安装完毕应按规定在使用前进行整体验收，验收应有量化内容并经责任人签字确认，验收合格后方可作业。项目监理机构应核查施工单位的验收手续。

7. 督促施工单位在脚手架架体每次升、降前应按规定进行检查，并应填写检查记录。项目监理机构应对架体的升降工况进行专项巡视检查。附着式升降脚手架和其他外挂式脚手架每提升一次，都应由项目分管负责人组织有关部门验收，经验收合格签字后，方可作业。项目监理机构应检查施工单位的验收手续并归档保存。

（六）脚手板的安全检查

1. 检查脚手的铺设，脚手板应铺设严密、平整、牢固。脚手板应按每层架体间距铺满铺严，无探头板并与架体固定绑牢。

2. 检查作业层里排架体与建筑物之间是否采用脚手板或安全平网封闭。

3. 按照规范要求检查脚手板材质、规格。脚手板应使用厚度不小于 50mm 的木板或专用钢制板网，不允许采用竹脚手板。

（七）架体防护的安全检查

1. 检查架体外侧是否按规范要求采用密目式安全网封闭，网间连接应严密并与脚手架绑牢。

2. 检查各作业层外侧是否按规范要求设置防护栏杆和高度不小于 180mm 的挡脚板。最底部作业层下方应同时采用密目网及平网挂牢封严，以防止人员坠落。

（八）安全作业的检查

1. 督促施工单位在操作前对有关技术人员和作业人员进行安全技术交底，并应有文字记录。项目监理机构应检查施工单位的安全技术交底记录。

2. 作业人员应经培训并定岗作业，项目监理机构应检查作业人员的培训合格证。

3. 项目监理机构应检查安装、拆除单位资质及特种作业人员岗位证书是否合法有效。

安装拆除单位资质应符合要求，特种作业人员应持证上岗，人员及证书应为同一人。

4. 架体安装、升降、拆除时，巡视检查在地面是否设置围栏和安全警戒标志，并应督促施工单位设置专人监护，非操作人员不得入内。

5. 检查作业层上的施工荷载，荷载分布应均匀，荷载最大值应在规范允许范围内。作业层上的施工荷载应符合设计要求，不得超载。

6. 附着式脚手架使用过程中，项目监理机构应随时进行巡查，监督施工单位不得利用架体调运物料、推车；不得在架体上拉结吊装缆绳；不得任意拆除结构件或松动连接件；不得随意拆除或移动架体上的安全防护设施；不得利用架体支撑模板或卸料平台；不得进行影响架体安全的作业。

十、高处作业吊篮的安全检查要点

高处作业吊篮是指悬挑机构架设于建筑物或构筑物上，利用提升机构驱动悬吊平台，通过钢丝绳沿建筑物或构筑物立面上下运行的施工设施，也是为操作人员设置的作业平台，主要用于高层建筑结构施工及外装修作业。高处作业吊篮应由悬挂机构、吊篮平台、提升机构、防坠落机构、电气控制系统、钢丝绳和配套附件、连接件组成。

施工单位对高处作业吊篮的安全检查应符合现行行业标准《建筑施工工具式脚手架安全技术规范》JGJ 202 的规定。高处作业吊篮检查保证项目应包括：施工方案、安全装置、悬挂机构、钢丝绳、安装作业、升降作业。一般项目应包括：交底与验收、安全防护、吊篮稳定、荷载。

项目监理机构应督促施工单位对高处作业吊篮的安装及使用进行安全检查，并对施工单位的自查情况进行抽查。应重点检查以下内容：

（一）对吊篮的安全装置进行安全检查

1. 督促检查高处作业吊篮的防坠安全锁。安全锁口的配件应完好、齐全，规格和方向标识应清晰可辨、并应灵敏有效。

2. 检查防坠安全锁的标定期限，防坠安全锁不应超过标定期限。

3. 督促检查吊篮设置作业人员是否挂设安全带专用的安全绳和安全锁扣，安全绳应固定在建筑物可靠位置上，不得与吊篮上的任何部位连接。

4. 检查吊篮是否安装上限位装置，并应保证限位装置灵敏可靠。

（二）对吊篮悬挂机构的安全检查

1. 督促施工单位按照相关技术规范对吊篮的悬挂机构进行检查。悬挂机构宜采用刚性连接方式进行拉结固定；悬挂机构前支架严禁支撑在女儿墙或建筑物外挑檐边缘等非承重结构上。

2. 按照高处作业吊篮使用说明书的规定检查悬挂机构前梁外伸长度。

3. 悬挂机构前支架应与支撑面保持垂直，脚轮不得受力。上支架应固定在前支架调节杆与悬挑梁连接的节点处。

4. 悬挂横梁应前高后低，前后水平高差不应大于横梁长度的2%。

5. 严禁使用破损的配重块或其他替代物。

6. 检查配重块的固定是否可靠，重量是否符合设计规定。

（三）吊篮钢丝绳的安全检查

1. 督促施工单位检查吊篮钢丝绳。钢丝绳不应存断丝、断股、松股、锈蚀、硬弯及油污和附着物，其直径应与安全锁口的规格相一致。

2. 安全钢丝绳应单独设置，型号规格应与工作钢丝绳一致。

3. 吊篮运行时安全钢丝绳应张紧悬垂。

4. 检查电焊作业时是否对钢丝绳采取保护措施。督促施工单位在吊篮内进行电焊作业时，应对吊篮设备、钢丝绳、电缆采取保护措施。不得将电焊机放置在吊篮内；电焊缆线不得与吊篮任何部位接触；电焊钳不得搭挂在吊篮上。

（四）安装作业的安全检查

1. 督促施工单位按照产品说明书和规范要求检查吊篮平台的组装长度。

2. 吊篮的构配件应为同一厂家的产品。

（五）升降作业的安全检查

1. 必须由经过培训合格的人员操作吊篮升降。项目监理机构应现场检查吊篮升降操作人员的培训合格证书。

2. 督促施工单位检查吊篮内的作业人员数量，不应超过2人。

3. 操作前应检查吊篮内作业人员是否佩戴安全帽，系安全带，并应将安全带用安全锁扣正确挂置在独立设置的专用安全绳上。

4. 吊篮正常工作时，应监督作业人员从地面进出吊篮内，不得从建筑物顶部、窗口等处或其他孔洞处出入吊篮。

（六）交底与验收

1. 按照《建筑施工工具式脚手架安全技术规范》JGJ 202规定，高处作业吊篮在使用前必须经过施工、安装、监理等单位的验收，未经验收或验收不合格的吊篮不得使用。

2. 督促施工单位在吊篮安装完毕后，应按规范的规定逐台逐项进行验收，验收表应由责任人签字确认，并应经空载运行试验合格后方可使用。项目监理机构应检查施工单位的验收手续。

3. 督促施工单位班前、班后应按规定对吊篮进行检查。

4. 督促施工单位在吊篮安装、使用前对作业人员进行安全技术交底，并应有文字记录。项目监理机构应检查安全技术交底记录。

（七）安全防护的检查

1. 检查吊篮平台周边的防护栏杆、挡脚板的设置，设置应符合规范要求。

2. 检查上下立体交叉作业时吊篮是否设置顶部防护板。在吊篮下方可能造成坠落物伤害的范围，应按照规范规定设置安全隔离区和警告标志，人员和车辆不得停留、通行。

（八）吊篮稳定

1. 检查吊篮作业时是否采取防止摆动的措施。吊篮平台内应保持荷载均衡，不得超载运行。

2. 吊篮与作业面距离应在规定要求范围内。

（九）荷载

1. 检查吊篮施工荷载，施工荷载应符合设计要求。

2. 吊篮施工荷载应均匀分布。不得将吊篮作为垂直运输设备，不得采用吊篮运送物料。

第六节　施工机械机具的安全检查

在施工现场，建筑施工机械尤其是起重机械，如物料提升机、施工升降机、塔吊等的使用越来越多，督促施工单位加强对起重机械和吊装作业安全以及各类施工机械机具使用安全的监管，避免施工机械伤害，是项目监理机构对施工现场安全生产管理的重要监理工作之一。

建筑施工机械机具从安装、使用到拆卸的全过程，项目监理机构都应督促施工单位认真检查，防止机械失稳倒塌及超过允许的变形、倾斜、摇晃、扭曲等安全事故的发生。

住房城乡建设部《关于落实建设工程安全生产监理责任的若干意见》（建市〔2006〕248号）要求监理单位应当按照法律、法规和工程建设强制性标准及监理合同实施监理，对所监理工程的施工安全生产进行监督检查。

住房城乡建设部《危险性较大的分部分项工程安全管理规定》（住房城乡建设部令第37号）规定，监理单位应当结合专项施工方案对危大工程施工实施安全专项巡视检查。

项目监理机构要履行对施工机械机具进行安全监督检查的职责，应掌握起施工机械机具相关技术规范、规程，并应熟悉施工单位编制的专项施工方案的内容。

一、施工机械机具的安全风险

施工机械机具是保证工程施工顺利进行的重要技术装备，同时也是施工安全生产的重要技术保障。施工机械机具的选型、进场、安装、使用、拆卸、退场各个环节，都对施工安全有影响。施工机械机具的安全风险主要有以下方面：

1. 施工机械机具本身

施工机械机具不是合格或者合法的产品或本身的安全装置失效，施工机械机具中的重要部件因各种原因导致的损坏等，都可能导致施工现场发生机械伤害、重物打击、坍塌及触电等类型的安全生产事故。

2. 施工机械的安装过程及安装工作质量

部分施工机械需要现场安装，安装过程中的施工机械常处于不稳定的状态，安装工程本身也可能需要起重吊装、高处作业，需要使用辅助安装机械机具，需要用电等，在这个过程中存在重物打击、机械伤害、起重伤害、高处坠落、触电等安全生产事故风险。施工机械安装工作中的缺陷，将导致使用中的安全生产事故风险。

3. 施工机械机具的安全检查和维修保养工作

施工机械机具须定期维修保养才能保证其良好的工作状态和使用安全。使用单位应定期对施工机械机具进行安全检查。如果安全检查和维修保养工作存在瑕疵，则必然导致使用中各类安全生产事故的风险。

4. 施工机械机具的安全管理

各种施工机械机具的安全管理制度，包括进场检验、安装后的检验检测和验收、登记备案、安全技术交底等，是施工机械机具安全生产的保障。如果未能很好地落实执行，也是安全生产的隐患。

5. 施工机械机具操作人员的技能和素质

施工机械机具的操作人员需要具备相应的技能，并且需要经过安全生产教育培训。很多施工机械操作岗位须由具备操作证书的特种作业人员方可上岗。操作人员不具备相应的操作技能和安全生产的基本知识，没有安全生产的意识和素质，是施工机械机具安全生产事故的最大风险。

6. 施工机械机具的作业环境

施工机械机具作业环境方面，需要关注两方面的风险。

一是作业环境对施工机械机具安全生产可能造成的影响。如：机械施工作业场地或设备地基基础的稳定性，多台施工机械作业范围的重叠与冲突，作业范围内的障碍物及危险管线的影响等。

二是施工机械机具作业对环境安全的影响。处于施工机械机具作业影响范围内的安全防护和警示警戒不到位，将会造成相关人员的伤害或财产的损失。

二、施工机械机具安全检查的基本要求

建筑工程中使用的施工机械机具种类繁多，不同类别的施工机械机安全管理规定不尽相同，总监理工程师和项目监理机构监理人员要熟悉各类施工机械机具的性能特点和相关安全管理制度，掌握相关安全技术要求，督促施工单位严格执行相关安全管理制度，落实安全生产管理责任。同时，项目监理机构应在巡视检查的过程中，要高度关注施工机械机具的作业安全。

项目监理机构应督促施工单位按照现行国家标准《建筑施工安全检查标准》JGJ 59 的相关规定，对施工机械机具进行安全检查。项目监理机构应对施工单位的安全检查情况进行抽查。

施工单位对施工机械机具安全检查的基本要求如下：

1. 督促施工单位对于进场使用的施工机械机具进行检验，对于现场安装后的施工机械机具应进行验收，对于需要检测的施工机械验收前应委托有资质的单位进行检测。对于需要备案登记的施工机械履行备案登记手续。

2. 对于专项施工方案中确定的施工机械机具，督促施工单位应检查现场实际使用的施工机械机具的型号、规格、数量，以及各施工机械的工作方式是否与专项施工方案一致。

3. 检查施工机械机具的作业环境，与专项施工方案进行对比，检查安全防范措施和警戒、警示设施，若发现未考虑到的危险因素，应采取相应防范措施。

4. 督促施工单位应按照现行国家安全检查标准、技术规范的有关规定，并结合相应分部分项工程（专项）施工方案，对施工现场的施工机械机具进行安全检查。项目监理机构应对施工单位的检查情况进行抽查。

5. 督促施工单位项目技术负责人或施工方案编制人员对相关管理人员、施工机械机具操作人员进行书面安全技术交底，并应由交底人、被交底人、专职安全员进行签字确认。

6. 督促施工单位的项目专职安全生产管理人员对专项施工方案实施情况进行现场监督，对未按照专项施工方案施工的，应当要求立即整改，并及时报告项目负责人，项目负责人应当及时组织限期整改。项目监理机构应对施工单位的专项方案实施情况进行巡视检查。

7. 督促施工单位专职安全生产管理人员或相关专业人员对各类施工机械机具进行安全检查，并填写检查记录；对检查中发现的事故隐患应下达隐患整改通知单，定人、定时间、定措施进行整改。项目监理机构应随时抽查施工单位的安全检查记录。

8. 当危大工程施工机械机具作业时，施工单位项目负责人应当在施工现场履职。并应按照规定对危大工程进行施工监测和安全巡视，发现危及人身安全的紧急情况，应当立即组织作业人员撤离危险区域。项目监理机构应按规定对危大工程实施专项巡视检查。

三、物料提升机的安全检查要点

物料提升机包括龙门架、井架物料提升机以及以卷扬机或曳引机为动力、吊笼沿轨道垂直运行的物料提升机。

施工单位对物料提升机的安装、使用及拆卸检查，应符合现行行业标准《龙门架及井架物料提升机安全技术规范》JGJ 88 的规定。物料提升机的检查保证项目应包括安全装置、防护设施、附墙架与缆风绳、钢丝绳、安拆、验收与使用。一般项目应包括：基础与导轨架、动力与传动、通信装置、卷扬机操作棚、避雷装置。

项目监理机构应督促施工单位按照专项施工方案及规范要求，对物料提升机的制作、安装、拆除、施工作业进行检查。项目监理机构应对施工单位的安全自查情况进行抽查。

（一）安全装置的检查

1. 督促施工单位检查物料提升机是否按规范规定安装起重量限制器、防坠安全器，并应灵敏可靠。

（1）当荷载达到额定起重量的90％时，起重量限制器应发出警示信号；当荷载达到额定起重量的110％时，限制器应切断上升主电路电源，使吊笼制停。

（2）吊笼可采用瞬时动作式防坠安全器，当吊笼提升钢丝绳意外断绳时，防坠安全器应制停带有额定起重量的吊笼，且不应造成结构破坏。

2. 检查安全停层装置，安全停层装置应符合规范要求，并应定型化。

（1）安全停层装置应为刚性结构，吊笼停层时，安全停层装置应能可靠承担吊笼自重、额定荷载及运料人员等全部荷载。吊笼停层后，底板与停层平台的垂直偏差不应大于50mm。

（2）禁止使用钢丝绳、挂链等非刚性结构替代停层装置。

3. 检查上行程限位开关是否灵敏可靠。当吊笼上升至限定位置时，触发限位开关，吊笼被制停，此时，上部安全越程不应小于3m。

4. 针对安装高度超过30m的物料提升机，应检查其是否安装渐进式防坠安全器及自动停层、语音影像信号监控装置。

（二）防护设施的安全检查

1. 督促检查物料提升机地面进料口是否安装防护围栏和防护棚，防护围栏、防护棚的安装高度和强度应符合规范要求。

（1）物料提升机地面进料口应设置高度不应小于 1.8m 的防护围栏，围栏立面可采用网板结构，强度应符合规范要求。

（2）进料口防护棚应设在提升机地面进料口上方，其长度不应小于 3m，宽度应大于吊笼宽度，顶部可采用厚度不小于 50mm 的木板搭设。

2. 检查物料提升机停层平台两侧是否设置防护栏杆、挡脚板。

（1）停层平台两侧应设置防护栏杆，上栏杆高度宜为 1.0～1.2m，下栏杆高度宜为 0.5～0.6m，在栏杆任一点作用 1kN 的水平力时，不应产生永久变形。

（2）挡脚板高度不应小于 180mm，且宜采用厚度不小于 1.5mm 的冷轧钢板。

（3）平台脚手板应铺满、铺平。

3. 检查平台门、吊笼门安装高度、强度。应符合规范要求，并应定型化。

（1）平台门的高度不宜低于 1.8m，宽度与吊笼门宽度差不应大于 200mm，并应安装在平台外边缘处。

（2）吊笼门的开启高度不应低于 1.8m；其任意 500mm 的面积上作用 300N 的力，在边框任一点作用 1kN 的水平力时，不应产生永久变形。

（三）附墙架与缆风绳的安全检查

1. 检查附墙架结构、材质、间距是否符合产品说明书要求。

（1）附墙架宜采用制造商提供的标准产品，当标准附墙架结构尺寸不能满足要求时，可经设计计算采用非标附墙架，附墙架材质应与导轨架相一致。

（2）附墙架间距、自由端高度不应大于使用说明书的规定值。

（3）附墙架的结构形式应符合《龙门架及井架物料提升机安全技术规范》JGJ 88 要求。

2. 督促检查附墙架是否与建筑结构的连接。附墙架是保证提升机整体刚度、稳定性的重要设施，其与轨道架及建筑结构应采用刚性连接，不得与脚手架连接，并应符合产品说明书要求。

3. 按规范要求检查缆风绳设置的数量、位置、角度。缆风绳应与地锚可靠连接，缆风绳的设置应符合说明书的要求，并应符合下列规定：

（1）每一组四根缆风绳与导轨架的连接点应在同一水平高度，并应对称设置，缆风绳与导轨架连接处应采取防止钢丝绳受剪的措施；

（2）缆风绳宜设在导轨架的顶部，当中间设置缆风绳时，应采取增加导轨架刚度的措施；

（3）缆风绳与水平面夹角宜在 45°～60°之间，并应采用与缆风绳等强度的花篮螺栓与地锚连接。

4. 安装高度超过 30m 的物料提升机必须使用附墙架。

5. 检查地锚设置是否符合规范要求。

（1）地锚应根据导轨架的安装高度及土质情况，经设计计算确定。

（2）30m 以下物料提升机采用桩式地锚，并采用钢管（48mm×3.5mm）或角钢（75mm×6mm）时，不应少于 2 根，应并排设置，间距不应小于 0.5m，打入深度不应小于 1.7m；顶部应设有防止缆风绳滑脱的装置。

（四）钢丝绳的安全检查

1. 督促施工单位检查钢丝绳磨损、断丝、变形、锈蚀量是否在规范允许范围内。钢丝绳的维修、检验和报废应符合现行国家标准《起重机 钢丝绳 保养、维护、检验和报废》GB/T 5972 的规定。

2. 按规范要求检查钢丝绳夹设置。当钢丝绳端部固定采用绳夹时，绳夹规格应与绳径匹配，数量不应少于 3 个，间距不应小于绳径的 6 倍，绳夹夹座应安放在长绳一侧，不得正反交错设置。

3. 依照行业标准《龙门架及井架物料提升机安全技术规程》JGJ 88 规定，当吊笼处于最低位置时，卷筒上钢丝绳严禁少于 3 圈。

4. 检查钢丝绳是否设置过路保护措施。钢丝绳宜设防护槽，槽内应设滚动托架，且宜采用钢板网将槽口封盖。

（五）安拆、验收与使用的安全检查

1. 检查物料提升机的安装、拆卸单位的资质。

物料提升机属建筑起重机械，依据《建设工程安全生产管理条例》《特种设备安全监察条例》规定，其安装、拆除单位应具有起重设备安装工程专业承包资质和安全生产许可证。项目监理机构应审查其安装资质和安全生产许可证是否合法有效。

2. 项目监理机构应督促施工单位在物料提升机安装、拆卸作业前，应按规定编制专项施工方案，并应按规定进行审核、审批。物料提升机专项施工方案应经施工单位技术负责人审批后，报项目监理机构总监理工程师审核签字后实施。

3. 物料提升机安装完毕，应督促施工单位履行验收程序。项目监理机构应参加由工程负责人组织安装、使用单位、租赁单位等对物料提升机安装质量进行验收，并应按规范规定表格填写验收记录，验收表格应由责任人签字确认。

验收合格后，督促施工单位在导轨架明显处悬挂验收合格标志牌，且应标明产品名称和型号，主要性能参数、出厂编号、制造商名称和产品制造日期。

4. 检查安装、拆卸作业人员及司机的特种作业资格证。作业人员必须经专门培训，取得特种作业资格，并持证上岗。项目监理机构应随时抽查作业人员的特种作业资格证。

5. 督促施工单位在物料提升机作业前应按规定进行例行检查，并应填写检查记录。项目监理机构应检查施工单位例行检查情况。

6. 实行多班作业，应按规定填写交接班记录，项目监理机构应随时抽查其交接班记录。

（六）基础与导轨架的安全检查

1. 督促检查基础的承载力和平整度，承载力和平整度应符合规范要求。

（1）基础应能承受最不利工作条件下的全部荷载，30m 及以上物料提升机的基础应进行设计计算。30m 以下物料提升机的基础，当设计无要求时，基础土层的承载力不应小于80kPa；基础混凝土强度等级不应低于 C20，厚度不应小于 300mm。

（2）基础表面应平整，水平度不应大于 10mm。

2. 检查基础周边的排水设施。

3. 检查导轨架垂直度偏差，导轨架垂直度偏差不应大于导轨架高度 0.15%。

4. 检查井架停层平台通道处的结构的加强措施。井架停层平台通道处的结构应在设计制作过程中采取加强措施。

（七）动力与传动的安全检查

1. 检查卷扬机、曳引机的安装。卷扬机、曳引机的安装应牢固。

（1）卷扬机应设置防止钢丝绳脱出卷筒的保护装置，该装置与卷筒外缘的间隙不应大于 3mm，并应有足够的强度。当卷扬机卷筒与导轨架底部导向轮的距离小于 20 倍卷筒宽度时，应设置排绳器。

（2）曳引论直径与钢丝绳直径的比值不应小于 40，包角不宜小于 150°。

2. 钢丝绳在卷筒上应排列整齐，端部应与卷筒压紧装置连接牢固。

3. 检查滑轮与导轨架、吊笼的连接。滑轮与导轨架、吊笼应采用刚性连接，严禁采用钢丝绳等柔性连接或使用开口拉板式滑轮。滑轮应与钢丝绳相匹配。

4. 检查卷筒、滑轮是否设置防止钢丝绳脱出装置。

5. 当曳引钢丝绳为 2 根及以上时，应设置曳引力自动平衡装置。

（八）通信装置的安全检查

1. 检查物料提升机是否按规范要求设置通信装置。

2. 通信装置应具有语音和影像显示功能。

（九）卷扬机操作棚的安全检查

1. 检查物料提升机是否按规范要求设置卷扬机操作棚。卷扬机操作棚应采用定型化、装配式，且应具有防雨功能，应有足够的操作空间，顶部强度应符合规范规定。

2. 卷扬机操作棚强度、操作空间应符合规范要求。

（十）避雷装置的安全检查

1. 当物料提升机未在其他防雷保护范围内时，应设置避雷装置。

2. 检查避雷装置设置是否符合现行行业标准《施工现场临时用电安全技术规范》JGJ 46 的规定。

四、施工升降机的安全检查要点

项目监理机构应督促施工单位按照《建筑起重机械安全监督管理规定》（建设部令第 166 号）、现行国家标准《施工升降机安全使用规程》GB/T 34023 和现行行业标准《建筑施工升降机安装、使用、拆卸安全技术规程》JGJ 215 的规定对施工升降机进行安全检查。项目监理机构应对施工单位施工升降机的安全检查情况进行抽查。

施工升降机检查保证项目应包括：安全装置、限位装置、防护设施、附墙架、钢丝绳、滑轮与对重、安拆、验收与使用。一般项目应包括：导轨架、基础、电气安全、通信装置。

（一）安全装置的检查

1. 督促施工单位检查施工升降机是否安装起重量限制器，起重量限制器应灵敏可靠。当荷载达到额定起重量的 90% 时，限制器应发出明确警示信号；当荷载达到额定起重量的 110% 时，限制器应切断上升主电路电源，使吊笼制停。

2. 督促检查施工升降机是否安装渐进式防坠安全器，防坠安全器应灵敏可靠，并应在一年有效的标定期内使用。

（1）施工升降机每个吊笼上应安装渐进式防坠安全器，不允许采用瞬时安全器。防坠安全器必须有专人管理，并按规定进行调试试验、检查维修。

（2）防坠安全器试验时（每季度一次）吊笼不允许载人，只能在有效的标定期限内使用。防坠安全器的寿命为 5 年，有效标定期限不应超过 1 年。防坠安全器在有效检验期满后必须重新进行检验标定。

3. 检查对重钢丝绳是否安装防松绳装置，防松绳装置是否灵敏可靠。

施工升降机对重钢丝绳组的一端应设张力均衡装置，并装有由相对伸长量控制的非自动复位型的防松绳开关。当其中一条钢丝绳出现相对伸长量超过允许值或断绳时，该开关将切断控制电路，制动器动作。

4. 检查吊笼的控制装置是否安装非自动复位型的急停开关。急停开关应动作灵敏，任何时候均可切断控制电路停止吊笼运行。

5. 检查底架是否安装吊笼和对重缓冲器，缓冲器应符合规范要求。升降机的底架上应设有缓冲弹簧，用于承受吊笼、配重的冲击，起到缓冲作用。

6. 检查 SC 型施工升降机是否应安装一对以上安全钩。齿轮齿条式施工升降机吊笼应安装一对以上安全钩，以防止吊笼脱离导轨架或防坠安全器输出端齿轮脱离齿条。

（二）限位装置的安全检查

1. 督促施工单位检查升降机是否安装非自动复位型极限开关，是否灵敏可靠。

2. 检查是否安装自动复位型上、下限位开关，上、下限位开关应灵敏可靠。上、下限位开关安装位置应符合规范要求。

（1）施工升降机每个吊笼均应安装上、下限位开关，上、下限位开关可采用自动复位型，切断的是控制回路。上、下限位开关应能自动地将吊笼从额定速度上停止。

（2）上限位开关的安装位置应保证吊笼触发该开关后，上部安全距离不小于 1.8m；下限位开关的安装位置应保证吊笼以额定载重量下降时，触板触发该开关是吊笼制停，此时触板离下极限开关还应有一定行程。

3. 上极限开关与上限位开关之间的安全越程不应小于 0.15m。

4. 检查极限开关、限位开关是否设置独立的触发元件。极限开关与上、下限位开关不应使用同一触发元件，防止触发元件失效致使极限开关与上、下限位开关同时失效。

5. 检查吊笼门是否安装机电连锁装置，并应灵敏可靠。

6. 检查吊笼顶窗是否安装电气安全开关，并应灵敏可靠。

7. 严禁使用行程限位开关作为停止运行的控制开关。

（三）防护设施的安全检查

1. 检查吊笼和对重升降通道周围是否安装地面防护围栏，防护围栏的安装高度、强度是否符合规范要求。围栏门应安装机电连锁装置并应灵敏可靠。

（1）吊笼和对重升降通道周围应安装地面防护围栏，防护围栏高度不应低于 1.8m；对于钢丝绳式的货用施工升降机，其地面防护围栏的高度不应低于 1.5m。

（2）围栏登机门应装有机械锁止装置和电气安全开关，使吊笼只有位于底部规定位置时围栏登机门才能开启，且在开门后吊笼不能启动。

（3）钢丝绳式的货用施工升降机，其围栏登机门应装有电气安全开关，使吊笼只有在围栏登机门关好后才能启动。

2. 检查地面出入通道防护棚的搭设是否符合规范要求。

当建筑物超过 2 层时，施工升降机地面通道上方应搭设防护棚，当建筑物高度超过 24m 时，应设置双层防护棚。施工升降机运行通道内不得有障碍物，不得利用施工升降机的导轨架、横竖支撑、层站等牵拉或悬挂脚手架、施工管道、绳揽标语、旗帜等。

3. 停层平台两侧应设置防护栏杆、挡脚板，平台脚手板应铺满、铺平。

4. 检查层门安装高度、强度。各停层平台应设置定型化层门，层门安装和开启不得突出到吊笼的升降通道上。层门高度和强度应符合规范要求。

（四）附墙架的安全检查

1. 督促检查升降机的附墙架是否采用配套标准产品。当附墙架不能满足施工现场要求时，应对附墙架另行设计，附墙架的设计应满足构件刚度、强度、稳定性等要求，制作应满足设计要求，严禁随意代替。

2. 检查附墙架与建筑结构连接方式、角度。附墙架附着点的建筑结构承载力应满足施工升降机使用说明书的要求。

3. 施工升降机附墙架形式、附着高度、垂直间距、附着点水平距离、附墙架与水平面之间的夹角应符合产品说明书要求。

（五）钢丝绳、滑轮与对重的安全检查

1. 督促施工单位检查施工升降机对重钢丝绳绳数，对重钢丝绳绳数不得少于 2 根且应相互独立，每根钢丝绳的安全系数不应小于 12，直径不应小于 9mm。

2. 检查钢丝绳磨损、变形、锈蚀是否在规范允许范围内。钢丝绳的维修、检验和报废应符合现行国家有关标准的规定。

3. 检查钢丝绳的规格、固定是否符合产品说明书及规范要求。

4. 检查施工升降机滑轮是否安装钢丝绳防脱装置，并应符合规范要求。

5. 对重重量、固定应符合产品说明书要求。

6. 检查对重除导向轮或滑靴外是否设有防脱轨保护装置。对重两端应有滑靴或滚轮导向，并设有防脱轨保护装置。若对重使用填充物，应采取措施防止其窜动，并标明重量。对重应按有关规定涂成警告色。

（六）安拆、验收与使用的检查

1. 督促检查安装、拆卸单位是否具有起重设备安装工程专业承包资质和安全生产许可证。项目监理机构应审查其安装资质和安全生产许可证是否合法有效。

2. 施工升降机安装、拆卸作业前，项目监理机构应检查施工单位是否按照规范规定编制了专项施工方案。

施工升降机安装、拆除工程专项施工方案应由安装单位编制，并经安装单位技术负责人签字，连同安装、拆卸人员名单，安装、拆卸时间等材料，报施工单位负责人和项目监理机构审核后，告知工程所在地县级以上建设行政主管部门，经审查同意后方可实施。

3. 在升降机安装完毕，安装单位应当按照安全技术标准及安装使用说明书对建筑起重机械进行自检、调试和试运转。安装单位自检合格及有相应资质的检验检测机构监督检验合格后，督促施工单位履行验收程序，验收表格应由责任人签字确认。项目监理机构应检查施工单位的验收资料。

（1）施工升降机的安装及验收应符合规范要求，严禁使用未经验收或验收不合格的施工升降机。验收合格的，经总承包单位、使用单位、安装单位和监理单位参加人员签字后，方可使用。

（2）每次加节完毕后，应对施工升降机导轨架的垂直度进行校正，且应按规定及时重新设置行程限位和极限限位，经验收合格后方能运行。

4. 施工升降机的安装、拆卸作业人员及司机，施工升降机的安装拆卸工、电工、司机应具有建筑施工特种作业操作资格证。项目监理机构应检查作业人员的特种作业资格证是否真实有效。

5. 督促施工单位在施工升降机作业前应按规定进行例行检查，并应填写检查记录，项目监理机构应进行巡视检查，并对施工单位的检查记录进行抽查。

6. 实行多班作业，应按规定填写交接班记录，接班司机应进行班前检查，确认无误后，方能开机作业。项目监理机构应随时抽查施工单位的交接班记录。

（七）导轨架的安全检查

1. 督促施工单位检查导轨架垂直度，导轨架垂直度应符合规范要求。施工升降机的导轨架垂直度偏差应符合使用说明书和表 4-4 规定：

施工升降机安装垂直度偏差

表 4-4

导轨架架设高度 h(m)	$h \leqslant 70$	$70 < h \leqslant 100$	$100 < h \leqslant 150$	$150 < h \leqslant 200$	$h > 200$
垂直度偏差（mm）	不大于导轨架架设高度的 0.1%	$\leqslant 70$	$\leqslant 90$	$\leqslant 110$	$\leqslant 130$
	对钢丝绳式施工升降机，垂直度偏差不大于（1.5/1000）h				

2. 检查标准节的质量是否符合产品说明书及规范要求。

3. 检查升降机的对重导轨，对重导轨应符合规范要求。对重导轨接头应平直，误差不大于 0.5mm。严禁使用柔性物体作为对重导轨。

4. 检查标准节连接螺栓使用是否符合产品说明书及规范要求。安装时应螺杆在下、螺母在上，一旦螺母脱落后，容易及时发现安全隐患。

连接件和连接件之间的防松防脱应符合使用说明书的规定，不得用其他物件代替，对有预紧力要求的连接螺栓，应使用扭力扳手或专用工具，按规定的拧紧次序将螺栓准确紧固。

（八）基础的安全检查

1. 检查施工升降机的基础制作及验收是否符合说明书及规范要求。施工升降机基础应能承受最不利工作条件下的全部载荷。

2. 基础设置在地下室顶板、楼面或其他部悬空构件上时，应对基础支承结构进行承载力验算。

3. 检查基础周围是否设有排水设施，排水措施是否符合专项施工方案的要求。在施工升降机基础周边水平距离 5m 以内，不得开挖井沟，不得堆放易燃易爆物品及其他杂物。

（九）电气安全的检查

1. 检查施工升降机与架空线路的安全距离或防护措施是否符合规范要求。

施工升降机与架空线路的安全距离是指施工升降机最外侧边缘与架空线路边线的最小距离，见表 4-5。当安全距离小于表 4-5 规定时，必须按规定采取有效的防护措施。

施工升降机与架空线路边线的安全距离 表 4-5

外电线安全距离（kV）	<1	1~10	35~110	220	330~500
安全距离（m）	4	6	8	10	15

2. 检查电缆导向架设置是否符合说明书及规范要求。

3. 检查施工升降机在其他避雷装置保护范围外设置的避雷装置是否符合规范要求。施工升降机金属结构和电气设备金属外壳均应接地，接地电阻不应大于 4Ω。

（十）通信装置的安全检查

施工升降机应安装楼层信号联络装置，并应清晰有效。安装在阴暗处或夜班作业的施工升降机，应在全行程装设明亮的楼层编号标识灯。

五、塔式起重机的安全检查要点

项目监理机构应督促施工单位按照《建筑起重机械安全监督管理规定》（建设部令第166 号）、现行国家标准《塔式起重机安全规程》GB 5144 和现行行业标准《建筑施工塔式起重机安装、使用、拆卸安全技术规程》JGJ 196 的规定，对塔式起重机进行安全检查。项目监理机构应对施工单位塔式起重机的安全自查情况进行抽查，对塔式起重机使用时进行专项巡视检查。

塔式起重机安全的检查保证项目应包括：载荷限制装置、行程限位装置、保护装置、吊钩、滑轮、卷筒与钢丝绳、多塔作业、安拆、验收与使用。一般项目应包括：附着、基础与轨道、结构设施、电气安全。

（一）载荷限制装置的安全检查

1. 检查塔式起重机安装的起重量限制器，起重量限制器应灵敏可靠。

（1）当起重量大于相应档位的额定值并小于该额定值的 110% 时，应切断上升方向的电源，但机构可作下降方向的运动。

（2）如设有起重量显示装置，则其数值误差不应大于实际值的 ±5%。每月至少一次超载试验。

2. 检查塔式起重机安装的起重力矩限制器，起重力矩限制器应灵敏可靠。

（1）当起重力矩大于相应工况下的额定值并小于该额定值的 110%，应切断上升和幅度增大方向的电源，但机构可作下降和减小幅度方向的运动。

（2）如设有起重力矩显示装置，则其数值误差不应大于实际值的 ±5%。

（3）力矩限制器控制定码变幅的触点或控制定幅变码的触点应分别设置，且能分别调整；对小车变幅的塔式起重机，其最大变幅速度超过 40m/min，在小车向外运行，且起重力矩达到额定值的 80% 时，变幅速度应自动转换为不大于 40m/min 的速度运行。

（二）行程限位装置的安全检查

1. 检查塔式起重机是否安装起升高度限位器，起升高度限位器的安全越程应符合规范要求，并应灵敏可靠。

2. 小车变幅的塔式起重机应安装小车行程开关，动臂变幅的塔式起重机应安装臂架幅度限制开关，并应灵敏可靠。

3. 检查回转部分不设继电器的塔式起重机是否安装回转限位器，并应灵敏可靠。回转部分不设继电器的塔式起重机应安装回转限位器，塔机回转部分在非工作状态下应能自由旋转。回转限位器正反两个方向动作时，臂架旋转角度应不大于±540°。

4. 检查行走式塔式起重机是否安装行走限位器，并应灵敏可靠。

轨道式塔机行走机构应在每个方向设置行程限位开关。在轨道上应安装限位开关碰铁，其安装位置应充分考虑塔机的制动行程。

（三）保护装置的安全检查

1. 检查小车变幅的塔式起重机是否安装断绳保护及断轴保护装置。断绳保护及断轴保护装置应符合规范要求。

（1）塔式起重机应安装断绳保护装置，对小车变幅的塔式起重机应设置双向小车变幅断绳保护装置，保证在小车前后牵引钢丝绳断绳时小车在起重臂上不移动。

（2）小车变幅的塔式起重机断轴保护装置必须保证即使车轮失效，小车也不能脱离起重臂。

2. 检查行走及小车变幅的轨道行程末端是否安装缓冲器及止挡装置，并应符合规范要求。

对轨道运行的塔式起重机，每个运行方向应设置限位装置，其中包括限位开关、缓冲器和终端止挡装置。限位开关应保证开关动作后塔式起重机停车时其端部距缓冲器最小距离大于1m。

3. 检查起重臂根部绞点高度大于50m的塔式起重机是否安装安装风速仪，并应灵敏可靠。当风速大于工作极限风速时，应能发出停止作业的警报。风速仪应设在塔机的顶部。

4. 当塔式起重机顶部高度大于30m且高于周围建筑物时应安装障碍指示灯，指示灯的供电不受停机的影响。

（四）吊钩、滑轮、卷筒与钢丝绳的安全检查

1. 检查吊钩是否安装钢丝绳防脱钩装置并应完好可靠。吊钩的磨损、变形应在规定允许范围内，吊钩严禁补焊。

2. 检查滑轮、卷筒是否安装钢丝绳防脱装置并应完好可靠，滑轮、卷筒的磨损应在规定允许范围内；滑轮、起升和动臂变幅塔式起重机的卷筒均应设有钢丝绳防脱装置，该装置表面与滑轮或卷筒侧板外缘的间隙不应超过钢丝绳直径的20%，装置与钢丝绳接触的表面不应有棱角。

3. 检查钢丝绳的磨损、变形、锈蚀是否在规范允许的范围内。钢丝绳的规格、固定、缠绕应符合说明书及规范要求。

（1）钢丝绳的直径应符合规范规定，在塔机工作时，钢丝绳的实际直径不应小于6mm。

（2）当钢丝绳的端部采用编结固结时，编结部分的长度不得小于钢丝绳直径的20倍，并不应小于300mm，固结强度不应小于钢丝绳破断拉力的75%。

（3）用钢丝绳夹固结时，应符合现行国家标准的规定，固结强度不应小于钢丝绳破断拉力的85%。

（4）用楔形接头固结时，楔与楔套应符合现行国家标准的规定，固结强度不应小于钢丝绳破断拉力的75%。

（5）用铝合金压制接头固结时，固结强度应达到钢丝绳破断拉力的90%。

（6）用压板及锥形套浇铸法固结时，压板应符合现行国家标准的规定，固结强度应达到钢丝绳破断拉力。

（五）多塔作业的检查

1. 多塔在同一施工现场交叉作业时，应督促施工单位制定专项施工方案，并按规定经过审核、审批。多塔交叉作业前，项目监理机构应检查施工单位是否编制专项施工方案。当相邻工地发生多台塔式起重机交错作业时，项目监理机构应要求施工单位在协调相互作业关系的基础上，编制各自的专项使用方案，确保任意两台塔式起重机不发生触碰。

项目监理机构应针对多塔在同一施工现场交叉作业进行安全巡视检查。任意两台相邻塔式起重机的安全距离如果控制不当，很可能会造成重大安全事故。

2. 检查任意两台塔式起重机之间的最小架设距离，最小架设距离应符合规范要求。

（1）两台塔机塔身之间的距离L必须比两台塔机中最短的起重臂长度长2m。

（2）高塔的最低位置的部件（或吊钩升至最高点或平衡重的最低部位）和低位塔式起重机的最高位置部件之间的垂直距离不得小于2m；低位塔式起重机的起重臂端部与另一台塔式起重机的塔身之间的距离不得小于2m。

（3）当塔机在另一台塔机上面工作时，高塔必须装备有防止起升钢丝绳进入正在工作的低塔的平衡臂工作区域的装置，安全距离为2m。

（六）安拆、验收与使用的安全检查

1. 塔式起重机的安装、拆卸单位应具有起重设备安装工程专业承包资质和安全生产许可证。项目监理机构应审查其资质和安全生产许可证是否合法有效。

2. 督促施工单位在塔式起重机安装（拆卸）作业前，应编制塔式起重机安装、拆除专项施工方案，由安装单位技术负责人和施工单位审核、审批后，报项目监理机构按规定进行审核、审批，并告知工程所在地县级以上地方人民政府建设主管部门。

3. 塔式起重机安装完毕经自检、检测合格后，应督促施工单位按相关规定履行验收程序，验收表格应由责任人签字确认，验收程序应符合规范要求。验收合格的，经出租单位、使用单位、安装单位和监理单位参加人员签字后，方可使用。严禁使用未经验收或验收不合格的塔式起重机。

施工现场塔式起重机安装验收合格后，应在离地高度不小于3m的塔吊标准节上悬挂塔式起重机验收牌。验收牌内容包括：安全操作规程及"十不吊"、设备产权登记牌、设备使用登记牌、操作人员操作证、验收时间及其他。

4. 塔式起重机安装、拆卸作业应配备持有安全生产考核合格证书的项目负责人和安全负责人、机械管理人员；起重机械安装拆卸工、起重司机、起重信号工、司索工等特种作业操作人员及司机、指挥等应具有建筑施工特种作业操作资格证书。项目监理机构应抽查作业人员的特种作业资格证是否合法有效。

5. 督促施工单位在塔式起重机作业前应按规定进行例行检查，并填写检查记录。项目监理机构应检查施工单位对塔机作业前的检查记录，并在塔式起重机作业时进行巡视检查。

6. 实行多班作业，应按规定填写交接班记录，项目监理机构应随时抽查交接班记录。

7. 塔式起重机使用时，起重臂和吊物下方严禁有人员停留；物件调运时，严禁从人员上方通过。

（七）附着的安全检查

1. 当塔式起重机高度超过产品说明书规定时，应检查其是否安装附着装置。附着装置安装应符合产品说明书及规范要求。当塔式起重机附着的布置不符合说明书规定时，应对附着进行设计计算，设计计算要适应现场实际条件，并经过审批程序，以确保安全。

2. 当附着装置的水平距离不能满足产品说明书要求时，应进行设计计算、绘制制作图和编写相关说明和审批。

3. 安装内爬式塔式起重机的建筑承载结构应进行承载力验算。

4. 督促施工单位检查塔式起重机附着前、后塔身垂直度，附着前、后塔身垂直度应符合规范要求。

在空载、风速不大于3m/s状态下，独立状态塔身轴心线（或附着状态下最高附着点以上塔身）对支承面的垂直度≤0.4%；附着状态下最高附着点以下塔身轴心线对支承面的垂直度≤0.2%。

（八）基础与轨道的安全检查

1. 督促检查塔式起重机基础。塔式起重机基础及其地基承载力应按产品说明书及有关规定进行设计、检测和验收。

（1）塔式起重机基础应高于地平面50mm，防止基础积水。如场地限制，可设立集水坑，且不应小于1m³。

（2）基础水平应符合施工要求1/1000。

（3）行走式塔式起重机的轨道及基础应按使用说明书的要求进行设置，且应符合现行国家标准《塔式起重机安全规程》GB 5144 及《塔式起重机》GB/T 5031 的规定。

（4）内爬式塔式起重机的基础、锚固、爬升支承结构等应根据使用说明书提供的荷载进行设计计算，并应对内爬式塔式起重机的建筑承载结构进行验算。

2. 基础应设置排水措施，路基两侧或中间应设排水沟，保证路基无积水。

3. 检查路基箱或枕木铺设是否符合产品说明书及规范要求。

4. 检查塔机轨道铺设是否符合产品说明书及相关规范要求。

（1）轨道应通过垫块与轨枕可靠低连接，每间隔6m应设一个轨距拉杆。钢轨接头处应有轨枕支承，不应悬空，在使用过程中轨道不应移动。

（2）轨距允许误差不大于公称值的1/1000，其绝对值不大于6mm。

（3）钢轨接头间隙不大于4mm，与另一侧钢轨接头的错开距离不小于1.5m，接头处两轨顶高度差不大于2mm。

（4）塔机安装后，轨道顶面纵、横方向上的倾斜度，对于上回转塔机应不大于3/1000；对于下回转塔机应不大于5/1000。在轨道全程中，轨道顶面任意两点的高度差应小于100mm。

（5）轨道行程两端的轨顶高度宜不低于其余部位中最高点的轨顶高度。基础中的地脚螺栓等预埋件应符合使用说明书的要求。

（九）结构设施的安全检查

1. 检查塔机主要结构构件的变形、锈蚀是否在规范允许范围内。

2. 检查平台、走道、梯子、护栏的设置是否符合规范要求。

（1）在操作、维修处应设置平台、走道、踢脚板和栏杆。

（2）离地面 2m 以上的平台和走道应用金属材料制作，并具有防滑性能。平台和走道的宽度不应小于 500mm。局部有妨碍处可降为 400mm；平台和走道应设置高度不低于 1m 的栏杆，在栏杆一半高度处应设置横杆，边缘应设置不小于 100mm 高的踢脚板。

（3）除快装式塔机外，当梯子高度超过 10m 时应设置休息小平台，第一个休息小平台设置在不超过 12.5m 的高度处，以后每隔 10m 内设置一个。

（4）附着的操作平台应采用钢管搭设，涂刷红白警示漆，尺寸为 400mm×400mm，高度 1200mm；平台满挂绿色密目安全网，满铺脚手板。

3. 督促检查高强度螺栓、销轴、紧固件的紧固、连接是否符合规范要求。

高强度螺栓只有在扭力达到规定值时才能确保不松脱，高强度螺栓应使用力矩扳手或专用工具紧固。实际使用中严禁连接件、防松防脱件代用。连接件、防松防脱件被代用后，会失去固有的连接、防松、防脱作用，可能会造成结构松脱、散架，发生安全事故。连接件、防松防脱件应使用力矩扳手或专用工具紧固连接螺栓。

（十）电气安全的检查

1. 塔式起重机应采用 TN-S 接零保护系统供电。

2. 检查塔式起重机与架空线路的安全距离或防护措施是否符合规范要求。

塔式起重机与架空线路的安全距离是指塔式起重机的任何部位与架空线路边线的最小距离见表 4-6。当安全距离小于下表规定时必须按规定采取有效的防护措施。

塔式起重机与架空线路边线的安全距离　　　　　　　　　表 4-6

安全距离（m）	电压（kV）				
	<1	1~15	20~40	60~110	220
沿垂直方向	1.5	3.0	4.0	5.0	6.0
沿水平方向	1.0	1.5	2.0	4.0	6.0

3. 检查塔式起重机安装的避雷接地装置是否符合规范要求。

为避免雷击，塔式起重机的主体结构应安装防雷接地装置，其接地电阻应不大于 4Ω；采取多处重复接地时，其接地电阻应不大于 10Ω，零线不允许接机身。

接地装置的选择和安装应符合有关规范要求。主电路和控制电路的对地绝缘电阻不应小于 $0.5M\Omega$。

4. 检查电缆的使用及固定是否符合规范要求，电缆、电线的绝缘应良好。

六、施工机具安全检查要点

项目监理机构应督促施工单位按照现行国家标准《建筑机械使用安全技术规程》JGJ 33 和《施工现场机械设备检查技术规范》JGJ 160 的规定，对施工机具进行安全检查，并应对施工单位施工机具的安全自查情况进行抽查。

施工机具的检查项目应包括：平刨、圆盘锯、手持电动工具、钢筋机械、电焊机、搅拌机、气瓶、翻斗车、潜水泵、振捣器、桩工机械。

（一）平刨的安全检查

1. 督促施工单位在平刨安装完毕应按规定履行验收程序，并应经责任人签字确认。应督促施工单位对平刨的安全装置、作业棚及保护零线的设置进行检查。必要时项目监理机构进行抽查。

2. 检查平刨是否设置护手及防护罩等安全装置。平刨应设置护手，明露的转动轴、轮及皮带等传动部位应安装防护罩，防止人身伤害事故。安全护手装置应能在操作人员刨料发生意外时，不会造成手部伤害事故。

3. 检查平刨的保护零线是否单独设置，并应安装漏电保护装置。无人操作时应切断电源。

4. 平刨应按规定设置作业棚，并应具有防雨、防晒等功能。

5. 不得使用同台电机驱动多种刀具、钻具的多功能木工机具，由于该机具运转时，多种刀具、钻具同时旋转，极易造成人身伤害事故。严禁使用平刨和圆盘锯合用一台电机的多功能木工机具。

（二）圆盘锯的安全检查

圆盘锯的安全装置主要有分料器、防护挡板、防护罩等。

1. 督促施工单位在圆盘锯安装完毕应按规定履行验收程序，并应经责任人签字确认。圆盘锯应为合格产品，严禁使用自制、拼装的圆盘锯。圆盘锯的铭牌、控制按钮、防护罩、分料器、挡板等安全附件齐全，传动部件性能良好。

2. 检查圆盘锯是否设置防护罩、分料器、防护挡板等安全装置。传动部位应有防护罩；分料器应能具有避免木料夹锯的功能；锯片上方必须安装保险挡板装置，防护挡板应能具有防止木料向外倒退的功能。

3. 检查保护零线是否单独设置，是否安装漏电保护装置。

4. 圆盘锯应按规定设置作业棚，作业棚应具有防雨、防晒等功能。

5. 不得使用同台电机驱动多种刀具、钻具的多功能木工机具。

（三）手持电动工具的安全检查

1. 检查Ⅰ类手持电动工具是否单独设置保护零线，并应安装漏电保护装置。

Ⅰ类手持电动工具为金属外壳，其金属外壳与 PE 线的连接点不得少于 2 处；并按规定必须作保护接零，同时安装漏电保护器。

2. 使用Ⅰ类手持电动工具的作业人员应按规定戴绝缘手套、穿绝缘鞋。

在潮湿场所或金属构架上操作时，不许选用Ⅱ类手持式电动工具或由安全隔离变压器供电的Ⅲ类手持式电动工具，并装有防溅的漏电保护器。严禁使用Ⅰ类手持式电动工具。

3. 手持电动工具的电源线应保持出厂时的状态，不得接长使用，必要时应使用移动配电箱。

（四）钢筋加工机械的安全检查

钢筋加工机械包括：钢筋调直机、钢筋切断机、钢筋弯曲机、砂轮切割机等。

1. 督促施工单位在钢筋机械安装完毕应按规定履行验收程序，并应经责任人签字确认。各类钢筋机械安装后应经过试运行合格后方可验收。安装现场应靠近钢筋堆料场，道路畅通、地面硬化、无积水、电源可靠，照明充足；应按照钢筋加工工艺流程合理布置，形成生产流水线。

2. 检查钢筋加工机械的保护零线是否单独设置，是否安装漏电保护装置。

3. 钢筋机械安装位置应在室内，钢筋加工区应按规定搭设作业棚，作业棚应具有防雨、防晒等功能，并应达到标准化。

4. 检查焊机作业区是否设置防火花飞溅的隔离设施。焊机作业区应设置防止火花飞溅的挡板等隔离设施。

5. 检查钢筋冷拉作业区是否按规定设置防护栏。冷拉作业应设置防护栏，将冷拉区与操作区进行隔离。

6. 检查机械传动部位是否按规定设置防护罩。

（五）电焊机的安全检查

1. 督促施工单位在电焊机安装完毕应按规定履行验收程序，并应经责任人签字确认。

2. 检查电焊机的保护零线是否单独设置，是否安装漏电保护装置。

3. 检查电焊机是否设置二次空载降压保护装置。电焊机除应做保护接零、安装漏电保护器外，还应设置二次空载降压保护装置，防止触电事故发生。

4. 电焊机一次线长度不得超过 5m，并应穿管保护，电焊机柜距开关箱距离不得大于 3m。

5. 二次线应采用防水橡皮护套铜芯软电缆，电缆长度不应大于 30m，二次线接头不得超过 3 个，二次线应双线到位，严禁使用其他导线代替。

6. 电焊机应设置防雨罩，接线柱应设置防护罩。

（六）搅拌机的安全检查

1. 搅拌机安装完毕应督促施工单位按规定履行验收程序，并应经责任人签字确认后方可投入使用。

2. 检查搅拌机的保护零线是否单独设置，是否安装漏电保护装置。控制箱内电气零件齐全，导线排列整齐、有序，接线正确，控制灵敏。

3. 搅拌机离合器、制动器，离合器、制动器运转时不能有异响，离合器、制动器应灵敏有效，料斗钢丝绳的磨损、锈蚀、变形量应在规定允许范围内。

4. 检查料斗是否设置安全挂钩或止挡装置，在维修或运输过程中必须用安全挂钩或止挡将料斗固定牢固，传动部位应设置防护罩。

5. 搅拌机应按规定设置作业棚。作业棚应具有防雨、防晒等功能。

（七）气瓶的安全检查

项目监理机构应督促施工单位对气瓶的隔离防护措施及作业安全进行检查：

1. 检查气瓶是否安装减压器。减压器是气瓶重要安全装置之一，气瓶使用时必须安装减压器，乙炔瓶应安装回火防止器，并应灵敏可靠。

2. 检查作业时气瓶的安全距离。气瓶间安全距离不应小于 5m，与明火安全距离不应小于 10m，不能满足安全距离要求时，应采取可靠的隔离防护措施。

3. 气瓶应设置防振圈、防护帽，并应按规定存放。

（八）翻斗车的安全检查

1. 督促检查施工单位翻斗车制动、转向装置。翻斗车行驶前应检查制动器及转向装置确保灵敏可靠。

2. 翻斗车司机应经专门培训并持证上岗，为保证行驶安全，行车时车斗内不得载人。

（九）潜水泵的安全检查

1. 检查潜水泵的保护零线是否单独设置，是否安装漏电保护装置。水泵的外壳必须作保护接零，开关箱中应安装动作电流不大于 15mA、动作时间小于 0.1s 的漏电保护器，负荷线应采用专用防水橡皮软线，不得有接头。

2. 负荷线应采用专用防水橡皮电缆，不得有接头。

（十）振捣器的安全检查

1. 振捣器作业时应使用移动配电箱，电缆线长度不应超过 30m；其外壳应做保护接零，并应安装动作电流不大于 15mA、动作时间小于 0.1s 的漏电保护器。

2. 保护零线应单独设置，并应安装漏电保护装置。

3. 振捣器作业时，操作人员应按规定戴绝缘手套、穿绝缘鞋。

（十一）桩工机械的安全检查

1. 督促施工单位在桩工机械安装完毕应按规定进行验收，并应经责任人签字确认。

2. 桩工机械作业前，施工单位应根据现场实际编制的专项施工方案对作业人员进行安全技术交底。项目监理机构应检查安全技术交底记录。

3. 检查桩工机械是否按规定安装行程限位等安全装置，并应灵敏可靠。

4. 机械作业区域地面承载力应符合机械说明书要求，必要时应采取措施提高承载力。

5. 机械与输电线路安全距离应符合现行行业标准《施工现场临时用电安全技术规范》JGJ 46 的规定。

第七节　起重吊装工程的安全检查

随着装配式建筑的大力推广，起重吊装作业在建设工程施工中的作用越来越重要。在建设项目施工中，起重吊装作业内容多样，环境复杂，使用的机械机具种类众多，且作业往往不局限于某个分部分项工程。由于起重吊装工程的管理具有特殊性，特别是起重吊装工程由分包单位完成或起重机械及操作人员由租赁单位提供时，施工单位对起重吊装作业的安全生产管理工作往往会出现疏漏。因此，起重吊装工程安全风险较大。项目监理机构应督促施工单位加强对起重吊装作业的安全检查，并且要加强对起重吊装工程的安全巡视检查。

一、起重吊装工程的主要安全风险

起重吊装作业是建筑施工中危险性大、专业性强的一项工程。具有作业环境条件多变、施工作业范围广、活动空间大，起重的重物品种类型多且重量不一，施工难度大、人员登高作业等特点。起重吊装工程具有较高的安全风险，主要表现在以下方面：

1. 作业人员

起重机司机无证操作或操作证与操作机型不符；未设置专职信号指挥人员，信号工、司索工无特种作业操作证书。违章指挥、违章操作可能导致起重伤害、起重机倾覆、物体打击、高处坠落、触电等事故发生。

2. 作业环境

起重机行走作业处地面承载力不符合说明书要求，未采取有效加固措施；塔吊基础地基承载力不足；起重机与架空线路之间不具有安全距离等，可能导致吊机倾覆、物体打击或触电事故发生。

3. 起重机械设备

起重机械带病运行；未安装荷载限制装置或不灵敏；未安装行程限位装置或不灵敏；起重扒杆组装不符合要求；起重扒杆的缆风绳、地锚设置不符合要求；起重扒杆组装后未履行验收程序或验收表无责任人签字等，可能导致起重伤害、吊机倾覆等事故发生。

4. 钢丝绳

钢丝绳磨损、断丝、变形、锈蚀达到报废标准继续使用；钢丝绳规格不符合起重机说明书要求；吊钩、卷筒、滑轮磨损达到报废标准继续使用；吊钩、卷筒、滑轮未安装钢丝绳防脱装置等，可能导致起重伤害事故。

5. 索具

索具采用编结连接时，编结部分的长度不符合规范要求；索具采用绳夹连接时，绳夹的规格、数量及绳夹间距不符合规范要求；吊索规格不匹配或机械性能不符合要求等，可能导致起重伤害和物体打击事故发生。

6. 起重吊装

吊索系挂点未经验算或未按计算确定的系挂点系挂吊索；起重机吊具载运人员；吊运易散落物件不使用吊笼；起重机作业时起重臂下有人停留或吊运重物从人的正上方通过；多台起重机同时起吊一个物件时，单台起重机所承受的荷载超过规定等可能造成起重伤害、吊机倾覆、物体打击、高处坠落等事故。

7. 构件码放

构件码放荷载超过作业面承载能力；构件码放高度超过规定要求；大型构件码放无稳定措施等，可能导致坍塌、倾覆、物体打击等事故发生。

8. 高处作业

未按规定设置高处作业平台或高处作业平台设置不符合规范要求；未按规定设置爬梯或爬梯强度、构造不符合规范要求；未按规定设置安全带悬挂点；高处作业人员未按规定采取防护措施等，可能导致高处坠落、物体打击等事故发生。

9. 警戒监护

未按规定设置作业警戒区；警戒区未安排专人监护等，可能导致高处坠落、物体打击事故发生。

二、起重吊装工程的安全检查项目及基本要求

1.《建筑施工安全检查标准》JGJ 59—2011规定，施工单位对起重吊装工程的安全检查保证项目包括：施工方案、起重机械、钢丝绳与地锚、索具、作业环境和作业人员；一般项目包括：起重吊装、高处作业、构件码放和警戒监护。

2. 督促施工单位对起重吊装工程应定期进行检查并及时填写检查记录。对检查中发现的事故隐患应下达隐患整改通知单，定人、定时间、定措施进行整改。项目监理机构应对起重吊装作业进行巡查。

3. 在起重吊装作业过程中，项目监理机构应督促施工单位按照专项施工方案要求进行现场监管；属于危大工程的，项目专职安全生产管理人员应当对专项施工方案实施情况进行现场监督；对未按照专项施工方案施工的，应当要求及时组织限期整改。项目监理机构应对照专项施工方案对属于危大工程的吊装作业进行专项巡视检查。

4. 督促施工单位对属于危大工程的起重吊装施工作业人员进行登记，项目负责人应当在施工现场履职。应当按照规定对危大工程进行施工监测和安全巡视，发现危及人身安全的紧急情况，应当立即组织作业人员撤离危险区域。

5. 起重吊装作业前，检查施工单位是否按规定完成起重机械机具、作业人员和作业环境的安全检查，不符合安全要求的不得开始作业。

6. 起重吊装工程作业前，施工单位项目技术负责人或方案编制人员应对相关管理人员、施工作业人员进行书面安全技术交底，并应由交底人、被交底人、专职安全员进行签字确认。项目监理机构应检查施工单位的安全技术交底记录。

三、起重吊装的安全检查要点

项目监理机构应督促施工单位按照现行国家标准《起重机械安全规程》GB 6067 的规定，按照《建筑施工安全检查标准》JGJ 59 规定的检查项目，并结合起重吊装专项施工方案，对起重吊装作业进行安全检查。项目监理机构应对施工单位的安全自查情况进行抽查。

针对起重吊装作业，项目监理机构应督促施工单位检查以下内容：

（一）施工方案的检查

1. 项目监理机构应在起重吊装作业前，检查施工单位是否结合施工实际，编制了起重吊装作业的专项施工方案；检查施工方案是否按规定经施工单位内部审核、审批，并由技术负责人签字，是否经总监理工程师签字确认。

2. 对超过一定规模的起重吊装作业，项目监理机构应督促施工单位组织专家对专项施工方案进行论证。专家论证前专项施工方案应当通过施工单位审核和总监理工程师审查。

以下起重吊装作业除应编制专项施工方案外，还应组织专家论证：

（1）采用非常规起重设备、方法，且单件起重量超过 100kN 及以上起重吊装工程。

（2）起重量 300kN 及以上，或搭设总高度 200m 及以上，或搭设基础标高在 200m 及以上的起重机械安装和拆卸工程。

（二）起重机械的安全检查

1. 督促施工单位检查起重机械是否按规定安装荷载限制器及行程限位装置。荷载限制器、行程限位装置应灵敏可靠。

（1）荷载限制器：当荷载达到额定起重量的 95％时，限制器宜发出警报；当荷载达到额定起重量的 100％～110％时，限制器应切断起升动力主电路。

（2）行程限位装置：当吊钩、起重小车、起重臂等运行至限定位置时，触发限位开关制停。安全越程应符合现行国家标准《起重机械安全规程》GB 6067 的规定。

2. 检查拔杆式起重机的组装。拔杆式起重机的制作安装应符合设计要求。

（1）拔杆式起重机应进行专门设计和制作，经严格测试、试运转和技术鉴定合格后，方可投入使用。

（2）安装时的地基、基础、缆风绳和地锚等设施，应经计算确定。

3. 起重拔杆按设计要求组装后，应按程序及设计要求进行验收，验收应有文字记录，并应由责任人签字确认。项目监理机构应检查施工单位的验收记录。

（三）钢丝绳与地锚的安全检查

起重吊装机械钢丝绳的使用、维护、检验、破断拉力值和报废等应符合现行国家标准《重要用途钢丝绳》GB 8918、《钢丝绳通用技术条件》GB/T 20118 和《起重机 钢丝绳保养、维护、检验和报废》GB/T 5972 中的相关规定。项目监理机构应督促施工单位做好检查工作，并对施工单位的安全检查情况进行抽查。

1. 钢丝绳磨损、断丝、变形、锈蚀应在规范允许范围内。

2. 钢丝绳规格应符合起重机产品说明书要求。

3. 吊钩、卷筒、滑轮磨损应在规范允许范围内。

4. 吊钩、卷筒、滑轮应安装钢丝绳防脱装置。

5. 督促施工单位检查起重拔杆的缆风绳、地锚的设置是否符合设计要求。

（1）拔杆式起重机的缆风绳和地锚等设施应经计算确定，缆风绳与地面的夹角应在30°～45°之间。缆风绳不得与供电线路接触，在靠近电线处，应装设有绝缘材料制作的护线架。

（2）在整个吊装过程中，监督施工单位派专人看守地锚。每进行一段工作或大雨后，监督施工单位应对拔杆、缆风绳、索具、地锚和卷扬机等进行详细检查，发现有摆动、损坏等情况时，应立即处理解决。

（四）索具的安全检查

1. 检查绳索的编结连接。当采用编结连接时，编结长度不应小于15倍的绳径，且不应小于300mm。

2. 当钢丝绳采用绳夹连接时，绳夹规格应与钢丝绳相匹配，绳夹安装、数量、间距、配件应符合规范要求。

起重吊装机械的索具采用编结或绳夹连接时，连接紧固方式应符合现行国家标准《起重机械安全规程》GB 6067 的规定。

3. 索具安全系数应符合规范要求。

当利用吊索上的吊钩、卡环钩挂重物上的起重吊环时，吊索的安全系数不应小于6；当用吊索直接捆绑重物，且吊索与重物棱角间已采取妥善的保护措施时，吊索的安全系数应取6～8；当起吊重大或精密的重物时，除应采取妥善的保护措施外，吊索的安全系数应取10。

4. 吊索规格应互相匹配，机械性能应符合设计要求。

（五）作业环境的安全检查

1. 检查起重机行走作业处地面承载能力是否符合产品说明书的要求。当现场地面承载能力不满足规定时，可采用铺设路基箱等方式提高承载力。

2. 检查起重机与架空线路的安全距离。

起重机靠近架空输电线路作业或在架空输电线路下行走时，与架空线路的安全距离应符合国家现行标准《施工现场临时用电安全技术规范》JGJ 46 和其他相关标准的规定。

（六）作业人员的安全检查

项目监理机构应督促施工单位做好作业人员的管控工作，并对作业人员持证上岗情况及安全技术交底情况进行抽查。

1. 项目监理机构检查起重机操作人员的操作证书，操作证应与操作机型相符。

按照规范规定，起重机操作人员、起重信号工、司索工等应经建设主管部门考核合格，并取得建筑施工特种作业人员操作资格证书方可上岗作业。严禁非起重机驾驶人员驾驶、操作起重机。

2. 起重机作业应设专职信号指挥和司索人员，一人不得同时兼顾信号指挥和司索作业。

3. 督促施工单位在起重吊装作业前，应按规定进行安全技术措施交底，并应有交底记录。项目监理机构应检查施工单位的安全技术交底记录。

（七）起重吊装的安全检查

1. 当多台起重机同时起吊一个构件时，督促检查单台起重机所承受的荷载是否符合专项施工方案要求。宜选用同类型或性能相近的起重机，负载分配应合理，单机载荷不得超过额定起重量的 80%。

2. 督促检查吊索系挂点是否符合专项施工方案要求。

为保证吊物平稳，吊点应选择在吊物重心位置附近，可采用低位试吊法找准物件的重心。

（1）套环应符合现行国家标准《钢丝绳用普通套环》GB/T 5974.1 和《钢丝绳用重型套环》GB/T 5974.2 的规定。

（2）吊钩应有制造厂的合格证明书，表面应光滑，不得有裂纹、刻痕、剥裂、锐角等现象。吊钩每层使用前应检查一次，不合格者应停止使用。

（3）活动卡环在绑扎时，起吊后销子的尾部应朝下，吊索在手里后应压紧销子，其容许荷载应按出厂说明书采用。

3. 起重机作业时，任何人不应停留在起重臂下方，被吊物不应从人的正上方通过；所有人员不得站在吊物下方，并应保持一定的安全距离。

4. 严禁在吊起的构件上行走或站立，起重机不应采用吊具载运人员，不得在构件上堆放或悬挂零星物件。

5. 当吊运易散落物件时，监督施工单位使用专用吊笼。

（八）高处作业的安全检查

1. 督促施工单位检查起重吊装作业是否按照规定设置高处作业平台。

高处作业必须按规定设置作业平台，作业平台防护栏杆不应少于两道，其高度和强度应符合规范要求。

2. 按照规范要求检查高处平台强度、护栏高度。

高空用的吊篮和临时工作台应固定牢靠，并应设不低于 1.2m 的防护栏杆。吊篮和工作台的脚手板应铺平绑牢，严禁出现探头板。

3. 检查爬梯的强度、构造。登高梯子强度、构造是否符合规范要求。

4. 检查安全带悬挂点，应设置可靠的安全带悬挂点，并应高挂低用。

监督起重作业人员必须穿防滑鞋、戴安全帽、高处作业应佩挂安全带，安全带应悬挂在牢固的结构或专用固定构件上，并应高挂低用。

（九）构件码放的检查

1. 检查构件码放荷载是否在作业面承载能力允许范围内。

构件应按设计支承位置堆放平稳，底部应设置垫木。不规则的柱、梁、板，应专门分析确定支承和加垫方法。

2. 构件码放高度应在规定允许范围内。堆放高度梁、柱不宜超过 2 层；大型屋面板不宜超过 6 层。堆垛间应留 2m 宽的通道。

3. 大型构件码放应有保证稳定的措施。重心较高的构件应直立放置，除设支承垫木外，应在其两侧设置支撑使其稳定，支撑不得少于 2 道。

（十）警戒监护的安全性检查

1. 监督施工单位按规定设置作业警戒区。

2. 警戒区应设专人监护。

第八节　高处作业安全防护的检查

高处作业安全防护主要是指对施工现场对施工作业人员的人身安全防护，包括高处作业中的临边、洞口、攀登、悬空、操作平台、交叉作业及安全网搭设等。合格的安全防护用品和安全防护设施，对施工人员的人身安全起着非常重要的作用。

住建部《关于落实建设工程安全生产监理责任的若干意见》（建市〔2006〕248 号）中明确要求监理单位要检查施工现场安全防护措施是否符合强制性标准要求。

项目监理机构要履行对高处作业安全防护的巡视检查职责，应掌握与施工现场高处作业安全防护相关的技术规范、规程、标准的要求，熟悉施工单位编制的施工组织设计或专项施工方案中的相关内容。

一、高处作业安全防护存在的主要安全风险

1. 未正确佩戴或佩戴不合格安全帽导致的风险

安全帽是进入施工现场人员保护头部安全的防护用品，可以承受和分散高处落物的冲击力，也能保护和减轻由于高处坠落头部先着地面的撞击伤害。若未能正确佩戴或佩戴不合格安全帽，在受到外力伤害时会导致头部受伤而造成人员伤亡。

2. 未设置或设置的安全网不合格导致的风险

安全网是为了在施工过程中防止高处落物伤人和减少工程施工污染而采用的防护用品。若在外脚手架的外侧及需要搭设安全网的部位未搭设密目式安全网，或安全网破损、污染、掉落未及时进行修补或更换等，将会造成落物伤人及环境污染。

3. 未佩戴或佩戴不合格安全带导致的风险

安全带是施工人员在高空或悬空作业时必须佩戴的安全防护用品，若施工人员在高处或是悬空作业时，不佩戴安全带或不按规定系挂安全带，或佩戴的安全带为不合格产品，使用过程中安全扣脱落、腰带或吊带断裂等，可能会造成人员高处坠落的安全事故。

4. 未设置或未按规范设置临边防护造成的风险

在工程施工过程中，外墙维护结构、临边栏杆、屋面女儿墙等还未及时施工时，阳台

边、楼板边、屋面边等临边若不及时设置连续的临边防护设施，可能会导致施工人员临边坠落，临边落物伤人的情况。

5. 未设置或未按规范设置洞口防护造成的风险

因工程建设的特点，在施工过程中预留的洞口、楼梯口、电梯井口、坑口等孔洞，若不及时对这些孔洞口采取防护措施，在后续的施工作业中可能会导致人员坠落或落物伤人的情况，造成人员伤亡事故。

6. 未设置或未按规范设置通道口防护造成的风险

通道口是施工作业人员进出施工现场的通道，通道口的设置和防护直接关系到进出人员的生命安全。若通道口的防护不严密、不牢固，遇到高处落物冲击时造成防护受损，进而造成在防护棚内的人员伤亡。

7. 攀登作业风险

在施工过程中，因施工人员对一些施工部位需要借助临时楼梯（折梯）等辅助工具才能完成施工作业，临时楼梯的正确使用及楼梯制作质量也影响作业人员安全。若作业人员不能正确使用楼梯或使用质量不合格的楼梯，楼梯就可能在施工过程中出现倾覆、倒塌等情况，从而造成施工人员伤亡。

8. 悬空作业风险

在施工过程中的悬空作业必须设置防护栏杆或采取其他可靠的安全措施，操作人员也应系挂好安全带，并佩戴好工具袋。若施工中的悬空作业部位未设置可靠的安全防护设施，或操作人员未佩戴或未正确佩戴安全带，都有可能造成人员伤亡。

9. 移动式操作平台风险

在施工过程中的部分工序需要设置移动式操作平台才能完成，操作平台是否牢固、可靠，上下是否安全，平台四周是否设置安全防护设施等都十分重要。若移动式操作平台不牢固、无防护，可能会产生平台倾覆、垮塌的危险，造成人员伤亡。

10. 悬挑式物料钢平台风险

对施工过程中采用垂直运输材料到悬挑式物料钢平台上，再通过水平运输运至施工部位时，钢平台架体是否安全、可靠，材料是否合格，结构承载力是否满足要求等十分重要。若物料钢平台未经过结构设计计算，材料也未经检验合格等，则钢平台在使用过程中会存在巨大风险，一旦出现支撑断裂、钢丝绳断裂、钢平台垮塌等情况，后果不堪设想，人员伤亡无法避免。

二、高处作业安全防护检查项目及基本要求

1. 依据《建筑施工安全检查标准》JGJ 59 规定，对高处作业安全防护的安全检查的项目应包括：安全帽、安全网、安全带、临边防护、洞口防护、通道口防护、攀登作业、悬空作业、移动式操作平台、悬挑式物料钢平台等。

2. 项目监理机构应督促施工单位对高处作业安全防护必须检查的项目进行检查，项目监理机构按相关规定见证取样试验合格后方能施工作业。悬挑式物料钢平台还需通过施工单位组织的验收合格后才能使用。

3. 应要求施工单位按照施工组织设计或专项施工方案开展高处作业安全防护工作。高

处作业施工前，应督促施工单位对作业人员进行高处作业安全技术交底，并应作记录。督促施工单位对初次作业人员进行培训。项目监理机构应检查施工单位的安全技术交底记录。

4. 应督促施工单位将各类安全警示标志悬挂于施工现场各相应部位，夜间应设红灯警示。高处作业施工前，应检查高处作业的安全标志、工具、仪表、电气设施和设备，确认其完好后，方可进行施工。

5. 应督促施工单位对高处作业安全防护成果进行检查，并根据相关专业规范、施工组织设计或专项施工方案对施工单位的自查情况进行抽查。发现事故隐患应及时下达监理通知单要求施工单位定人、限时进行整改，并对整改结果进行复查。

三、高处作业安全防护的安全检查要点

项目监理机构应督促施工单位按照现行国家标准《安全网》GB 5725、《头部防护 安全帽》GB 2811、《安全带》GB 6095 和现行行业标准《建筑施工高处作业安全技术规范》JGJ 80 的规定，依据《建筑施工安全检查标准》JGJ 59 规定的检查项目，督促施工单位对安全防护用品的使用，安全防护设施的搭设、安装与使用过程进行检查，项目监理机构应对施工单位的安全检查情况进行抽查。主要检查以下内容：

（一）安全帽的检查

1. 检查进入施工现场的人员是否按规定正确佩戴安全帽，若施工现场入场门口有样板间，是否与样板标准进行比对。

2. 检查其佩戴的安全帽是否是符合规范要求的合格产品，产品合格的标志是：

（1）安全帽应具有产品合格证，并应具有永久标识和制造商提供的信息材料，永久标识位于产品主体内侧，并在产品整个生命周期内一直保持清晰可辨，应包括产品名称制造厂名、生产日期、分类标记及强制报废期限等。

（2）施工单位自查合格。施工单位应依据现行国家标准《头部防护 安全帽》GB 2811 的要求对安全帽的进行抽样检验，检验合格方允许使用。

（3）项目监理机构对安全帽进行了见证取样试验。

（二）安全网的检查

1. 检查在建工程外脚手架的外侧及其他需要搭设安全网的部位是否采用密目式安全网进行封闭。

2. 按照现行国家规范《安全网》GB 5725 的要求检查施工现场使用的安全网是否是合格产品，产品合格的标志是：

（1）安全网的材质、规格、物理性能、耐火性、阻燃性应符合现行国家标准的规定。

（2）施工单位自检合格。密目式安全立网使用前，施工单位应检查产品分类标记、产品合格证、网目数及网体重量，确认合格方可使用。

（3）密目式安全立网的网目密度应为 10cm×10cm 面积上大于或等于 2000 目。

3. 项目监理机构见证取样试验合格。

（三）安全带的检查

1. 检查进入施工现场的高处作业人员是否按规定佩戴了安全带，若施工现场入场门口有样板间，是否与样板标准进行了比对。

2. 检查作业人员佩戴的安全带及其零部件是否是符合现行国家规范要求的合格产品，产品合格的标志是：

（1）具有产品合格证。安全带及其零部件的材质、规格、技术性能等应符合现行国家标准《安全带》GB 6095 的规定。

（2）施工单位对安全带的抽样检验合格。

（3）项目监理机构对安全带见证取样试验合格。

3. 检查安全带的系挂是否符合规范要求。

（四）临边防护的安全检查

1. 检查作业面边沿是否设置连续的临边防护设施。

（1）坠落高度基准面 2m 及以上进行临边作业时，应在临空一侧设置防护栏杆，防护栏杆必须自上而下应采用密目式安全立网或工具式栏板封闭，在栏杆下边设置严密、固定的高度不低于 180mm 的挡脚板。

（2）施工的楼梯口、楼梯平台和梯段边，应安装防护栏杆；外设楼梯口、楼梯平台和梯段边还应采用密目式安全立网封闭。

（3）建筑物外围边沿处，对没有设置外脚手架的工程，应设置防护栏杆；对有外脚手架的工程，应采用密目式安全立网封闭。密目式安全立网应设置在脚手架外传立杆上，并与脚手杆件紧密连接。

（4）施工升降机、龙门架和井架物料提升机等在建筑物设置的停层平台两侧边，应设置防护栏杆、挡脚板，并应采用密目式安全立网或工具式栏板封闭。

2. 检查防护栏杆的规格及强度是否符合规范要求。

（1）临边作业防护栏杆由两道横杆、立杆及挡脚板组成，上杆距地面高度为 1.2m，下杆应在上杆和挡脚板中间设置；当栏杆高度大于 1.2m 时，需增设横杆，横杆间距不应大于 600mm；防护栏杆立杆间距不应大于 2m；挡脚板高度不应小于 180mm。

（2）栏杆的整体构造应使防护栏杆在上杆任何位置，能经受住任何方向的 1000N 外力。

3. 检查防护栏杆杆件的规格及连接固定方式。临边防护设施宜为定型化、工具式。

（1）当采用钢管作为防护栏杆杆件时，横杆及立杆应采用脚手钢管，并应采用扣件、焊接、定型套管等方式进行连接固定。

（2）当采用其他材料作为防护栏杆杆件时，应选用与钢管材质强度相当的材料，并应采用螺栓、销轴或焊接等方式进行连接固定。

（五）洞口防护的安全检查

1. 检查在建工程的预留洞口、楼梯口、电梯井口等孔洞是否采取防护措施。

（1）洞口作业时，应采取防坠落措施。当竖向洞口短边边长小于 500mm 时，应采取封堵措施；当垂直洞口短边边长大于或等于 500mm 时，应在临空一侧设置高度不小于 1.2m 的防护栏杆，并应采用密目式安全立网或工具式栏板封闭，设置脚手板。

（2）当非竖向洞口短边边长为 250～500mm 时，应采用承载力满足使用要求的盖板覆盖，盖板四周搁置应均衡，且应防止盖板移位。

（3）当非竖向洞口短边边长为 500～1500mm 时，应采用板覆盖或防护栏杆等措施，并应固定牢固。

（4）当非竖向洞口短边边长大于或等于 1500mm 时，应在洞口作业侧设置高度不应小于 1.2m 的防护栏杆，洞口应采用安全平网封闭。

（5）电梯井口应设置防护门，其高度不应小于 1.5m，防护门底端距地面高度不应大于 50mm，并应设置挡脚板。

2. 防护措施及设施应符合规范、施工组织设计或专项施工方案的要求。

3. 检查电梯井内每隔 2 层且不大于 10m 是否设置一道安全平网。

各类洞口、孔口的防护设施宜定型化、工具化，不允许由作业人员随意找材料盖上或挡上的临时做法，防止由于不严密、不牢固而存在事故隐患，造成人员伤亡事故。

（六）通道口防护的安全检查

1. 检查通道口防护。通道口防护应严密、牢固，通道口防护棚的搭设应符合规范、施工组织设计或专项施工方案的要求。

2. 防护棚两侧应采取封闭措施，可用密目网进行封闭。

3. 防护棚宽度应大于通道口宽度，长度应符合规范要求。

4. 当建筑高度超过 24m 时，通道口防护棚应采用双层防护。

5. 检查防护棚的材质是否符合规范要求。

（七）攀登作业的安全检查

1. 检查梯脚底部是否坚实，梯脚底部不得垫高使用。

2. 折梯使用时，检查折梯张开到工作位置的倾角是否符合现行国家标准规定，上部夹角宜为 35°～45°，并应有整体的金属撑杆或可靠的锁定装置。

3. 检查施工作业人员所使用的梯子的材质和制作质量是否是符合规范要求。

（1）便携式梯子宜采用金属材料或木材制作，并应符合现行国家标准的规定。

（2）固定式直梯应采用金属材料制成，并应符合现行国家标准的规定。梯子净宽应为 400～600mm，固定直梯的支撑应采用不小于∟ 79×6 的角钢，埋设与焊接应牢固。直梯顶端的踏步应与攀登顶面齐平，并加设 1.1～1.5m 高的扶手。

（八）悬空作业的安全检查

1. 检查施工人员悬空操作处是否设置了防护栏杆或采取了其他可靠的安全设施，悬空作业安全防护设施是否符合现行国家规范方案的要求。

施工人员悬空作业立足处的设置应牢靠，并应配置登高和防坠落装置和设施。严禁在未固定、无防护设施的构件及管道上进行作业或通行。

2. 检查悬空作业所使用的索具、吊具是否是经过验收合格的产品。

3. 巡视检查悬空作业人员是否正确系挂安全带、佩戴工具袋。

（九）移动式操作平台的安全检查

1. 检查移动式操作平台是否按规定进行设计计算。

2. 检查操作平台是否按规范要求或专项施工方案进行组装，若为购买的定型化产品，是否有合格证。

（1）移动式操作平台面积不宜大于 $10m^2$，高度不宜大于 5m，高宽比不应大于 2∶1，施工荷载 $1.5kN/m^2$。

（2）移动式操作平台行走轮承载力不应小于 5kN，制动力矩不应小于 2.5N·m；移动式操作平台架体应保持垂直。不得弯曲变形，制动器除在移动情况外，均应保持制动状态。

3. 巡视检查移动式操作平台轮子与平台连接是否牢固、可靠。

立柱底端距地面高度，立柱底端距地面高度不得大于 80mm，行走轮和导向轮应配有制动器或刹车闸等制动措施。

4. 检查操作平台四周是否按规范要求设置防护栏杆，操作平台铺板是否严密，是否设置登高扶梯。

5. 检查操作平台的材质是否满足设计和规范的要求。

（十）悬挑式物料钢平台的安全检查

1. 检查悬挑式物料钢平台的制作、安装是否按规范要求及专项施工方案实施。

（1）悬挑式操作平台的悬挑长度不宜大于 5m，均布荷载不应大于 $5.5kN/m^2$，集中荷载不应大于 15kN，悬挑梁应锚固固定。

（2）采用悬臂梁式的操作平台，应采用型钢制作悬挑梁或悬挑桁架，不得使用钢管，其节点应采用螺栓或焊接的刚性节点。

（3）悬挑式操作平台安装时，钢丝绳应采用专用的钢丝绳夹连接，钢丝绳夹数量应与钢丝绳直径匹配，且不得少于 4 个。建筑物锐角、利口周围系钢丝绳处应加衬软垫物。

2. 巡视检查悬挑式物料钢平台的下部支撑系统或上部拉锁点是否设置在建筑结构上。

3. 检查斜拉杆或钢丝绳应按规范要求在平台两侧各设置前后两道。

（1）采用斜拉方式的悬挑式操作平台，平台两侧的连接吊环应与前后两道斜拉钢丝绳连接，每一道钢丝绳应能承载该侧所有荷载。

（2）采用支承方式的悬挑式操作平台，应在钢平台下方设置不少于两道斜撑，斜撑的一端应支承在钢平台主结构钢梁下，另一端应支承在建筑物主体结构。

4. 检查钢平台两侧是否安装固定的防护栏杆并应设置防护挡板全封闭；检查是否在钢平台明显处设置荷载限定标牌。

5. 检查钢平台台面，钢平台与建筑结构间的铺板是否严密、牢固。

第九节　现场施工用电的安全检查

施工现场的作业活动离不开施工用电。工程设备、施工机具、现场照明、电气安装等都需要现场临时用电支持，施工现场"电通"成为工程开工的基本条件之一。同时，由于施工用电设备的大量使用，电容量大，工作环境不固定，露天作业、临时使用等特点，施工单位在电气线路的敷设、电器元件、电缆的选配及电路的设置等可能存在短期行为。在用电负荷增加，现场操作人员又缺乏用电安全知识情况下，出现触电事故的可能性也大大增加，由施工用电引发的触电事故也是施工现场的"五大伤害"之一。因此，加强现场施工临时用电管理，也是施工现场安全生产管理的监控重点之一。

一、施工临时用电的安全风险

施工临时用电的安全风险有以下方面：

1. 施工作业人员违反相关规定操作，电气设备安装不合格，安装质量低劣或采用不合格的电气材料，导致人员触电伤亡或电气火灾事故发生。

2. 施工现场私设电网，私拉乱接各种电气设备，用电设备使用不当造成人员伤害或施工设施损坏。

3. 由于电气设备制造不良或运行中出现故障，对临时用电的线路及设施保护不力，未定期对设备进行维护检修，造成设施损坏或人员触电伤亡。

4. 施工人员缺乏安全用电知识，非持证电工安装、操作电气设备，私拉乱接造成触电伤亡事故。

二、施工用电的安全检查项目及基本要求

1. 督促施工单位按照《建筑施工安全检查标准》JGJ 59 规定的检查项目对现场施工用电进行检查，对施工用电检查的保证项目应包括：外电防护、接地与接零保护系统、配电线路、配电箱与开关箱。一般项目应包括：配电室与配电装置、现场照明、用电档案。

2. 督促施工单位对相关管理人员、施工作业人员进行书面安全技术交底，并应由交底人、被交底人、专职安全员进行签字确认。项目监理机构应检查安全技术交底记录。

3. 督促施工单位项目负责人组织专职安全生产管理人员及相关专业人员对施工现场临时用电进行安全检查，及时填写检查记录；督促其对检查中发现的事故隐患应下达隐患整改通知单，定人、定时间、定措施进行整改。项目监理机构应对施工单位的检查情况进行抽查。

三、施工用电的安全检查要点

项目监理机构应督促施工单位按照现行国家现行标准《建设工程施工现场供用电安全规范》GB 50194 和《施工现场临时用电安全技术规范》JGJ 46 的规定，结合本工程的具体情况，要求施工单位编制施工临时用电专项施工方案，并按照规定对施工现场用电进行安全巡视检查。

针对现场临时用电，应督促施工单位检查以下内容：

（一）外电防护的安全检查

1. 检查外电线路与在建工程及脚手架、起重机械、场内机动车道的安全距离，安全距离应符合规范要求（表4-7、表4-8）。

在建工程（含脚手架）的周边与架空线路的边线之间的最小安全操作距离　　表 4-7

外电线路电压等级（kV）	<1	1～10	35～110	220	330～500
最小安全操作机具（m）	4.0	6.0	8.0	10	15

施工现场的机动车道与架空线路交叉时的最小垂直距离　　表 4-8

外电线路电压等级（kV）	<1	1～10	35
最小安全操作机具（m）	6.0	7.0	7.0

2. 当安全距离不符合规范要求时，必须采取绝缘隔离防护措施，并应悬挂明显的警

示标志。

3. 检查防护设施与外电线路的安全距离，安全距离应符合规范要求，并应坚固、稳定（表4-9）。

防护设施与外电线路之间的最小安全距离

表 4-9

外电线路电压等级（kV）	<10	35	110	220	330	500
最小安全操作机具（m）	1.7	2.0	2.5	4.0	5.0	6.0

4. 外电架空线路正下方不得进行施工、建造临时设施或堆放材料物品。

（二）接地与接零保护系统的安全检查

1. 检查施工现场专用的电源中性点直接接地的低压配电系统。

施工现场用电工程专用的电源中性点直接接地的220/380V线制低压配电系统中，应采用TN-S接零保护系统，严禁采用TN-C接零保护系统。

2. 施工现场配电系统不得同时采用两种保护系统。

当施工现场与外线电路共用同一供电系统时，电气设备的接地、接零保护应与原系统保持一致，不得一部分设备做接零保护，另一部分设备做保护接地。

3. 检查保护零线的连接。保护零线应由工作接地线、总配电箱电源侧零线或总漏电保护器电源零线处引出，电气设备的金属外壳必须与保护零线连接。

4. 检查保护零线是否单独敷设。线路上严禁装设开关或熔断器，严禁通过工作电流。

5. 保护零线应采用绝缘导线，规格和颜色标记应符合规范要求。

6. TN系统的保护零线应在总配电箱处、配电系统的中间处和末端处做重复接地。

7. 检查接地装置的接地线。接地装置的接地线应采用2根及以上导体，在不同点与接地体做电气连接。接地体应采用角钢、钢管或光面圆钢。

8. 工作接地电阻不得大于4Ω，重复接地电阻不得大于10Ω。

9. 督促施工单位检查施工现场起重机、物料提升机、施工升降机、脚手架的防雷措施。

现场施工机械及脚手架应按规范要求采取防雷措施，防雷装置的冲击接地电阻值不得大于30Ω，防雷接地体与供配电系统PE线的重复接地体必须分别设置。

10. 施工现场做防雷接地机械上的电气设备（塔吊、人货电梯等），保护零线必须同时做重复接地。

（三）配电线路的安全检查

1. 检查配电线路及接头，线路及接头应保证机械强度和绝缘强度。

2. 线路应设短路、过载保护，导线截面应满足线路负荷电流。

3. 线路的设施、材料及相序排列、档距、与邻近线路或固定物的距离应符合规范要求。

4. 检查电缆的敷设，电缆应采用架空或埋地敷设并应符合规范要求。

施工现场架空线路须设在专用电杆上，电线杆档距不得大于35m，特殊情况下可采用搭设井架并采用绝缘子固定，绑扎线必须采用绝缘线。严禁沿地面明设或沿脚手架、树木等敷设。

5. 电缆中必须包含全部工作芯线和用作保护零线的芯线，并应按规定接用。

6. 室内非埋地明敷主干线距地面高度不得小于 2.5m。

（四）配电箱与开关箱的安全检查

1. 检查施工现场配电系统是否采用三级配电、二级漏电保护系统，用电设备必须有各自专用的开关箱。

（1）配电系统应采用三级配电，是指在总配电箱下设分配电箱，分配电箱以下设开关箱，开关箱以下是用电设备，形成三级配电，配电层次清楚，便于管理及查找故障。

（2）二级漏电保护是指除在末级开关箱内加装漏电保护器外，还要在上一级分配电箱或总配电箱中再加装一级漏电保护器，形成二级漏电保护系统。

2. 检查配电箱箱体结构、箱内电器设置及使用，箱体结构、箱内电器设置是否符合规范要求。

（1）总配电箱（柜）箱体应采用室外防雨型，总配电箱的尺寸为 1200mm×2000mm×600mm，箱体钢板厚度 2mm，颜色为橘黄色，双开门，上部安装有三相电流指示表、电压指示表及相转换开关，电源指示灯，双面内设 8～10 个回路。柜内总路配置总隔离开关、透明总断路器（DZ20J630-800T），前面 4～5 个回路分别设置上为透明断路器（DZ20C-250T），下为透明漏电断路器（DZ20L-250T）；后面 4～5 个回路分别设置上为透明断路器（DZ20C160-200T），下为透明漏电断路器（DZ20L160-200T）。其中，漏电断路器为三极四线型产品，漏电动作电流为 100150mA，动作时间为 0.2s。

（2）二级分配电箱箱体应采用室外防雨型，分配电箱的尺寸为 1000（1200）×800（1000）mm，箱体钢板厚度 1.5mm，颜色为橘黄色，双开门，固定箱安装高度为箱体中心点距地面 1.4～1.6m。移动式分配电箱须用角钢或方钢做支架，高度为箱体中心点距地面 0.8～1.6m。箱内总路上配置透明断路器（DZ20C-250T），各分路上（6～8 个回路）分别设置透明分路断路器（DZ20Y40-100T），在箱内下端设置铜 PE 线（与箱体连接）、N 线（与箱体绝缘）接线排，铜排尺寸 30×2mm。

（3）三级开关箱采用室外防雨型，分配电箱的尺寸为 300（350）mm×400（500）mm，箱体钢板厚度 1.2mm，颜色为橘黄色。箱内配一个二级二线或三级三线或三级四线透明漏电断路器（DZ20L40-160T 或 DZ15L40-100T/290/390/490），漏电断路器漏电动作电流应小于 30mA，动作时间小于等于 0.1s。在箱内下端设置铜 PE 线（与箱体连接）、N 线（与箱体绝缘）接线排，铜排尺寸 20×1.5mm。

3. 配电箱必须分设工作零线端子板和保护零线端子板，保护零线、工作零线必须通过各自的端子板连接。

4. 检查总配电箱与开关箱是否安装漏电保护器，漏电保护器参数应匹配并灵敏可靠。

5. 箱体应设置系统接线图和分路标记，并应有门、锁及防雨措施。

6. 箱体安装位置、高度及周边通道应符合规范要求。

7. 分配箱与开关箱间的距离不应超过 30m，开关箱与用电设备间的距离不应超过 3m。

（五）配电室与配电装置的安全检查

1. 督促施工单位检查配电室的配置。

（1）配电室的建筑物和构筑物的耐火等级不应低于三级。

（2）配电室应配置适用于电气火灾的灭火器材：配电室内应设置消防砂箱一个、二氧化碳灭火器 2 具、消防铲 2 把、消防桶 2 个、绝缘手套、绝缘鞋、分别设置正常照明和单独配电的应急照明、室内地面满铺绝缘胶垫。

2. 按照规范要求检查配电室、配电装置的布设。

配电室的顶棚与地面的距离不低于 3m，配电室装置的上端距顶棚不小于 0.5m。

配电室装置的布设详图 4-4、图 4-5：

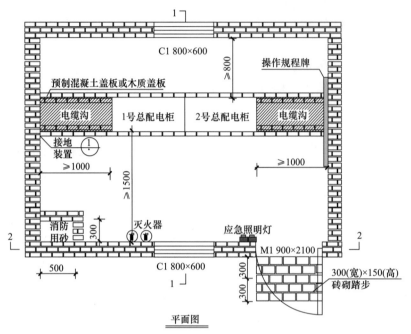

平面图

图 4-4　配电室平面图

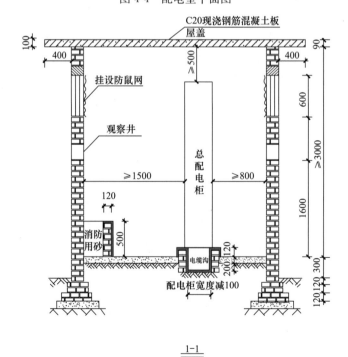

1-1

图 4-5　配电室剖面图

3. 配电装置中的仪表、电器元件设置应符合规范要求；配电柜内应装设电源隔离开关、过载、短路、漏电保护器。电源隔离开关分断时应有明显可见分断点。

4. 备用发电机组应与外电线路进行联锁，严禁并列运行。

5. 配电室应有自然通风的通风口和观察口，并应采取防止风雨和小动物侵入的措施。

6. 配电室应设置警示标志、工地供电平面图和系统图。

对配电箱、开关箱进行定期维修，配电柜或配电线路停电维修时，应悬挂"禁止合闸、有人工作"停电标志牌。停送电必须由专人负责。

（六）现场照明的安全检查

1. 督促检查施工现场照明用电。施工现场照明用电应与动力用电分设，动力开关箱与照明开关箱必须分箱设置。

2. 检查特殊场所和手持照明灯的供电，特殊场所和手持照明灯应采用安全电压供电。施工现场一般场所的照明供电可采用 220V 的电压，隧道、人防工程、高温、有导电灰尘、比较潮湿（如地下室、孔桩）或灯具离地面高度低于 2.5m 易触电的场所，以及在建楼房内供行人通行的楼梯通道，照明电压不应大于 36V。

3. 检查照明变压器是否采用双绕组安全隔离变压器。特殊场所的照明应安装双绕组型安全隔离变压器，提供 36V 及以下的电源电压，严禁使用自耦变压器。

4. 检查灯具金属外壳的接保护零线。灯具金属外壳必须做保护接零，220V 灯具室外不低于 3m，室内不低于 2.5m，其他金属卤化物灯应在 3m 以上。

5. 灯具与地面、易燃物间的距离应符合规范要求。

6. 检查照明线路和安全电压线路的架设，线路的架设应符合规范要求。

7. 按照规范要求检查施工现场配备的应急照明设备。

（七）对用电档案的检查

1. 总包单位与分包单位应签订临时用电管理协议，明确各方相关责任。项目监理机构应检查总包单位与分包单位的临时用电管理协议。

2. 施工现场应制定专项用电施工组织设计、外电防护专项方案。项目监理机构应检查施工现场是否编制专项用电施工组织设计、外电防护专项方案，是否按照规定进行审核、审批。

3. 专项用电施工组织设计、外电防护专项方案应履行审批程序，实施后应由相关部门组织验收。项目监理机构应督促施工单位组织对现场施工用电进行验收。

4. 用电各项记录应按规定填写，记录应真实有效。项目监理机构应对施工单位各项用电记录进行抽查。

5. 用电档案资料应齐全，并应设专人管理。

第十节　施工现场的消防安全检查

施工现场由于工程项目处于施工状态，消防设施诸如消火栓系统、自动喷水灭火系统、火灾自动报警系统还未投入使用，且施工现场内存有大量可燃施工材料及现场施工人员，在一定程度上增加了施工现场的火灾危险性。

一、施工现场的安全风险

1. 易燃、可燃材料多

施工现场存放可燃材料，如木材、油毡纸、沥青、汽油、松香水等，材料存放在条件较差的临建库房内，或露天堆放在施工现场。此外，现场可能还会遗留如废刨花、锯末、油毡纸头等易燃、可燃的施工尾料以及有毒有害材料，这些物质的存在，使施工现场具备了燃烧产生的必备条件——可燃物，可能导致火灾危险性的发生。

2. 临建设施多，防火标准低

施工现场临时搭设的作业棚、仓库、宿舍、办公室、厨房等临时用房，这些临时用房采用耐火性能较差的金属夹芯板房（俗称彩钢板房），甚至还会采用可燃材料搭设临时用房。同时，因为施工现场场地相对狭小，临时用房往往相互连接，不能满足防火间距要求，一旦起火很容易蔓延扩大。

3. 动火作业多

施工现场存在大量电气焊、防水、切割等动火作业，这些动火作业，使施工现场具备了燃烧产生的另一个必备条件——火源，一旦动火作业不慎，火星引燃施工现场的可燃物，极易引发火灾。另外，施工现场缺乏统筹管理或失管漏管，形成立体交叉动火作业，甚至出现违章动火作业，所带来的后果及造成的损失便会难以计量。

4. 临时电气线路多

随着现代化建筑技术的不断发展，采用以墙体、楼板为中心的构件生产工厂化和施工现场机械化作业，现场的电焊、对焊机以及大型机械设备增多，施工人员吃、住在现场，使施工场地的用电量增大，常常会造成过负荷用电。另外，一些施工现场用电系统未经过正规设计，甚至违反规定任意敷设电气线路，导致电气线路因接触不良、短路、超负荷、漏电、打火等引发火灾。

5. 施工临时员工多，流动性强，素质参差不齐

由于建筑施工的工艺特点，施工作业人员的分散、流动性，各工序之间往往相互交叉、流水作业，容易遗留火灾隐患。另外，施工人员的素质参差不齐，外来人员未经过岗前培训出入工地，乱动机械、乱丢烟头等现象时有发生，给施工现场安全管理带来不便，会因遗留的火种未被及时发现而酿成火灾。

6. 既有建筑进行扩建、改建火灾危险性大

既有建筑进行扩建、改建施工，因场地狭小，操作不便，有的建筑物隐蔽部位多，墙体、顶棚构造往往因缺乏图纸资料而存在先天隐患，如果用焊、用火、用电等管理不严，极易因火种落入房顶、夹壁、洞孔或通风管道的可燃保温材料中埋下火灾隐患。

7. 隔声、保温材料用量大

大型工程中保温、隔声及空调系统等工程使用保温材料的种类繁多，在隔声保温效果较好的聚氨酯泡沫材料成为影响较大的火灾事故元凶后，工程上转而采用耐火替代产品，如橡塑板、玻璃棉、岩棉、复合硅酸盐等材料，目前市场上最常用的橡塑保温材料，以丁腈橡胶、聚氯乙烯为主要原料，虽然具有一定耐火性，但是"难燃"终究难以避免在一定条件下的"可燃"。

8. 现场管理及施工过程受外部环境影响大

施工现场经常会因为抢工期、抢进度而进行冒险施工、违章施工，给施工现场的消防安全管理带来较大安全隐患；建设单位指定的分包单位不服从总承包单位管理，分包单位再层层分包，也给施工现场消防安全带来隐患。

二、施工现场的消防安全检查项目及基本要求

《建筑施工安全检查标准》JGJ 59 中，对施工现场消防安全的主要检查项目包含在"文明施工"项目下"现场防火"部分。项目监理机构应督促施工单位按照该标准中"现场防火"检查项目，结合现行国家规范《建设工程施工现场消防安全技术规范》GB 50720、《施工现场临时建筑物技术规范》JGJ/T 188 的相关规定，对施工现场消防安全进行检查。

项目监理机构应督促施工单位组织专职安全生产管理人员及相关专业人员对施工现场的消防安全定期进行检查，并及时填写检查记录，对检查中发现的事故隐患应下达隐患整改通知单，定人、定时间、定措施进行整改。项目监理机构应对施工单位的检查情况进行抽查。

三、施工现场的消防安全安全检查要点

项目监理机构应督促施工单位应按照现行国家现行标准的规定，结合本工程的具体情况，编制施工现场的消防安全方案，并按照规范的相关规定，对施工场地内的临时消防安全进行巡视检查。督促施工单位主要检查下列内容：

（一）现场消防安全总平面布置的安全检查

1. 检查施工现场总平面布置。

施工现场总平面布局应明确与现场防火、灭火及人员疏散密切相关的临建设施的具体位置，以满足现场防火、灭火及人员疏散的要求。

临时用房是指在施工现场建造的，为建设工程施工服务的各种非永久性建筑物，包括办公用房、宿舍、厨房操作间、食堂、锅炉房、发电机房、变配电房、库房等。

临时设施是指在施工现场建造的，为建设工程施工服务的各种非永久性设施，包括围墙、大门、临时道路、材料堆场及其加工场、固定动火作业场、作业棚、机具棚、贮水池及临时给排水、供电、供热管线等。

2. 检查临时用房、临时设施的布置，临时用房、临时设施的布置应满足现场防火、灭火及人员安全疏散的要求。

3. 施工现场出入口的设置应满足消防车通行的要求，并宜布置在不同方向，其数量不宜少于 2 个，当确有困难只能设置 1 个出入口时，应在施工现场内设置满足消防车通行的环形道路。

4. 施工现场临时办公、生活、生产、物料存贮等功能区宜相对独立布置。

5. 固定动火作业场应布置在可燃材料堆场及其加工场、易燃易爆危险品库房等全年最小频率风向的上风侧，并宜布置在临时办公用房、宿舍、可燃材料库房、在建工程等全

年最小频率风向的上风侧。

6. 易燃易爆危险品库房应远离明火作业区、人员密集区和建筑物相对集中区。

7. 可燃材料堆场及其加工场、易燃易爆危险品库房不应布置在架空电力线下。

（二）防火间距的安全检查

1. 检查临时用房、临时设施的防火间距是否符合规范的规定。

易燃易爆危险品库房与在建工程的防火间距不应小于 15m，可燃材料堆场及其加工场、固定动火作业场与在建工程的防火间距不应小于 10m，其他临时用房、临时设施与在建工程的防火间距不应小于 6m。

2. 施工现场主要临时用房、临时设施的防火间距不应小于规范的规定，当办公用房、宿舍成组布置时，其防火间距可适当减小，但应符合下列规定：

（1）每组临时用房的栋数不应超过 10 栋，组与组之间的防火间距不应小于 8m。

（2）组内临时用房之间的防火间距不应小于 3.5m，当建筑构件燃烧性能等级为 A 级时，其防火间距可减少到 3m。

（三）消防车道的安全检查

1. 检查施工现场内临时消防车道的设置，临时消防车道的设置应符合规范要求。临时消防车道与在建工程、临时用房、可燃材料堆场及其加工场的距离不宜小于 5m，且不宜大于 40m；施工现场周边道路满足消防车同行及灭火救援要求时，施工现场内可不设置临时消防车道。

2. 临时消防车道的设置应符合下列规定：

（1）临时消防车道宜为环形，设置环形车道确有困难时，应在消防车道尽端设置尺寸不小于 12m×12m 的回车场；

（2）临时消防车道的净宽度和净空高度均不应小于 4m；

（3）临时消防车道的右侧应设置消防车行进路线指示标识；

（4）临时消防车道路基、路面及其下部设施应能承受消防车通行压力及工作荷载。

3. 下列建筑应设置环形临时消防车道，设置环形临时消防车道确有困难时，除应按本规范规定设置回车场外，尚应按规范的规定设置临时消防救援场地：

（1）建筑高度大于 24m 的在建工程；

（2）建筑工程单体占地面积大于 3000m² 的在建工程；

（3）超过 10 栋，且成组布置的临时用房。

4. 检查时现场临时消防救援场地的设置，救援场地的设置应符合下列规定：

（1）临时消防救援场地应在在建工程装饰装修阶段设置；

（2）临时消防救援场地应设置在成组布置的临时用房场地的长边一侧及在建工程的长边一侧；

（3）临时救援场地宽度应满足消防车正常操作要求，且不应小于 6m，与在建工程外脚手架的净距不宜小于 2m，且不宜超过 6m。

（四）施工现场防火的安全检查

1. 督促施工单位建立健全施工现场消防安全管理制度、制定消防措施。项目监理机构应检查安全管理制度及措施。消防安全管理制度应包括下列主要内容：

（1）消防安全教育与培训制度；

（2）可燃及易燃易爆危险品管理制度；

（3）用火、用电、用气管理制度；

（4）消防安全检查制度；

（5）应急预案演练制度。

施工单位应编制施工现场防火技术方案，并应根据现场情况变化及时对其修改、完善。防火技术方案应包括下列主要内容：

（1）施工现场重大火灾危险源辨识；

（2）施工现场防火技术措施；

（3）临时消防设施、临时疏散设施配备；

（4）临时消防设施和消防警示标识布置图。

2. 督促施工单位按照防火设计要求对施工现场临时用房和作业场所进行检查。项目监理机构应进行巡查。

（1）宿舍、办公用房应符合下列规定：

1）建筑构件的燃烧性能等级应为 A 级。当采用金属夹芯板材时，其芯材的燃烧性能等级应为 A 级。建筑层数不应超过 3 层，每层建筑面积不应大于 300m^2；

2）层数为 3 层或每层建筑面积大于 200m^2 时，应设置至少 2 部疏散楼梯，房间疏散门至疏散楼梯的最大距离不应大于 25m。疏散楼梯的净宽度不应小于疏散走道的净宽度；

3）单面布置用房时，疏散走道的净宽度不应小于 1.0m；双面布置用房时，疏散走道的净宽度不应小于 1.5m；

4）宿舍房间的建筑面积不应大于 30m^2，其他房间的建筑面积不宜大于 100m^2。房间内任一点至最近疏散门的距离不应大于 15m，房门的净宽度不应小于 0.8m；房间建筑面积超过 50m^2 时，房门的净宽度不应小于 1.2m。隔墙应从楼地面基层隔断至顶板基层底面；

5）会议室、文化娱乐室等人员密集的房间应设置在临时用房的第一层，其疏散门应向疏散方向开启。宿舍、办公用房不应与厨房操作间、锅炉房、变配电房等组合建造。

（2）发电机房、变配电房、厨房操作间、锅炉房、可燃材料库房及易燃易爆危险品库房的防火设计应符合下列规定：

1）建筑构件的燃烧性能等级应为 A 级。层数应为 1 层，建筑面积不应大于 200m^2；

2）可燃材料库房单个房间的建筑面积不应超过 30m^2，易燃易爆危险品库房单个房间的建筑面积不应超过 20m^2；

3）房间内任一点至最近疏散门的距离不应大于 10m，房门的净宽度不应小于 0.8m。

（3）检查在建工程作业场所的临时疏散通道。临时疏散通道应采用不燃、难燃材料建造，并应与在建工程结构施工同步设置，也可利用在建工程施工完毕的水平结构、楼梯。

在建工程作业场所临时疏散通道的设置应符合下列规定：

1）设置在地面上的临时疏散通道，其净宽度不应小于 1.5m；利用在建工程施工完毕的水平结构、楼梯作临时疏散通道时，其净宽度不宜小于 1.0m；用于疏散的爬梯及设置在脚手架上的临时疏散通道，其净宽度不应小于 0.6m。耐火极限不应低于 0.5h；

2）临时疏散通道为坡道，且坡度大于 25°时，应修建楼梯或台阶踏步或设置防滑条。疏散通道侧面为临空面时，应沿临空面设置高度不小于 1.2m 的防护栏杆；

3）临时疏散通道不宜采用爬梯，确需采用时，应采取可靠固定措施；

4）临时疏散通道设置在脚手架上时，脚手架应采用不燃材料搭设；

5）临时疏散通道应设置明显的疏散指示标识及照明设施。

（4）对既有建筑进行扩建、改建施工进行检查。既有建筑进行改扩建施工必须明确划分施工区和非施工区。施工区不得营业、使用和居住；非施工区继续营业、使用和居住时，并应符合下列规定：

1）施工区和非施工区之间应采用不开设门、窗、洞口的耐火极限不低于3.0h的不燃烧体隔墙进行防火分隔；

2）非施工区内的消防设施应完好和有效，疏散通道应保持畅通，并应落实日常值班及消防安全管理制度；

3）施工区的消防安全应配有专人值守，发生火情应能立即处置；

4）施工单位应向居住和使用者进行消防宣传教育，告知建筑消防设施、疏散通道的位置及使用方法，同时应组织疏散演练。

（5）对外脚手架搭设进行检查。对外脚手架搭设不应影响安全疏散、消防车正常通行及灭火救援操作，外脚手架搭设长度不应超过该建筑物外立面周长的1/2。

外脚手架、支模架的架体宜采用不燃或难燃材料搭设，高层建筑、既有建筑改造工程的外脚手架、支模架的架体应采用不燃材料搭设。

（6）高层建筑外脚手架的安全防护网、既有建筑外墙改造时，其外脚手架的安全防护网、临时疏散通道的安全防护网应采用阻燃型安全防护网。

（7）检查作业场所是否设置明显的疏散指示标志。作业层的醒目位置应设置安全疏散示意图，其指示方向应指向最近的临时疏散通道入口。

（8）检查施工现场是否设置消防通道、消防水源，并应符合规范要求。

3.检查施工现场灭火器材，灭火器材应保证可靠有效，布局配置应符合规范要求。

（1）施工现场灭火器的类型应与配备场所可能发生的火灾类型相匹配。

（2）灭火器的最低配置标准应符合规范的规定。

（3）应在在建工程及临时用房的易燃易爆危险品存放及使用场所、动火作业场所、可燃材料存放、加工及使用场所以及厨房操作间、锅炉房、发电机房、变配电房、设备用房、办公用房、宿舍等临时用房及场所配置灭火器。

4.明火作业前，项目监理机构应督促施工单位履行动火审批手续，配备动火监护人员，并应检查施工单位的动火审批手续。施工现场用火应符合下列规定：

（1）动火作业应办理动火许可证；动火许可证的签发人收到动火申请后，应前往现场查验并确认动火作业的防火措施落实后，再签发动火许可证；

（2）焊接、切割、烘烤或加热等动火作业前，应对作业现场的可燃物进行清理；作业现场及其附近无法移走的可燃物应采用不燃材料对其覆盖或隔离；

（3）施工作业安排时，宜将动火作业安排在使用可燃建筑材料的施工作业前进行。确需在使用可燃建筑材料的施工作业之后进行动火作业时，应采取可靠的防火措施。裸露的可燃材料上严禁直接进行动火作业；

（4）焊接、切割、烘烤或加热等动火作业应配备灭火器材，并应设置动火监护人进行现场监护，每个动火作业点均应设置1个监护人。五级（含五级）以上风力时，应停止焊接、切割等室外动火作业；确需动火作业时，应采取可靠的挡风措施；

（5）动火作业后，应对现场进行检查，并应在确认无火灾危险后，动火操作人员再离开。动火操作人员应具有相应资格。项目监理机构应检查动火操作人员的资格证。

（五）施工现场其他防火管理的检查

1. 检查施工现场的重点防火部位或区域设置的防火警示标识。

2. 督促施工单位做好施工现场临时消防设施的日常维护工作，对已失效、损坏或丢失的消防设施应及时更换、修复或补充。

3. 临时消防车道、临时疏散通道、安全出口应保持畅通，不得遮挡、挪动疏散指示标识，不得挪用消防设施。

4. 督促施工单位在施工期间不应拆除临时消防设施及临时疏散设施。

5. 施工现场不应采用明火取暖，严禁吸烟。具有火灾、爆炸危险的场所严禁明火。

第五章　安全事故隐患的督促整改和安全事故处理

《建设工程安全生产管理条例》规定"工程监理单位在实施监理过程中，发现存在安全事故隐患的，应当要求施工单位整改；情况严重的，应当要求施工单位暂时停止施工，并及时报告建设单位。施工单位拒不整改或者不停止施工的，工程监理单位应当及时向有关主管部门报告"。项目监理机构在对施工现场的安全生产进行监理过程中，要及时发现事故隐患，并根据情况督促施工单位整改。若发生安全事故，要及时参与处理。

第一节　房屋市政工程施工安全生产形势

一、近年来房屋市政工程安全生产事故统计

根据住房和城乡建设部的通报，在房屋和市政工程领域，2015 年发生安全生产事故442 起，死亡 554 人；2016 年发生安全生产事故 634 起，死亡 735 人；2017 年发生安全生产事故 692 起，死亡 807 人；2018 年发生安全生产事故 734 起，死亡 840 人（图 5-1）。

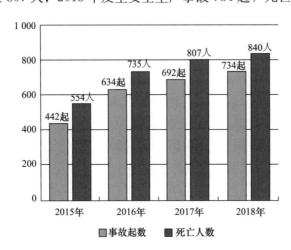

图 5-1　2015～2018 年房屋和市政工程领域安全生产事故统计

从事故分类来看，按发生事故的起数统计，2015～2018 年间，发生高空坠落事故1282 起，占事故总数的 51.3％；物体打击事故 357 起，占事故总数的 14.3％；起重伤害事故 215 起，占事故总数的 8.6％；坍塌事故 261 起，占事故总数的 10.4％；机械伤害事故 76 起，占事故总数的 3.0％；中毒、窒息、火灾、溺水等其他事故 311 起，占事故总数的 12.4％（图 5-2）。（由于各年度统计口径不完全一致，此汇总数据仅供参考）

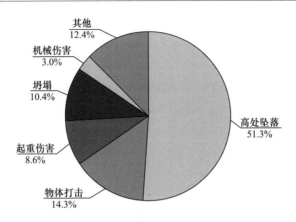

图 5-2 近年来房屋市政工程领域安全生产事故分类统计

上述统计说明，高处坠落、物体打击、坍塌、起重伤害和机械伤害是房屋市政工程安全生产事故的主要类型，其中高处坠落事故起数是最多的，超过了安全生产事故总数的 50％。

二、近年来房屋市政工程领域较大及以上安全生产事故统计

较大及以上安全生产事故，会造成一次死亡多人或严重经济损失，因此是政府主管部门监管的重点，也是施工单位防范的重点和工程监理单位监督的重点。根据住房和城乡建设部的通报，在房屋市政工程领域，2015 年发生较大事故 22 起，造成 85 人死亡，2016 年发生较大事故 27 起，造成 94 人死亡，2017 年发生较大事故 23 起，造成 90 人死亡，2018 年发生较大事故 21 起，重大事故 1 起，共造成 87 人死亡（图 5-3）。

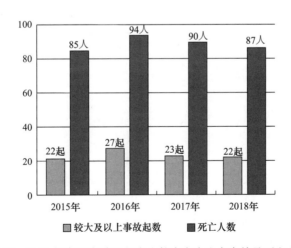

图 5-3 2015～2018 年房屋市政工程发生较大安全生产事故及死亡人数的统计

图 5-4 和图 5-5 是各类较大及以上事故发生起数占比和事故死亡人数占比（其中未包括 2018 年的数据，因当年行政主管部门的通报没有分类统计）。

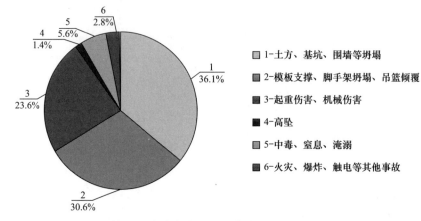

图 5-4 各类较大及以上事故发生起数占比

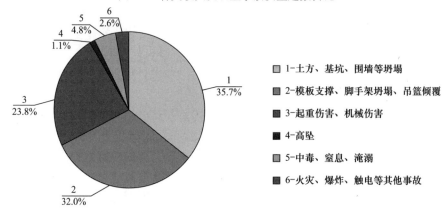

图 5-5 各类较大及以上事故死亡人数占比

上述数据说明，在发生一次死亡多人的较大及以上事故中，土方、基坑坍塌和脚手架、模板支撑体系坍塌无论从事故起数和死亡人数方面都占了大多数，起重伤害和机械伤害事故占比也相当大。

三、统计数据反映出的问题

（一）房屋市政工程领域，安全生产形势依然严峻

虽然各级建设行政主管部门高度重视安全生产，采取一系列措施，取得了一定的成效。比如房屋市政工程领域近年来未发生特别重大事故，重大事故也很少（仅 2018 年发生过 1 起），但较大事故发生起数和死亡人数均出现明显的增长势头。事故发生起数和死亡人数仍然很大，而且有逐年增加的趋势。

（二）安全生产教育不足，工人安全生产意识薄弱

在所有的事故类型中，高处坠落事故超过了 50%，固然说明当前房屋市政工程高处作业多，同样也说明了一线操作的工人安全意识薄弱，因为在所有类型的安全事故中，高处坠落的发生与事故受害者的安全意识、个人防护意识薄弱关联度最紧密。

（三）施工现场安全防护措施不到位

高处坠落事故多发，同样说明施工现场安全防护措施不到位。安全"三宝"未能发挥

作用，"四口""五临边"防护出现缺陷。施工现场的安全生产标准化管理任重道远。

（四）危险性较大的分部分项工程安全生产管理存在不足

发生频率较高的较大及以上安全生产事故，如土方和基坑坍塌、模板支撑体系和脚手架坍塌、起重机械事故等，多发生在危险性较大的分部分项工程中。很多事故的发生原因是未严格执行《危险性较大的分部分项工程安全管理规定》，未按规定编制和审查专项施工方案或未按审定的专项施工方案执行。甚至有许多危险性较大的分部分项工程专项施工方案是在工程施工完毕后"补编"的。施工管理上的不足，给现场施工安全留下了严重隐患。

根据近年来施工生产安全事故统计资料，现场安全生产管理的监理工作重点应放在监督施工单位预防施工坍塌、高空坠落、物体打击、机具（起重）伤害和触电五大类事故上，而监督施工单位在施工过程中预防高空坠落和施工坍塌更是监理工作的重中之重。预防此五类安全事故的发生，是施工阶段安全生产管理的监理工作的重要目标。

第二节　施工安全事故隐患的原因分析

形成施工安全事故隐患的原因可分为客观原因和主观原因。客观原因是施工现场客观存在的危险源，主观原因是指各责任主体在安全生产管理方面存在的疏失。

一、施工现场危险源辨识

施工现场的危险源，是指可能意外释放某种造成伤害和损失的能量的物品和场所，及可能造成某种伤害和损失的其他客观因素。施工现场的危险源是客观存在的，宏观上是无法消除的。只有充分认识各类具体的危险源并对其风险进行客观的评价，才可能采取正确的应对措施防范安全隐患。

项目监理机构进场后，应要求并督促施工单位根据建设单位所提供，并经自己补充完善的危险性较大分部分项工程清单、工程项目特点及施工条件，对项目施工危险源进行识别和评价，并提交项目监理机构审核。

施工单位根据工程施工的具体情况和自身的安全生产管理习惯，通常采用以下分类方式对施工现场危险源进行系统辨识。

（一）按施工安全生产事故造成的伤害类型

按施工安全事故十大伤害类型，即高处坠落、物体打击、起重伤害、触电、机械伤害、坍塌、火灾、爆炸、中毒窒息和其他伤害，分别分析其危险源存在于哪些场所和哪些施工环节。

（二）按施工作业活动

按施工作业活动，即按施工准备工作、土石方工程、基础工程、主体工程、屋面工程、建筑设备安装工程、装饰装修工程及室外环境工程等施工作业活动阶段，分别分析其存在的危险源。

（三）按现场作业区域、场所

按现场不同的作业区和场所，如基坑、基础及地下室、楼面施工作业区、脚手架、施工电梯及垂直通道、钢筋加工区、木工加工区、构件及物料堆放区、办公区、休息区等，分别分析其存在的危险源。

施工单位还可能根据其工作习惯，采用其他适当的分类方式，如按危险性较大的分部分项工程的项目进行分类。

项目监理机构无需强制要求施工单位采用何种分类分析辨识方式，只需要审查所辨识的危险源有无遗漏，特别是项目监理机构认为风险程度较高的危险源。如发现遗漏，应要求施工单位及时补充完善。

二、危险源的风险评价

施工单位可采用 LEC 评价法对施工现场的危险源进行危害评价。

LEC 评价法又称为格雷厄姆法，是美国安全专家 K. J. 格雷厄姆和 K. F. 金尼提出的。LEC 评价法是对具有潜在危险性作业环境中的危险源进行半定量的安全评价方法。用于评价操作人员在具有潜在危险性环境中作业时的危险性、危害性。

（一）危害风险值

该方法用与危害风险有关的三种因素指标值的乘积来评价操作人员伤亡风险大小，这三种因素分别是：L（likelihood，事故发生的可能性）、E（exposure，人员暴露于危险环境中的频繁程度）和 C（consequence，一旦发生事故可能造成的危害后果）。给三种因素的不同等级分别确定不同的分值，再以三个分值的乘积 D（danger，危险性）来评价该项危险源的风险。

即：$D = L \times E \times C$

D 为危害风险值。D 值越大，说明该项危险源风险越高，需要增加安全措施，或改变发生事故的可能性，或减少人体暴露于危险环境中的频繁程度，或减轻事故损失，将风险调整到允许范围内。

（二）量化分值标准

对事故发生可能性、人员暴露于危险环境中的频繁程度和事故危害后果分别进行客观的科学计算，得到准确的数据，是相当繁琐的过程，而且不易得到可靠的结果。建筑工程中通常采取半定量计值法。即根据以往的工程经验和估计，分别对这三方面划分不同的等级，并赋值。具体如下：

1. 事故发生的可能性（L）的赋值见表 5-1。

表 5-1

事故发生的可能性（L）的赋值表

事故发生的可能性	L 的分值
完全可以预料	10
相当可能	6
可能，但不经常	3
可能性小，完全意外	1
很不可能，可以设想	0.5
极不可能	0.2
实际不可能	0.1

2. 暴露于危险环境的频繁程度（E）的赋值见表 5-2。

暴露于危险环境的频繁程度（E）的赋值见表   表 5-2

暴露于危险环境的频繁程度	E 的分数值
连续暴露	10
每天工作时间内暴露	6
每周一次或偶然暴露	3
每月一次暴露	2
每年几次暴露	1
非常罕见暴露	0.5

3. 发生事故产生的后果（C）的赋值见表 5-3。

发生事故产生的后果（C）的赋值表   表 5-3

发生事故产生的后果	分数值
10 人以上死亡	100
3～9 人死亡	40
1～2 人死亡	15
严重	7
重大、伤残	3
引人注意	1

（三）风险分析

根据 LEC 评价法计算的危害风险 D，可以按表 5-4 确定风险等级和危险程度，并在安全生产管理中针对不同的危险程度采取相应的措施。

风险等级和危险程度   表 5-4

D 值	风险等级	危险程度
＞320	Ⅰ	极其危险，不能继续作业
160～320	Ⅱ	高度危险，要立即整改
70～160	Ⅲ	显著危险，需要整改
20～70	Ⅳ	一般危险，需要注意
＜20	Ⅴ	稍有危险，可以接受

根据经验，D 值在 20 以下是被认为低危险的，无需采取措施可以进行施工作业；如果 D 值在 20～70 之间，表示具有一般的危险性，注意采取通常的安全措施即可；如果 D 值在 70～160 之间，那就有显著的危险性，需要及时整改；如果危险分值在 160～320 之间，表示处于高度危险环境，必须立即采取措施进行整改；分值在 320 以上表示环境非常危险，应立即停止施工作业直到环境得到改善为止。

由于 LEC 风险评价法对危险等级的划分是建立在经验判断上的，应用时要考虑其局限性，要根据实际情况对评价结果进行修正并不断丰富经验，不断完善。

三、施工单位的施工现场危险源辨识和风险评价工作

施工单位可根据安全生产管理的经验，采用适当的方式进行施工现场危险源危害和风

险评价工作。一些施工单位将危险源的辨识和危险源的危害风险评价合并进行，并用一张表记载辨识和评价的结果，这种方式是可行的。表 5-5 是施工现场危险源辨识和风险评价的样表，可供项目监理机构检查和监督施工单位相关工作时借鉴。

危险源辨识与风险评价表 表 5-5

序号	作业活动		危险源（危险因素和缺陷）	可能导致的事故	作业条件危险性评价				危险级别	现场控制措施
					L	E	C	D		
	一、施工准备	1	拆除旧建筑物墙体	墙体坍塌	3	1	15	45	IV	加强现场安全监督
		2	…							
	二、基坑、基础工程	1	降水作业潜水泵漏电	触电	3	1	7	21	IV	加强绝缘和漏电保护检查
		2	…							
	三、脚手架	1	使用的钢管、扣件不合格	倒塌	3	6	3	54	IV	严格材料进场验收加强现场检查把关
		2	脚手架基础未平整夯实，无排水措施	倒塌	3	2	3	21	IV	加强现场检查把关
			…							
	…									

四、安全事故隐患的常见原因

建设工程安全事故隐患是指未被事先识别或未采取必要防护措施的，可能导致安全事故的危险源或不利因素。施工现场安全事故隐患如不及时发现并及时处理，往往会引起安全事故。安全生产管理的监理工作重点之一就是要充分认识和理解安全事故隐患的原因，在安全管理责任风险分析的基础上，制定和采取相应措施，履行安全生产管理的监理工作职责，促使施工单位加强安全生产管理。

工程安全事故隐患往往是多种原因引起的，安全事故隐患的类型多种多样，但大量调查统计结果说明，造成安全事故隐患主要原因有以下几个方面。

（一）施工单位的违章作业、违章指挥和安全管理不到位

施工单位安全生产责任不落实，安全生产管理不到位，或没有按规定制定安全技术措施，或未逐级进行安全技术交底，现场管理人员和操作人员缺乏安全技术知识，违章指挥、违章操作，是导致生产安全隐患、安全事故的主要原因。

（二）设计不合理或有缺陷，勘察、设计文件失真

设计方面的原因主要有：未按照法律、法规和工程建设强制性标准进行设计，导致设计不合理；未考虑施工安全操作和防护的需要，在设计文件中未注明涉及施工安全的重点部位和环节，未对施工中防范生产安全事故提出指导意见；采用新结构、新材料、新工艺和特殊结构的工程，未在设计中提出保障施工作业人员安全和预防生产安全事故的措施建议等。

勘察单位未认真进行地质勘察，或勘探时钻孔布置、深度、范围等不符合规定要求，勘察文件或报告不详细、不准确，不能真实全面反映实际的地下情况等，导致基础、主体结构设计错误，可能引发重大安全事故。

（三）使用不合格的安全防护用具、安全材料、机械设备、施工机具及配件

施工现场使用不合格的劣质安全防护用具、安全材料、机械设备、施工机具及配件等，也是造成施工安全事故隐患的重要原因。

（四）安全生产资金投入不足

建设单位、施工单位为了追求经济效益，置施工现场安全生产于不顾，压缩安全生产措施费用，致使在施工过程中用于安全生产的资金过少，不能保证正常安全生产的需要，也是导致安全事故隐患的常见原因。

（五）忽视施工安全盲目抢工期

建设单位片面追求经济效益，违背客观规律，强行压缩工期，要求施工单位盲目赶工、抢工，也是造成安全生产事故的重要诱因。近年来，全国范围内发生了多起由于建设单位强行压缩工期而引发的较大、重大和特别重大安全事故。

（六）应急救援制度不健全

施工单位未按有关规定制定生产安全事故应急救援预案，未落实应急救援人员、设备、器材等，一旦发生生产安全事故将不能进行及时救助和处理，导致事故损害扩大，这也是严重的隐患。

（七）违法违规行为

包括无证设计、无证施工；越级设计、越级施工；边设计、边施工；违法分包、转包；擅自修改设计等，都曾经引发了大量的安全事故。

（八）其他因素

其他因素包括工程自然环境因素，如恶劣气候诱发安全事故；工程管理环境因素，如安全生产监督不到位；安全生产责任不够明确，特别是建设单位的首要责任不落实等。

第三节　施工安全事故隐患的处理

安全生产管理的监理工作，其重要作用就是通过巡视检查，及时发现施工现场的安全隐患并及时解决，避免发生安全事故。

一、安全事故隐患的处理

安全事故隐患分为一般安全事故隐患和重大安全事故隐患，根据隐患可能产生的后果不同，项目监理机构处理的方式也不同。

对一般安全事故隐患的处理。一般安全事故隐患，是指危害和整改难度较小，发现后能够立即整改排除的隐患。

项目监理机构在施工现场发现一般安全事故隐患，如工人未能正确使用劳保用品、临边防护有一定缺陷等，应及时下达书面通知，要求施工单位进行整改，在整改通知中应明确整改完成的期限。施工单位对安全事故隐患处理完毕后，项目监理机构要进行复查，确认整改结果是否符合要求。

对重大安全隐患的处理。重大安全隐患是指危害和整改难度较大，应当全部或者局部停工，并经过一定时间整改方能排除的隐患，或者因外部因素影响致使施工单位自身难以排除的隐患。

二、施工安全隐患处理程序及要求

项目监理机构在巡视检查过程中发现存在安全事故隐患时，应按照以下程序对安全事故隐患进行处理。

1. 项目监理机构发现存在安全事故隐患时，首先应判断其严重程度，当存在一般安全事故隐患时，应签发《监理通知单》，要求施工单位进行整改。施工单位整改完成后，应填写《监理通知回复单》报项目监理机构复查整改结果。项目监理机构应做好检查记录并如实填写监理日记（安全）。

2. 当发现情况严重时，总监理工程师应签发《工程暂停令》，要求施工单位停工整改，并同时报建设单位。单位拒不整改或不停工整改，项目监理机构应立即制止，报告总监理工程师填报《监理报告》，及时报告当地建设主管部门、建设单位及监理单位，以电话形式报告的应做好通话记录，并及时补充书面报告。

3. 施工单位接到《监理通知单》或《工程暂停令》后，应立即对安全事故隐患进行调查，分析原因，制定纠正和预防措施或安全隐患整改处理方案，整改方案经原设计单位及总监理工程师审核确认后，施工单位按整改方案实施处理，项目监理机构应跟踪检查整改结果。

4. 安全事故隐患处理完毕，应督促施工单位组织人员检查验收，自检合格后填报《监理通知回复单》或《工程复工报审表》报项目监理机构核验。

5. 项目监理机构组织有关人员对处理结果进行检查、验收，经复查合格，方可签署复查或复工意见，同意继续施工或恢复施工。

6. 项目监理机构应将安全检查、督促整改、跟踪复查、报告等情况在监理日志（安全）、监理月报中进行记录。

7. 施工单位写出安全隐患处理报告，报监理单位存档，主要内容包括：

① 整改处理过程描述；

② 调查和核查情况；

③ 安全事故隐患原因分析结果；

④ 处理依据；

⑤ 审核认可的安全事故隐患处理方案；

⑥ 实施处理过程中的有关原始数据和验收记录;

⑦ 对处理结果的检查验收结论。

安全隐患处理程序如图 5-6 所示。

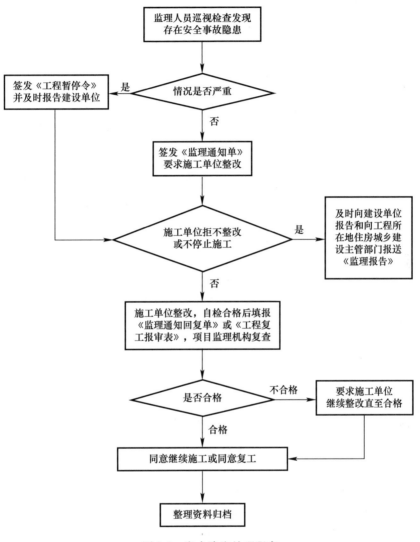

图 5-6　安全隐患处理程序

第四节　施工现场常见安全事故隐患的监理工作

近年来的施工生产安全事故统计资料表明,现场安全生产管理的监理工作重点应放在预防施工坍塌、高空坠落、物体打击、机械(起重)伤害和触电五大类事故上,而防高空坠落和施工坍塌更是项目监理机构的安全生产管理监理工作的重中之重。预防此五类安全事故的发生,是项目监理机构在施工阶段安全生产管理的监理工作的重要目标,项目监理机构应监督施工单位高度重视对五类安全事故采取事前、事中控制措施。

一、高处坠落事故隐患

《高处作业分级》GB/T 3608 规定：凡在距坠落高度基准面 2m 或 2m 以上有可能坠落的高处进行的作业，称为高处作业。

（一）高处坠落的分类

1. 根据高处作业所处的部位分类。高处作业坠落事故可分为：临边作业高处坠落事故、洞口作业高处坠落事故、攀登作业高处坠落事故、悬空作业高处坠落事故和操作平台作业高处坠落事故等。

2. 根据高处作业的性质和环境分类。高处作业坠落事故又可分为一般高处作业坠落事故和特殊高处作业坠落事故。如强风高处作业坠落事故、异温高处坠落事故、雪天高处作业坠落事故、雨天高处作业坠落事故、夜间高处作业坠落事故、带电高处作业坠落事故、悬空高处作业坠落事故及抢救高处作业坠落事故等为特殊高处作业坠落事故。

（二）高处坠落事故的原因

高处坠落事故的原因可以分为以下几类：

1. 施工安全管理不到位

这是高处坠落事故发生的主要原因之一。体现在以下几个方面：

（1）进场人员未组织安全培训；未进行安全技术交底。

（2）安全专项方案不完善。施工单位在施工组织设计中高处作业的防护措施缺少可操作性。

（3）施工现场安全生产检查不到位。安全检查人员不认真负责或技术水平不高。

2. 操作人员的不安全行为

（1）无操作资格。操作者不具备高处作业的资格，如建筑架子工、高处作业吊篮安装拆卸工都属施工特种作业人员，需要有相应的资格。

（2）违章操作。操作人员安全意识不足，如酒后施工，或带有侥幸心理不按操作规程和安全技术交底施工。

（3）操作失误。这是最难防范的安全事故发生原因，高处作业本身带有很强的危险性，操作中的微小失误都可能造成安全事故。

（4）操作人员健康不佳。操作人员本身有病在身，精神产生恍惚、反应不够灵敏或过度疲劳等原因都有可能造成安全事故。

3. 安全保障设施不到位

施工单位为节省开支减少安全设施投入，导致现场安全设施不到位，或者所购买的劳保用品不合格，不能真正保障使用者的安全。

（三）监理工作要点

1. 督促施工单位编制防高处坠落的安全技术措施

施工单位在编制施工组织设计和专项施工方案时，应根据工程施工实际制定预防高处坠落事故的安全技术措施，并组织实施。

2. 检查施工单位的安全教育和预防工作

（1）所有高处作业人员应接受高处作业安全知识教育。

（2）特种高处作业人员应持证上岗，上岗前应依据有关规定进行专门的安全技术交底。

（3）采用新工艺、新技术、新材料和新设备的，应按规定对作业人员进行相关安全技术交底。

（4）高处作业人员应经过体检，合格后方可上岗，施工单位应为作业人员提供合格的安全帽、安全带等必备的安全防护用具，作业人员应按规定正确佩戴和使用。

（5）施工单位应按类别，有针对性地将各类安全警示标志悬挂于施工现场各相应部位，夜间应设红灯示警。

3. 检查施工单位安全防护设施

督促施工单位对安全防护设施进行验收。高处作业前，应由施工项目分管负责人组织有关部门对安全防护设施进行验收，经验收合格签字后方可使用。安全防护设施应做到定型化、工具化，防护栏杆以黄黑（或红白）相间的条纹标示，杆件等以黄（或红）色标示。需要临时拆除或变动安全设施的，应经项目分管负责人审核签字，并组织有关部门验收，经验收合格签字后方可实施。

（四）物料提升机

由安装、拆除单位编制安装拆除施工方案，安装、拆除单位技术负责人审批签字，经施工单位审查后报项目监理机构审查同意后方可实施。物料提升机使用前，项目监理机构应监督并参与施工单位组织的验收，经验收合格签字后方可作业。物料提升机应有完好的停层装置，各层联络要有明确信号和楼层标记。物料提升机上料口应装设有联锁装置的安全门，同时采用断绳保护装置或安全停靠装置。通道口走道板应满铺并固定牢靠，两侧边应设置符合要求的防护栏杆和挡脚板，并用密目式安全网封闭两侧。物料提升机严禁乘人。

（五）施工外用电梯

由安装、拆除单位编制安装拆除施工方案，安装、拆除单位技术负责人审批签字，经施工单位审查后报项目监理机构审查同意后方可实施。施工外用电梯使用前，项目监理机构应监督并参与施工单位组织的验收，经验收合格签字后方可作业。施工外用电梯各种限位应灵敏可靠，楼层门应采取防止人员和物料坠落措施，电梯上下运行行程内应保证无障碍物。电梯轿厢内严禁超载。

（六）移动式操作平台

督促施工单位编制施工方案，项目分管负责人审批签字，方案需经项目监理机构审查同意。施工单位组织有关部门验收，经验收合格签字后方可作业。移动式操作平台立杆应保持垂直，上部适当向内收紧，平台作业面不得超出底脚。立杆底部和平台立面应分别设置扫地杆、剪刀撑或斜撑，平台应用坚实木板满铺，并设置防护栏杆和登高扶梯。

（七）各类作业平台、卸料平台

督促施工单位编制施工方案，项目分管负责人审批签字，方案需经项目监理机构审查同意。施工单位组织有关部门验收，经验收合格签字后，方可作业。架体应保持稳固，不得与施工脚手架连接，作业平台上严禁超载。

（八）脚手架

督促施工单位编制施工方案，施工单位分管负责人审批签字，方案需经项目监理机构审查同意。项目分管负责人组织有关部门验收，经验收合格签字后方可作业。作业层脚手架的脚手板应铺设严密，下部应用安全平网兜底。脚手架外侧应采用密目式安全网做全封闭，不得留有空隙。密目式安全网应可靠固定在架体上。作业层脚手板与建筑物之间的空隙大于15cm时应做全封闭，防止人员和物料坠落。作业人员上下应有专用通道，不得攀爬架体。

（九）附着式升降脚手架和其他外挂式脚手架

督促安装拆除单位编制施工方案，经安装拆除单位技术负责人审批签字，施工单位审查报项目监理机构审查同意方可实施；附着式升降脚手架和其他外挂式脚手架使用前，项目监理机构应监督并参与施工单位组织的验收，经验收合格签字后方可作业。附着式升降脚手架和其他外挂式脚手架每提升一次，都应由施工单位组织有关部门验收，经验收合格签字后方可作业。附着式升降脚手架和其他外挂式脚手架应设置安全可靠的防倾覆、防坠落装置，每一作业层架体外侧应设置符合要求的防护栏杆和挡脚板。附着式升降脚手架和其他外挂式脚手架升降时，应设专人对脚手架作业区域进行监护。

（十）模板工程

督促施工单位编制施工方案，经施工单位技术负责人审批签字、报项目监理机构审查同意后方可实施，模板工程经验收合格签字后方可进行后续作业。模板工程在绑扎钢筋、粉刷模板、支拆模板时应保证作业人员有可靠立足点，作业面应按规定设置安全防护设施。

（十一）吊篮

督促施工单位编制施工方案，施工单位技术负责人审批签字，报项目监理机构审查同意；吊篮使用前项目监理机构应监督并参与施工单位组织的验收，经验收合格签字后方可作业。施工单位应做好日常例保和记录。吊篮悬挂机构的结构件应选用钢材或其他适合的金属结构材料制造，其结构应具有足够的强度和刚度。作业人员应按规定佩戴安全带。

（十二）电梯井门

督促施工单位对电梯井门应按定型化、工具化的要求设计制作，其高度应在1.5m至1.8m范围内。电梯井内每隔2层且不超过10m应设置一道安全平网；安装拆卸电梯井内安全平网时，作业人员应按规定佩戴安全带。

（十三）防护栏杆

督促施工单位按照《建筑施工高处作业安全技术规范》等标准设置符合要求的防护栏杆。操作层面上的孔洞应加盖封严，短边尺寸大于1.5m时，孔洞周边也应设置符合要求的防护栏杆，底部加设安全平网。在坡度较大的屋面作业时，应采取专门的安全措施。

二、坍塌事故隐患

随着经济和建筑技术的发展，单体建筑工程的规模和施工难度逐渐增大，施工坍塌造成的人员伤亡比例逐年增加，在造成重大伤亡的安全事故中表现尤为突出。

根据资料显示，近年来发生的诸多较大及以上安全事故，坍塌占了很大的比例。在追究监理人员责任的事故中，坍塌事故也比较多，消除坍塌事故隐患是安全生产管理的监理工作中的重要内容。

（一）坍塌事故的分类

根据坍塌物的不同，坍塌可分为以下几类：

（1）施工基坑坍塌。包括基坑（槽）坍塌、边坡坍塌、基础桩壁坍塌等，在近几年由于深基坑施工较为普遍，深基坑坍塌事故也随之增多。

（2）模板支撑系统失稳坍塌。

（3）施工现场临时建筑包括施工人员的宿舍、物料仓库，以及围墙等倒塌。

（4）建筑物倒塌。包括在建的建筑物倒塌和正在拆除建筑物发生倒塌，其中拆除不当造成建筑物倒塌的事故较多。

在这几类坍塌事故中，深基坑坍塌和模板支撑失稳坍塌又占了较大部分。

（二）坍塌事故的成因

由于坍塌事故的种类不同，其产生的直接原因有以下几个方面：

1. 未编制专项施工方案或专项方案不完善。从近年来的安全事故原因统计来看，因坍塌造成的重大安全事故，多数原因是未编制合理的专项施工方案或未编制专项施工方案。

无论是深基坑开挖、边坡支护，还是高大模板的支撑系统，都要进行专项设计，通过受力计算结果选择施工方案。在没有编制施工方案的情况下，只依靠自身的经验组织施工，发生安全事故的概率会很大。

2. 施工安全生产管理不到位。部分安全事故的发生存在施工现场安全生产管理不到位的因素，如果施工单位的安全生产管理体系形同虚设，或现场安全生产管理不到位，安全隐患不能及时发现并排除，也会导致安全事故的发生。

（1）不按经审核签认的专项施工方案进行施工。专项施工方案是指导危大工程施工的指导性文件。施工过程中，施工单位编制的专项施工方案只是为应付监理的审核、上级部门的检查，不按照经监理审核签认的专项施工方案组织施工。

（2）未对危险性较大的分部分项工程进行安全验收。

（3）不按规定对现场安全生产情况进行检查。安全管理人员不负责任，或技术能力欠缺，不能及时发现、消除施工过程中的安全隐患。

（三）监理工作要点

1. 专项施工方案未经审查签认，不允许施工单位组织施工。

2. 深基坑（槽）、边坡、基础桩工程。项目监理机构应督促施工单位按已经审查签认的深基坑专项施工方案组织施工，并随时检查施工过程是否符合强制性标准要求，在现场安全生产管理的监理工作实施中，尤其注意以下几点：

（1）深基坑（槽）、边坡、基础桩作业前，施工单位应按设计要求，根据地质情况、施工工艺、作业条件及周边环境编制施工方案，经项目监理机构审查签认后实施。

（2）土方开挖前，项目监理机构应会同施工单位再次确认地下管线的位置及埋置深度，落实防护措施后方可开始作业。

（3）项目监理机构应要求施工单位作好施工区域内临时排水系统规划。临时排水不得破坏相邻建（构）筑物的地基和挖、填土方的边坡。在地形、地质条件复杂的地段挖方时，应由设计单位确定排水方案。开挖低于地下水位的基坑（槽）、边坡和基础桩时，施工单位应合理选用降水措施降低地下水位。项目监理机构应审查施工单位编制的技术措施，并随时检查现场施工情况。

（4）项目监理机构应审查施工单位编制的基坑（槽）、边坡设置坑（槽）壁支撑施工方案。监督施工单位拆除支撑时应按基坑（槽）回填顺序自下而上逐层拆除，随拆随填，必要时应采取加固措施。施工过程中，督促施工单位应指定专人指挥、监护，出现位移、开裂及渗漏时，应立即停止施工，将作业人员撤离作业现场。

3. 在地质灾害易发区内施工时，项目监理机构应要求施工单位根据地质勘察资料编制施工方案，施工单位分管负责人审批签字，项目分管负责人组织有关部门验收，监理单位参与验收，经验收合格签字后方可作业。

（四）高大模板及支撑体系

项目监理机构应监督施工单位按已经审批的高大模板专项施工方案组织施工，并随时检查施工单位的施工是否符合有关部门规定和强制性标准要求，在现场安全生产管理的监理工作实施中，应注意以下几点：

1. 材料验收

高大模板支撑系统搭设前，项目监理机构应督促施工单位对结构材料进行检查验收。对进场的承重杆件、连接件等材料的产品合格证、检测报告进行复核，并抽样复检。

2. 支撑体系搭设

高大模板及支撑体系搭设过程中，项目监理机构应对搭设过程进行巡视检查，主要内容有：

（1）高大模板支撑系统的地基承载力、沉降等应能满足方案设计要求。

（2）高度与宽度相比大于两倍的独立支撑系统，应加设保证整体稳定的构造措施。

（3）构造要求应当符合相关技术规范要求，立柱接长严禁搭接；应设置扫地杆、纵横向支撑及水平垂直剪刀撑，并与主体结构的墙、柱牢固拉接。

（4）模板支撑系统禁止与物料提升机、施工升降机、塔吊等起重设备钢结构架体机身及其附着设施相连接；禁止与施工脚手架、物料周转料平台等架体相连接。

高大模板支撑系统搭设完成后，应经施工单位和项目监理机构共同检查验收。采用钢管扣件搭设高大模板支撑系统时，应对扣件螺栓的紧固力矩进行抽查，抽查数量应符合有关规范的规定，对梁底扣件应进行100％检查。验收合格后方可进入后续工序的施工。

3. 使用与检查

高大模板支撑系统使用过程中，项目监理机构应重点检查以下主要内容：

施工总荷载不得超过模板支撑系统设计荷载要求。支撑系统立柱底部不得松动悬空，不得任意拆除任何杆件，不得松动扣件，也不得用作缆风绳的拉接。

施工过程中检查项目应符合下列要求：

（1）立柱底部基础应回填夯实；

（2）底座位置应正确，顶托螺杆伸出长度应符合规定，垫木应满足设计要求；

（3）立柱的规格尺寸和垂直度应符合要求，不得出现偏心荷载；

（4）扫地杆、水平拉杆、剪刀撑等设置应符合规定，固定可靠；

（5）安全网和各种安全防护设施符合要求。

4. 混凝土浇筑

（1）混凝土浇筑前，经项目监理机构确认具备混凝土浇筑的安全生产条件后，签署混凝土浇筑令，方可浇筑混凝土。

（2）旁站监督混凝土浇筑须按专项施工方案实施。框架结构中，墙柱和梁板的混凝土浇筑顺序，应按先浇筑墙柱混凝土，后浇筑梁板混凝土的顺序进行，并确保支撑系统受力均匀，避免引起高大模板支撑系统的失稳倾斜。

（3）要求施工单位在浇筑过程中派专人对高大模板支撑系统进行观察，发现有松动、变形等情况，必须立即停止浇筑，撤离作业人员，并采取相应的加固措施。

5. 拆除管理

（1）高大模板支撑系统拆除前，项目监理机构应核查施工单位的混凝土同条件试块强度报告，浇筑混凝土达到拆模强度后方可拆除，并履行拆模审批签字手续。

（2）项目监理机构应监督高大模板支撑系统的拆除过程，拆除作业必须自上而下逐层进行，严禁上下层同时拆除作业，分段拆除的高度不应大于两层。设有附墙连接的模板支撑系统，附墙连接必须随支撑架体逐层拆除，严禁先将附墙连接全部或数层拆除后再拆支撑架体。

拆除过程中，地面应设置围栏和警戒标志，并派专人看守，严禁非操作人员进入作业范围。严禁将拆卸的杆件向地面抛掷，应有专人传递至地面，并按规格分类均匀堆放。

（五）其他

造成人员伤亡的坍塌事故，主要由基坑坍塌和高大模板支撑坍塌两类原因造成，但其他坍塌事故的预防也不可忽视，如预防施工现场临时建筑及堆放的材料倒塌等安全事故。对此类坍塌事故的安全生产管理的监理工作，项目监理机构可重点检查以下几点：

1. 楼面、屋面堆放建筑材料、模板、施工机具或其他物料时，施工单位应严格控制数量、重量，防止超载。

2. 要求施工单位应按地质资料和设计规范，确定临时建筑的基础形式和平面布局，并按施工规范进行施工。

3. 临时建筑外侧为街道或行人通道的，应采取加固措施。禁止在施工围墙墙体上方或紧靠施工围墙架设广告或宣传标牌。施工围墙外侧应有禁止人群停留、聚集和堆砌土方、货物等的警示。

4. 施工现场使用的组装式活动房屋应有产品合格证。施工单位在组装后进行验收，经验收合格签字后方能使用。

5. 雨期施工时施工单位应对施工现场的排水系统进行检查和维护，保证排水畅通。在傍山、沿河地区施工时，应采取必要的防洪、防泥石流措施。

三、物体打击事故隐患

物体打击事故是指施工人员在操作过程中受到各种工具、材料、机械零部件等从高空下落造成的伤害，以及各种崩块、碎片、锤击、滚石、器具飞击、料具反弹等对人体造成的伤害等，物体打击事故不包括因爆炸引起的物体打击。

（一）物体打击事故的分类

建筑工程施工现场的物体打击事故不但直接造成人员伤亡，而且对建筑物、构筑物、设备管线、各种设施等也都有可能造成损害。物体打击事故的常见形式有以下几类：

1. 由于空中落物对人体造成的砸伤；

2. 反弹物体对人体造成的撞击；

3. 材料、器具等硬物对人体造成的碰撞；

4. 各种碎屑、碎片飞溅对人体造成的伤害；

5. 各种崩块和滚动物体对人体造成的砸伤；

6. 器具部件飞出对人体造成的伤害。

（二）物体打击事故的直接原因

主要包括以下几个方面：

1. 交叉作业劳动组织不合理。如在同一垂直面上上下交叉作业，并且未设置安全隔离层；未按规定设竖向和水平安全网；

2. 拆除工程未设置警示，周围未设置护栏也未搭防护隔离栅，对进入危险区的人员不加以制止；未按操作规程操作施工机具；

3. 高空作业人员安全意识淡薄，所使用的工具和施工材料随手放置；

4. 从高处往下抛掷建筑材料、杂物、垃圾或相互抛掷小工具、小材料；

5. 施工现场临边、临空及所有可能导致物件坠落的洞口未采取密封措施；

6. 未按规范及操作规程对塔式起重机、龙门架、施工电梯等起重机械进行正确操作；

7. 高处临边或脚手架上材料堆放不稳、过多、过高；

8. 施工人员未按规定使用安全帽、安全带等劳动保护用品。

（三）监理工作要点

项目监理机构应重点检查以下几项：

1. 检查施工工序的合理性。尽量避免同一垂直面上上下交叉作业，如确实不能避免，应要求施工单位设置安全隔离层，并对施工人员进行安全技术交底。

2. 对机械、脚手架拆除工程要重点监控。如在脚手架拆除时，施工单位应设置护栏和防护隔离栅，并安排专人在现场负责制止人员进入隔离区。

3. 在现场监理中，如果发现施工人员有不安全的操作时，监理人员应要求施工单位及时制止施工人员的不安全行为，并对施工工人进行技术交底或撤换不合格人员。

4. 检查施工单位的"四口、五临边"的防护设施是否按规定设置。

5. 检查塔式起重机、龙门架、施工电梯等施工机械安装或拆卸的施工单位资质及相关人员的资格证书。

6. 检查现场施工工人是否按规定使用劳动保护用品，所使用的劳动保护用品是否合格。

7. 检查施工单位是否按规定设置了竖向和水平防护网，防护网材料是否合格。

四、触电事故隐患

触电事故即电流通过人体引起人体内部器官的创伤甚至造成死亡，或引起人体外部器官的创伤，是工程施工中多发的安全事故之一。

（一）触电事故的分类

根据触电事故产生的原因，建筑施工的触电事故主要有三类：

1. 施工人员触碰电线或电缆线造成触电事故；

2. 建筑机械设备漏电造成触电事故；

3. 高压防护不当造成触电事故。

（二）触电事故的原因

分析触电事故的原因有三方面：

1. 未按专项施工方案施工。尤其是现场施工临时用电不符合强制性标准要求，埋下触电事故隐患。

2. 施工人员的安全意识差，存在不规范的操作。如电线私拉乱接，不按要求穿戴绝缘手套、绝缘鞋等劳保用品。

3. 现场管理混乱。安全管理人员不能及时发现、消除安全隐患，制止不规范操作。

（三）监理工作要点

1. 项目监理机构应对施工项目部临时用电安全管理工作进行审查。审查其机构是否健全，是否安排专人负责管理临时用电安全。审查施工电工和维修电工岗位证书，所有作业电工必须持证上岗。

2. 监督施工单位用电安全管理工作是否到位，督促施工单位专职安全员巡视检查施工人员安全用电情况。项目监理机构应定期或不定期对现场用电安全进行检查。

3. 监督施工单位对施工用电的配电箱、开关箱进行巡视检查。检查内容包括配电材料的型号，"三级配电、两级保护、漏电保护、隔离开关"等是否符合强制性标准规定。

4. 督促施工单位对接地与接零保护系统进行检查。包括工作接地、重复接地、保护零线、工作零线、专用零线等的设置方案。

5. 对施工现场照明用电线路的审查。包括照明回路漏电保护措施、灯具金属外壳接零保护措施、湿作业使用低压措施等。

6. 对配电线路的审查。包括配电线路使用的材料、线路高度、架空线路、电缆埋设等是否符合强制性标准。

7. 对用电档案的审查。对用电档案的审查，主要包括临时用电的各种制度、对施工方案的审查记录、现场施工对机械的维护记录等。

五、机械（起重）伤害事故隐患

机械伤害事故是指人员在操作机械时，被机械绞入、碾压、碰撞、切割、戳击等伤害。常见的机械伤害有搅拌机械伤害、钢筋加工机械伤害、木工机械伤害等。

起重伤害事故是指起重设备在安装、拆卸或操作过程中所引起的伤害。常见的起重伤害有垂直起重伤害、碰撞伤害、断绳脱钩伤害、倒塔坠臂伤害、吊物坠落伤害等。

（一）机械（起重）伤害事故产生的原因

1. 机具或机械本身存在缺陷，达不到安全使用的标准；

2. 施工人员的安全意识差，对安全事故的防范意识不强；

3. 现场管理混乱。安全管理人员不能及时发现、消除安全隐患，制止不规范操作。

（二）监理工作要点

对于预防机械（起重）伤害事故的安全生产管理的监理工作，可着重做好以下几点：

1. 督促施工单位的安全保证体系正常运转，通过安全教育、技术交底等措施增强施工人员的安全意识；

2. 核查施工现场施工起重机械的验收手续；

3. 检查特种作业人员的上岗资格；

4. 检查施工单位对施工机械的检修维护保养记录。

第五节　建设工程安全事故的特点及处理程序

建设工程安全事故具有比较鲜明的建筑施工特点，只有掌握了安全事故的特点，对安全事故进行原因分析，掌握了一般规律，才能采取有效的预防和应对措施。

一、建设工程安全事故的特点

安全事故是指生产经营单位在生产经营活动中突然发生的，伤害人身安全和健康，或者损坏设备设施，或者造成经济损失的，导致原生产经营活动暂时中止或永远终止的意外事件。

建设工程安全事故指在建设工程施工现场发生的安全事故，通常会造成人身伤亡或伤害，或造成财产、设备等经济损失，导致施工活动中止或永久终止的事件。

建设工程安全事故具有严重性、复杂性、可变性、多发性等特点。

（一）严重性

建设工程发生安全事故，其影响往往较大，会直接导致人员伤亡或财产损失，重大安全事故往往会导致群死群伤或巨大财产损失。近年来，建设工程安全事故死亡人数和事故起数仅次于道路交通，成为人们关注的热点问题之一。因此，项目监理机构对建设工程安全事故隐患决不能掉以轻心，一旦发生安全事故，其造成的损失将无法挽回。

（二）复杂性

建设工程施工生产的特点，决定了影响建设工程安全生产的因素很多，造成建设工程安全事故的原因错综复杂，即使是同一类安全事故，其发生原因也可能多种多样。因此，在对建设工程安全事故进行分析时，增加了对判断其性质、原因（直接原因、间接原因、主要原因）等的复杂性。

（三）可变性

许多建设工程施工中出现的安全事故隐患并不是静止的，而是有可能随着时间不断地发展、恶化，若不及时整改和处理，往往可能导致人员伤亡和财产损失。因此，在分析与处理建设工程安全事故时，项目监理机构要重视安全事故隐患的可变性，应及时采取有效措施，杜绝事故伤害的扩大。

（四）多发性

建设工程中的安全事故往往发生于建设工程多个部位或多道工序或多种作业活动中，例如，物体打击事故、触电事故、高处坠落事故、坍塌事故、起重机械事故、中毒事故等。对多发性安全事故，项目监理机构应督促施工单位注意吸取教训，总结经验，采用有效预防措施，加强事前预控、事中控制。

二、安全事故的等级划分

依据自 2007 年 6 月 1 日起施行的《生产安全事故报告和调查处理条例》（国务院令第493 号）规定：

第三条 根据生产安全事故（以下简称事故）造成的人员伤亡或者直接经济损失，事故一般分为以下等级：

（一）特别重大事故，是指造成 30 人以上死亡，或者 100 人以上重伤（包括急性工业中毒，下同），或者 1 亿元以上直接经济损失的事故；

（二）重大事故，是指造成 10 人以上 30 人以下死亡，或者 50 人以上 100 人以下重伤，或者 5000 万元以上 1 亿元以下直接经济损失的事故；

（三）较大事故，是指造成 3 人以上 10 人以下死亡，或者 10 人以上 50 人以下重伤，或者 1000 万元以上 5000 万元以下直接经济损失的事故；

（四）一般事故，是指造成 3 人以下死亡，或者 10 人以下重伤，或者 1000 万元以下直接经济损失的事故。

国务院安全生产监督管理部门可以会同国务院有关部门，制定事故等级划分的补充性规定。该条款所称的"以上"包括本数，所称的"以下"不包括本数。

三、安全事故报告

（一）安全事故报告程序

安全事故发生后，事故现场有关人员应当立即向本单位负责人报告；单位负责人接到报告后，应当于 1 小时内向事故发生地县级以上人民政府安全生产监督管理部门和负有安全生产监督管理职责的有关部门报告。

情况紧急时，事故现场有关人员可以直接向事故发生地县级以上人民政府安全生产监督管理部门和负有安全生产监督管理职责的有关部门报告。

（二）安全事故报告应包括以下主要内容：

1. 事故发生单位概况；

2. 事故发生的时间、地点以及施工现场情况；

3. 事故发生的简要经过；

4. 事故已经造成或者可能造成的伤亡人数（包括下落不明的人数）和初步估计的直接经济损失；

5. 事故的初步原因；

6. 事故发生后采取的措施及事故控制情况；

7. 其他应当报告的事项。

事故报告后出现新情况的，应及时补报。自事故发生之日起 30 日内，事故造成的伤亡人数发生变化的，应当及时补报。

（三）安全事故报告后的处置

事故发生单位负责人接到事故报告后，应当立即启动事故响应应急预案，或采取有效措施组织抢救，防止事故扩大，减少人员伤亡和财产损失。

事故发生后有关单位和人员应当妥善保护事故现场及相关证据，任何单位和个人不得破坏事故现场、毁灭相关证据。

因抢救人员、防止事故扩大以及疏通交通等原因，需要移动事故现场物件的，应当做出标志，绘制现场简图并做出书面记录，妥善保存现场重要痕迹、物证。

四、项目监理机构对安全事故的处理程序

建设工程安全事故发生后，项目监理机构一般应按以下程序进行处理：

1. 施工现场安全事故发生后，现场监理人员应立即报告项目总监理工程师，总监理工程师应及时签发《工程暂停令》，要求施工单位立即停止施工，并向建设单位和监理单位报告。

2. 项目监理机构应监督施工单位立即启动安全生产应急救援预案，采取有效措施抢救伤员，排除险情，采取必要措施保护施工现场，并做好标识，防止事故扩大。同时，应监督发生安全事故的施工总承包单位迅速按安全事故等级和报告程序及时向有关主管部门报告，并于 24 小时内写出书面报告。

3. 事故调查组召开工作后，项目监理机构应积极配合并协助有关主管部门或事故调查组进行事故调查，如实收集、整理与安全事故有关的监理工作资料，客观地提供相应证据。

4. 项目监理机构接到事故调查组提出的处理意见涉及技术处理时，应要求事故责任单位完成技术处理方案，并应经原设计单位认可。必要时，应要求事故责任单位组织专家进行论证，以保证技术处理方案可靠、可行，保证施工安全。

5. 督促施工单位按照事故处理方案或意见制定详细的实施方案，项目监理机构应对安全事故技术处理的整改过程进行监督检查。

6. 事故处理完成，施工单位完成自检后，项目监理机构应组织相关各方进行检查验收，必要时进行处理结果鉴定。

7. 具备复工条件时，施工单位向项目监理机构报送工程复工报审表并附有关资料，项目监理机构进行审查，符合要求后，总监理工程师签署审核意见，并报建设单位批准后签发《工程复工令》。

8. 安全事故处理的相关技术资料归档保存。

安全事故处理程序如图 5-7 所示。

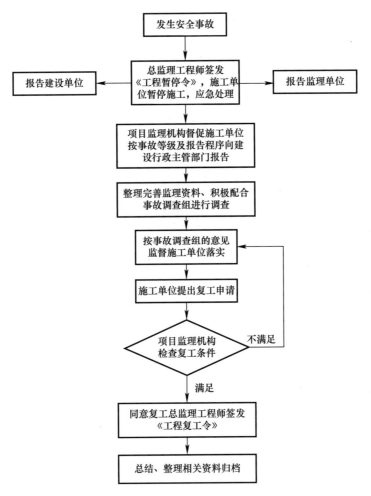

图 5-7　安全事故处理程序